高等职业教育"十四五"规划畜牧兽医宠物大类新形态纸数融合教材

新形态教材

# 动 物 病 理

## DONG WU BING LI

主　编　袁文菊　　任思宇　　方磊涵

副主编　陈张华　　苗丽娟　　陈　爽　　王荷香　　夏春芳

编　者　（按姓氏笔画排序）

王荷香　　河南农业职业学院

方磊涵　　商丘职业技术学院

古丽加娜提·阿力木江　　伊犁职业技术学院

任　璐　　黑龙江农业经济职业学院

任思宇　　重庆三峡职业学院

孙留霞　　周口职业技术学院

张　磊　　黑龙江农业工程职业学院

张小苗　　大理农林职业技术学院

陈　爽　　黑龙江农业工程职业学院

陈　霞　　伊犁职业技术学院

陈张华　　内江职业技术学院

苗丽娟　　吉林农业科技学院

段　茜　　内江职业技术学院

袁文菊　　周口职业技术学院

夏春芳　　伊犁职业技术学院

华中科技大学出版社

http://press.hust.edu.cn

中国·武汉

U0278912

## 内 容 简 介

本书为高等职业教育"十四五"规划畜牧兽医宠物大类新形态纸数融合教材。

本书分为动物病理基本知识和实训指导两大模块,主要阐述了疾病概论,血液循环障碍,细胞和组织的损伤,代偿、修复与适应,炎症,肿瘤,水和电解质代谢障碍,发热,黄疸,缺氧等病理变化的发生原因、机制和形态学变化以及实训指导。本书以项目编排内容,对内容顺序进行了精心设计,设有项目导入、案例导学、知识链接与拓展等,各项目最后均附有与临床实践紧密结合的执业兽医资格考试历年真题和自测训练,以增强实用性,同时配置课程数字化资源,进一步丰富和完善知识体系。

本书既可供高职(高专)院校动物医学(兽医)、畜牧兽医、动物防疫与检疫、宠物养护与疾病防治、养殖等专业的学生作为教材使用,也可作为兽医临床工作者以及动物检疫与动物性食品卫生检验人员的参考用书。

**图书在版编目(CIP)数据**

动物病理/袁文菊,任思宇,方磊涵主编. —武汉:华中科技大学出版社,2022.8(2024.1重印)
ISBN 978-7-5680-8509-0

Ⅰ.①动…　Ⅱ.①袁…　②任…　③方…　Ⅲ.①兽医学-病理学-高等职业教育-教材　Ⅳ.①S852.3

中国版本图书馆 CIP 数据核字(2022)第 134394 号

**动物病理**　　　　　　　　　　　　　　　　　　　袁文菊　任思宇　方磊涵　主编
Dongwu Bingli

策划编辑：罗　伟
责任编辑：曾奇峰　毛晶晶　方寒玉
封面设计：廖亚萍
责任校对：李　琴
责任监印：周治超
出版发行：华中科技大学出版社(中国·武汉)　　电话：(027)81321913
　　　　　武汉市东湖新技术开发区华工科技园　　邮编：430223
录　　排：华中科技大学惠友文印中心
印　　刷：武汉市籍缘印刷厂
开　　本：889mm×1194mm　1/16
印　　张：15.25
字　　数：458 千字
版　　次：2024 年 1 月第 1 版第 2 次印刷
定　　价：59.80 元

# 高等职业教育"十四五"规划
## 畜牧兽医宠物大类新形态纸数融合教材

## 编审委员会

# 网络增值服务

## 使用说明

欢迎使用华中科技大学出版社医学资源网 yixue.hustp.com

**1 教师使用流程**

（1）登录网址：**http://yixue.hustp.com**（注册时请选择教师用户）

注册 ＞ 登录 ＞ 完善个人信息 ＞ 等待审核

（2）审核通过后，您可以在网站使用以下功能：

下载教学资源　　建立课程　　　管理学生　　　布置作业　查询学生学习记录等

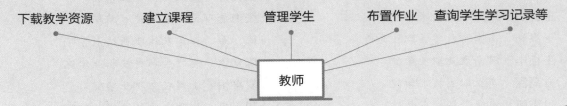

教师

**2 学员使用流程**

（建议学员在PC端完成注册、登录、完善个人信息的操作）

（1）PC 端操作步骤

① 登录网址：http://yixue.hustp.com（注册时请选择普通用户）

注册 ＞ 登录 ＞ 完善个人信息

② 查看课程资源：（如有学习码，请在个人中心－学习码验证中先验证，再进行操作）

选择课程

首页课程 ＞ 课程详情页 ＞ 查看课程资源

（2）手机端扫码操作步骤

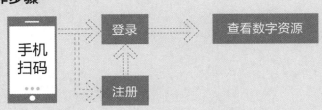

手机扫码 → 登录 → 查看数字资源
注册

**出版说明**

随着我国经济的持续发展和教育体系、结构的重大调整，尤其是2022年4月20日新修订的《中华人民共和国职业教育法》出台，高等职业教育成为与普通高等教育具有同等重要地位的教育类型，人们对职业教育的认识发生了本质性转变。作为高等职业教育重要组成部分的农林牧渔类高等职业教育也取得了长足的发展，为国家输送了大批"三农"发展所需要的高素质技术技能型人才。

为了贯彻落实《国家职业教育改革实施方案》《"十四五"职业教育规划教材建设实施方案》《高等学校课程思政建设指导纲要》和新修订的《中华人民共和国职业教育法》等文件精神，深化职业教育"三教"改革，培养适应行业企业需求的"知识、素养、能力、技术技能等级标准"四位一体的发展型实用人才，实践"双证融合、理实一体"的人才培养模式，切实做到专业设置与行业需求对接、课程内容与职业标准对接、教学过程与生产过程对接、毕业证书与职业资格证书对接、职业教育与终身学习对接，特组织全国多所高等职业院校教师编写了这套高等职业教育"十四五"规划畜牧兽医宠物大类新形态纸数融合教材。

本套教材充分体现新一轮数字化专业建设的特色，强调以就业为导向、以能力为本位、以岗位需求为标准的原则，本着高等职业教育培养学生职业技术技能这一重要核心，以满足对高层次技术技能型人才培养的需求，坚持"五性"和"三基"，同时以"符合人才培养需求，体现教育改革成果，确保教材质量，形式新颖创新"为指导思想，努力打造具有时代特色的多媒体纸数融合创新型教材。本教材具有以下特点。

（1）紧扣最新专业目录、专业简介、专业教学标准，科学、规范，具有鲜明的高等职业教育特色，体现教材的先进性，实施统编精品战略。

（2）密切结合最新高等职业教育畜牧兽医宠物大类专业课程标准，内容体系整体优化，注重相关教材内容的联系，紧密围绕执业资格标准和工作岗位需要，与执业资格考试相衔接。

（3）突出体现"理实一体"的人才培养模式，探索案例式教学方法，倡导主动学习，紧密联系教学标准、职业标准及职业技能等级标准的要求，展示课程建设与教学改革的最新成果。

（4）在教材内容上以工作过程为导向，以真实工作项目、典型工作任务、具体工作案例等为载体组织教学单元，注重吸收行业新技术、新工艺、新规范，突出实践性，重点体现"双证融合、理实一体"的教材编写模式，同时加强课程思政元素的深度挖掘，教材中有机融入思政教育内容，对学生进行价值引导与人文精神滋养。

（5）采用"互联网+"思维的教材编写理念，增加大量数字资源，构建信息量丰富、学习手段灵活、学习方式多元的新形态一体化教材，实现纸媒教材与富媒体资源的融合。

（6）编写团队权威，汇集了一线骨干专业教师、行业企业专家，打造一批内容设计科学严谨、深入浅出、图文并茂、生动活泼且多维、立体的新型活页式、工作手册式、"岗课赛证融通"的新形态纸数融合教材，以满足日新月异的教与学的需求。

本套教材得到了各相关院校、企业的大力支持和高度关注，它将为新时期农林牧渔类高等职业教育的发展做出贡献。我们衷心希望这套教材能在相关课程的教学中发挥积极作用,并得到读者的青睐。我们也相信这套教材在使用过程中,通过教学实践的检验和实践问题的解决,能不断得到改进、完善和提高。

高等职业教育"十四五"规划畜牧兽医宠物大类

新形态纸数融合教材编审委员会

# 前言

　　动物病理是畜牧兽医、动物医学、动物防疫与检疫、动物药学等专业的一门重要的专业基础课，与动物临床诊疗技术、动物传染病、动物寄生虫病、动物普通病防治等后续课程有着密切的联系，是兽医临床实践和动物检疫的重要基础。

　　学习本课程的目的在于使学生运用相关技术方法（如尸体剖检、活体组织检查、动物实验、组织培养等）研究疾病发生原因、发病机制和患病动物机体内所呈现的代谢、功能和形态结构的变化，为疾病的诊断与防治提供理论依据和方法。为适应我国农业高等职业教育的发展需要，紧紧围绕《国家职业教育改革实施方案》《高等学校课程思政建设指导纲要》等文件精神，结合农业高等职业教育畜牧兽医类专业人才培养目标，以培养具有动物疫病防治、畜牧业生产等职业岗位（群）所需的基本理论和专业技能，具有较强综合职业能力的高技能应用型人才为目标，在华中科技大学出版社的组织下，我们编写了本书。本书的编写充分体现了职业能力本位原则、岗位群导向原则、与时俱进原则、适用性原则和启发性原则。

　　本书着重对动物疾病的基本病理过程，病变发生的原因与机制，器官、组织、细胞病变的基本特征，以及病理诊断技术等进行了阐述，适当删减了一些过时的内容，选择性地增加了部分病理研究领域的新理论，反映了本学科的新进展，以体现本书的科学性、先进性和创新性。本书精选了教师教学、科研中积累的多幅图片，病理变化典型，组织切片镜下照片清晰、特征明确，能生动形象地展示各种病理变化，便于学习者直观认识。本书将临床案例穿插于基础知识中，这样既能帮助学习者理解病理变化，也能让学习者将病理变化与实际情况联系起来。此外，本书编写融入了执业兽医资格考试内容以及课程思政元素，在培养学生岗位能力的同时，兼顾学生职业发展的需要，结合国家执业兽医考核标准，选取教材内容，并在课后习题中安排执业兽医资格考试题型，为学生将来的资格考试打下基础。本书在编写中既确保概念准确、内容精练和理论体系完整，同时又注重文字的易读性和内容的实用性，并采用了大量的图表，图文并茂，相得益彰。

　　本书编写分工如下：绪论（方磊涵编写），项目一疾病概论（段茜编写），项目二血液循环障碍（张磊编写），项目三细胞和组织的损伤（陈张华编写），项目四代偿、修复与适应（陈霞编写），项目五炎症（苗丽娟编写），项目六肿瘤（陈爽编写），项目七水和电解质代谢障碍（夏春芳编写），项目八发热（古丽加娜提·阿力木江编写），项目九黄疸（王荷香编写），项目十缺氧（方磊涵编写），项目十一动物病理诊断技术（任思宇编写），实训指导（陈爽、张磊、段茜、袁文菊、孙留霞、任璐、张小苗编写）；全书由袁文菊统稿，袁文菊、任思宇共同审稿。

　　本书可作为全国农业高职（高专）院校畜牧兽医和养殖等专业的教材，也可作为中等职业学校师生和广大畜牧兽医工作者的参考书。

　　在本书编写过程中，我们参考了大量的文献资料，特别是重庆三峡职业学院的教师提供了许多图片资源，限于客观因素，编者未能一一与原作者取得联系，在此，对这些资料的原作者致以衷心的感谢。

　　由于编者水平有限，书中可能存在疏漏和错误之处，诚恳希望广大读者提出宝贵意见，以便不断完善。

编　者

# 目录

绪论 /1

## 模块一　动物病理基本知识

项目一　疾病概论 /7
　　任务一　疾病的概念 /8
　　任务二　疾病发生的原因 /9
　　任务三　发病学 /12
　　任务四　疾病的经过与转归 /14
　　任务五　应激与疾病 /15

项目二　血液循环障碍 /23
　　任务一　充血 /24
　　任务二　贫血 /29
　　任务三　出血 /32
　　任务四　血栓的形成 /34
　　任务五　栓塞 /37
　　任务六　梗死 /39
　　任务七　弥散性血管内凝血 /41
　　任务八　休克 /43

项目三　细胞和组织的损伤 /54
　　任务一　萎缩 /55
　　任务二　变性 /57
　　任务三　坏死 /62
　　任务四　病理性物质沉着 /65

项目四　代偿、修复与适应 /73
　　任务一　代偿 /74
　　任务二　修复 /74
　　任务三　适应 /84

项目五　炎症 /89
　　任务一　炎症概述 /90
　　任务二　炎症的基本病理变化 /91

任务三　炎症介质及其作用　　　　　　　　　　　　　　　　　　　/96
　　任务四　炎症局部表现和全身反应　　　　　　　　　　　　　　　　/97
　　任务五　炎症的类型　　　　　　　　　　　　　　　　　　　　　　/99
　　任务六　炎症的经过与结局　　　　　　　　　　　　　　　　　　　/104
　　任务七　败血症　　　　　　　　　　　　　　　　　　　　　　　　/105

项目六　肿瘤　　　　　　　　　　　　　　　　　　　　　　　　　　/110
　　任务一　肿瘤概述　　　　　　　　　　　　　　　　　　　　　　　/111
　　任务二　肿瘤的命名与分类　　　　　　　　　　　　　　　　　　　/115
　　任务三　肿瘤的病因与发病机制　　　　　　　　　　　　　　　　　/117
　　任务四　动物常见的肿瘤　　　　　　　　　　　　　　　　　　　　/120
　　任务五　肿瘤的诊治　　　　　　　　　　　　　　　　　　　　　　/124

项目七　水和电解质代谢障碍　　　　　　　　　　　　　　　　　　　/129
　　任务一　水肿　　　　　　　　　　　　　　　　　　　　　　　　　/129
　　任务二　脱水　　　　　　　　　　　　　　　　　　　　　　　　　/134
　　任务三　钾代谢障碍　　　　　　　　　　　　　　　　　　　　　　/137
　　任务四　镁代谢障碍　　　　　　　　　　　　　　　　　　　　　　/139
　　任务五　酸碱平衡紊乱　　　　　　　　　　　　　　　　　　　　　/140
　　任务六　反映酸碱平衡紊乱的常用指标及其意义　　　　　　　　　　/145

项目八　发热　　　　　　　　　　　　　　　　　　　　　　　　　　/148
　　任务一　发热的原因　　　　　　　　　　　　　　　　　　　　　　/149
　　任务二　发热的机制　　　　　　　　　　　　　　　　　　　　　　/151
　　任务三　发热的经过和热型　　　　　　　　　　　　　　　　　　　/153
　　任务四　发热时机体的变化　　　　　　　　　　　　　　　　　　　/154
　　任务五　发热的生物学意义和处理原则　　　　　　　　　　　　　　/156

项目九　黄疸　　　　　　　　　　　　　　　　　　　　　　　　　　/158
　　任务一　黄疸概述　　　　　　　　　　　　　　　　　　　　　　　/158
　　任务二　黄疸的原因、类型及发生机制　　　　　　　　　　　　　　/160
　　任务三　黄疸对机体的影响　　　　　　　　　　　　　　　　　　　/163

项目十　缺氧　　　　　　　　　　　　　　　　　　　　　　　　　　/167
　　任务一　缺氧概述　　　　　　　　　　　　　　　　　　　　　　　/168
　　任务二　缺氧的类型、病因及主要特点　　　　　　　　　　　　　　/168
　　任务三　缺氧对动物机体的影响　　　　　　　　　　　　　　　　　/171

项目十一　动物病理诊断技术　　　　　　　　　　　　　　　　　　　/175
　　任务一　尸体剖检技术　　　　　　　　　　　　　　　　　　　　　/176
　　任务二　病理材料的采集和送检　　　　　　　　　　　　　　　　　/209
　　任务三　石蜡病理切片制作　　　　　　　　　　　　　　　　　　　/211

## 模块二　实训指导

实训一　淋巴结的屏障功能观察　　　　　　　　　　　　　　　　　　/217

实训二　血液循环障碍　　　　　　　　　　　　　　　　　　/218

实训三　细胞和组织的损伤　　　　　　　　　　　　　　　　/220

实训四　代偿、修复与适应　　　　　　　　　　　　　　　　/221

实训五　炎症　　　　　　　　　　　　　　　　　　　　　　/222

实训六　肿瘤　　　　　　　　　　　　　　　　　　　　　　/224

实训七　水和电解质代谢障碍　　　　　　　　　　　　　　　/226

实训八　发热　　　　　　　　　　　　　　　　　　　　　　/227

实训九　动物尸体剖检技术　　　　　　　　　　　　　　　　/228

附录　动物病理技能考核项目　　　　　　　　　　　　　　　/230

参考文献　　　　　　　　　　　　　　　　　　　　　　　　/232

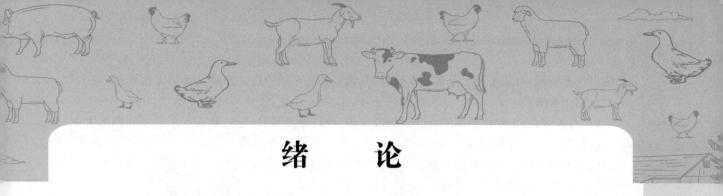

# 绪　　论

动物病理是研究动物疾病的发生、发展及转归等一般规律的学科。通过研究患病动物组织、器官形态结构和功能代谢的变化来揭示疾病的本质,为疾病的诊断和防治提供理论依据。

## 一、动物病理的研究任务与内容

动物病理的任务是阐明疾病的本质,为认识和掌握疾病发生和发展的规律以及科学防治疾病提供必要的理论基础。根据研究方法和角度不同,动物病理可分为动物病理解剖和动物病理生理两个分支,前者从形态学的角度揭示疾病的本质和发生、发展的规律,研究患病机体形态结构的变化及其原因和发生机制;后者研究患病机体功能代谢的改变及其变化规律。由于患病机体是一个统一体,任何形态结构的变化必将带来功能代谢的改变,而功能代谢的异常也会引起形态结构的变化,所以病理解剖和病理生理之间存在着有机的联系,是研究同一对象的两个不同方面。

本书包括动物病理基本知识和实训指导两大模块。动物病理基本知识主要阐述疾病发生和发展的基本病理过程,即疾病发生的共性,又称为普通病理。动物病理基本知识包括疾病概论,血液循环障碍,细胞和组织的损伤,代偿、修复与适应,炎症,肿瘤,水和电解质代谢障碍,发热,黄疸,缺氧等病理变化的发生原因、机制和形态学变化。本书还包括动物病理诊断技术,但因篇幅和教学课时有限,未编写器官系统的病理变化及其发生和发展的规律,即系统病理。动物病理基本知识是动物病理的基础,是教学过程中必须完成的基本教学内容。

## 二、动物病理的地位

动物病理是一门重要的专业基础课,是畜牧兽医、动物医学、宠物医疗技术等专业的专业基础课,是兽医基础学科与临床学科之间的桥梁,被称为桥梁学科,同时具有重要的临床实践意义。动物患病后的生命活动变化非常复杂,要知道动物患病后功能、代谢、形态、结构是否有变化,如何变化,首先要了解健康机体的形态及其结构、功能、代谢的规律,因此学习动物病理必须以动物解剖学、动物组织胚胎学、动物生理学、动物生物化学、动物微生物学、兽医免疫学等学科为基础;其次,动物病理又是动物内科学、动物外科学、动物传染病、动物寄生虫病等兽医临床课的重要基础,因此动物病理是连接兽医基础课与兽医临床课的桥梁,在兽医专业中起着承上启下的重要作用。

动物病理在动物疾病的诊断和研究上具有重要的作用。尽管随着科学技术和兽医科学的发展,临床诊断疾病的手段不断增多,如影像诊断技术、实验室化验、内镜检查等已广泛应用于临床诊断,但病理诊断仍是很多疾病的最终诊断。病理学通过尸体剖检、活体组织检查和动物实验等研究方法,直接应用于临床实践,在疾病的诊断和发生、发展规律的阐明,以及临床工作水平提高方面均具有重要作用。动物病理诊断是通过直接观察器官、组织和细胞病变特征而做出的诊断,因此它比临床上的其他诊断(如根据病史、症状和体征等做出的分析性诊断)更具有直观性、客观性和准确性。

## 三、动物病理的研究方法和材料

动物病理的研究对象是患病动物或实验动物及其组织、器官等,目前研究方法很多,简单介绍如下。

### (一)动物病理的研究方法

**1.尸体剖检**　对死亡动物尸体进行解剖检查,是动物病理最基本的研究方法。通过尸体剖检,可以直接观察尸体脏器的各种病理变化,确立病理诊断,查明死亡原因,验证死亡前诊断和治疗效果,从而提高诊疗工作的质量;对一些传染病、中毒等群发病,可以通过观察尸体脏器的独特病理变化做出快速诊断,有利于及时采取防控措施;尸体剖检还可以为进一步研究疾病提供素材。

**2. 病理学观察**

(1)大体观察:主要是利用肉眼并借助放大镜、量尺等工具对尸体、器官和组织中病变的大小、形状、重量、色泽、质地、界限、表面和切面状态等指标进行观察和检测。这种方法简便易行,而且可以见到病变的整体形态和许多重要性状,因此具有微观观察和其他技术检查不可取代的优势,在实践中要结合运用才能取得较好的效果。

(2)组织学观察:将病变组织制成数微米厚的切片,经过不同方法染色后用显微镜观察组织和细胞的病理变化。用这种方法可以从组织和细胞水平了解机体组织的细微病变,提高诊断的准确性,因此到目前为止,组织学观察仍是病理学研究和诊断中不可缺少的最基本的方法。

(3)细胞学观察:用采集器采集病变部位的脱落细胞或用局部穿刺术吸取病变部位细胞或由体腔积液分离所含病变细胞等,制成细胞涂片,经染色后用显微镜观察单个细胞的形态和病变特征。细胞学观察常用于某些肿瘤性疾病的早期诊断。

(4)超微结构观察:运用透射或扫描电子显微镜对组织、细胞及一些病原因子的内部或表面的超微结构进行观察,即在亚细胞(细胞器)或大分子水平认识和了解细胞的形态和功能变化。这种方法使某些疾病的诊断和鉴别诊断更加确切,有时还能将形态改变和功能变化联系起来,使人们对疾病本质的认识更加深入。但是,由于超微结构观察放大倍数太大,只见局部不见整体,加之许多超微结构的变化没有特异性,常给诊断带来困难,所以超微结构观察只能以大体观察和组织学观察为基础,作为一种辅助检查方法。

(5)组织化学和细胞化学观察:利用某些显色药物能与组织细胞内一些化学成分结合,抗原能与抗体进行特异性结合的特点,显示组织细胞内的蛋白质、核酸、糖原、病原体等成分的变化。这种方法不仅可以揭示普通形态学方法所不能发现的组织细胞化学变化,还能在发生形态学改变之前发现病变,有利于疾病的早期诊断。

**3. 活体组织检查** 用局部切除、钳取、穿刺、刮取及摘除等方法,从患病动物活体采取病变组织进行病理学检查的方法称为活体组织检查,简称活检。活检的优点在于组织新鲜,能基本保持病变的真相,有利于进行组织学、组织化学、细胞化学研究及超微结构观察和组织培养等。对兽医临床工作而言,活检有助于及时准确地对动物疾病做出诊断和进行疗效判断。特别是,活检能对性质不明的肿瘤等疾病进行准确而及时的诊断,对治疗和预后具有十分重要的意义。

**4. 动物实验** 动物实验是指在人为控制条件下,用实验动物复制动物疾病,根据研究需要对其代谢、功能和形态结构进行系统检测和观察研究的方法。人为控制条件下,运用动物实验的办法,在适宜动物体内复制动物的某些疾病,是生物医学各个领域均可利用的技术方法之一。通过动物疾病模型,可以研究疾病的病因学、发病机制、病理变化及疾病的转归,并可根据研究的需要,对其进行各种方式的观察研究。动物实验的优点是可以不受任何限制地按研究者的主观设计进行研究,可以按计划人为控制实验条件,人为施加各种影响因素,可以随时和任意取材活检和处死尸检。其缺点是不同动物之间有种属差异,因而不能将动物实验的研究结果不加分析、无条件地推导到相应的动物上。

**5. 组织培养与细胞培养** 将某种组织或单细胞用适宜的培养基在体外加以培养,以观察细胞、组织病变的发生和发展,如肿瘤的生长、细胞的癌变、染色体的变异等。此外,也可以对其施加诸如射线、药物等外来因子,以观察外来因子对细胞、组织的影响等。这种方法的优点:一是可以较方便地在体外观察研究各种疾病或病变过程,研究施加影响的方法;二是可以节省研究时间。缺点是孤立的体外环境与体内整体环境不同,不能将研究结果与体内过程等同看待。

除上述常用的以形态学观察为主的技术外,近年来还建立起放射自显影、计算机形态测量、流式细胞术、分子原位杂交、原位末端标志、原位 PCR 等新技术,对动物病理的深入研究具有重要意义。

**(二)动物病理的研究材料**

动物病理的研究材料主要有动物尸体、实验动物、活体组织、细胞培养物,以及临床检验采集的血液、尿液、骨髓等,这也是病理学的研究对象。

### 四、学习动物病理的指导思想与方法

学习动物病理必须以辩证唯物主义哲学思想为指导,运用辩证唯物主义观点去观察、分析疾病过程中的各种变化,才能正确认识疾病的本质。

#### (一)运动发展的观点

疾病过程是一个不断变化的过程,在疾病的不同阶段,病理变化有所不同,而我们所看到的脏器的病理变化或组织切片的病理变化,只是疾病发展过程中某一阶段的表现,并非它的全貌,因此,在观察任何病变时,都必须以运动的和发展的观点去分析和理解,既要看到它的现状,也要分析它的病因、走向及后果,只有这样才能掌握疾病的本质。

#### (二)实践第一的观点

动物病理是一门实践性很强的学科,相关理论知识和基本技能必须在实践中加以理解和掌握,所以要坚持实践—认识—再实践—再认识的学习方法,在学习时要坚持理论与实践紧密结合,既要重视理论知识学习,又要积极进行病理观察、尸体剖检、标本观察、动物实验等实践活动,加深对理论知识的理解,只有这样才能正确阐明动物疾病发生和发展的基本规律。

#### (三)局部与整体的辩证关系

动物机体是一个完整的统一体,在神经系统与体液的调节下,全身各器官系统保持协调活动,以维持机体的健康状态。在疾病过程中,某局部发生了病变,必然影响机体其他部位甚至全身反应(如心力衰竭→全身淤血;肾炎→全身水肿);全身疾病可以在局部表现(如慢性猪丹毒→二尖瓣菜花样赘生物;猪瘟→脾边缘梗死;口蹄疫→虎斑心);一个器官病变可以影响另一器官(如慢性支气管炎→肺源性心脏病;右心衰竭→肝淤血;恶性肿瘤→全身消瘦;神经损伤→局部肌肉萎缩);机体与外界环境构成一个整体(如气温过高→中暑;气温过低→感冒;噪声→应激反应)。反之,全身的功能状况也会影响局部病变的发展。因此疾病过程是一个非常复杂的过程,局部和整体互相影响,密不可分。

#### (四)功能、代谢和形态结构之间的辩证关系

疾病过程中机体常表现出功能、代谢异常和形态结构的改变,这三者之间相互联系、相互影响:代谢改变可引起功能和形态结构的变化;而功能改变又会影响正常代谢过程,引起组织、器官形态结构的变化;组织、器官形态结构的改变,必然影响其代谢和功能的正常进行。因此,在学习过程中要通过三者中任何一方面的变化联系其其他两方面的变化,从而全面认识疾病。

#### (五)内因与外因的辩证关系

任何疾病都有其外因和内因。外因在疾病的发生和发展过程中起着很重要的作用,没有这些外因,相应的疾病可能就不会发生。但外因是通过内因而起作用的,内因对疾病的发生和发展起着决定性作用。因此,轻视外因在致病中的重要作用是不对的,但片面强调外因致病而忽视内因的决定性作用,也是错误的。只有辩证地看待外因和内因在疾病发展中的作用,正确处理内因和外因的关系,才能正确地认识疾病并预防疾病的发生。

### 五、动物病理发展及展望

动物病理的发展与自然科学,尤其是基础学科的发展密切相关,与人们认识疾病的过程相一致,具有悠久的历史。

公元前460—前370年,希腊名医希波克拉底(Hippocrates)创立液体病理学说,认为疾病是外因促使体内四种基本液体(血液、黏液、黄胆汁、黑胆汁)配合失调所致。18世纪中叶,意大利临床医学家莫尔加尼(Morgagni,1682—1771年)创立了器官病理学,提出疾病的定位观点。19世纪中叶,德国病理学家鲁道夫·魏尔啸(Rudolf Virchow,1821—1902年)在显微镜的帮助下,创立了细胞病理学,认为细胞结构病理障碍是一切疾病的基础。随着自然科学的发展,如今已经建立了免疫病理学、分子病理学、遗传病理学等,使人们对疾病的认识走向综合辩证时期。中医对病因、发病机制有独特的认识,并形成了独特的理论体系。如病因有外因(六淫)、内因(七情),疾病的发生是内因与外

因共同作用的结果(阴阳失调、五行生克制化失常、脏腑功能紊乱)。内脏器官的生理病理现象还会在体表、五官等处表现出来,即所谓脏象。

中医学对病理学的发展也有着重大贡献。《黄帝内经》有"夫八尺之士,肉皮在此,外可度量切循而得之,其死可解剖而视之"的描述。南宋时期,宋慈著有《洗冤录》,它是一部举世闻名的法医病理解剖学专著,详细叙述了男女老幼四时的尸体变化,曾被译为多国文字。清朝时期,解剖学家王清任通过解剖上百具尸体,改变了动脉运气、静脉运血的错误观点,纠正了脑主神明,提出了心主神明,著有《医林改错》。目前,我国病理学发展很快,出现了许多边缘学科和分支,如超微病理学、分子病理学、免疫病理学、遗传病理学等。随着科学技术的飞速发展,在传统方法(借助肉眼和光学显微镜进行尸体剖检、活体组织检查及动物实验等)不断改进的基础上,病理学发展取得了巨大的进步。由于电子显微镜技术的建立和随后发明的生物组织超薄切片技术、相差显微和偏光显微技术、显微分光光度法、X射线衍射、细胞化学、细胞匀浆、梯度离心、细胞培养、免疫荧光等研究方法和实验技术,病理学的研究从细胞水平进入亚细胞水平和分子水平,使人们能从代谢、功能和形态改变等方面来认识疾病的发生和发展。

受历史的影响,动物病理相关著述较少,著名的著作有《元亨疗马集》,它对多种动物的内脏结构和位置均有记载。随着畜牧业的发展和自然科学的进步,动物病理已成为一门对认识动物疾病、保障食品安全及人类健康具有重要意义的独立学科。虽然与发达国家比较还有一定差距,但一大批动物病理学家经过几十年的探索,为我国动物病理的发展奠定了基础,为动物疫病诊断与防治指明了方向。

## 六、动物病理职业岗位分析

动物病理相关知识可以为从事动物疫病防治及检疫检验岗位群的相关岗位工作的学生提供理论和实践技能的支持。岗位群涉及的主要岗位包括动物疫病化验员、动物检疫人员、动物疫病防治员、动物疫情检测人员等。通过学习,学生可以熟练地进行动物尸体剖检、病料采集和运送,熟悉常见动物疫病的临床诊断方法,能够判断患病动物预后,能够对发热等病理状况进行对症处理,结合后续课程的学习,成长为一名合格的兽医从业人员。

(方磊涵)

# 模块一
# 动物病理基本知识

# 项目一 疾病概论

## 项目导入

本项目主要介绍疾病概论,包括疾病的概念、疾病发生的原因、发病学、疾病的经过与转归和应激与疾病五个任务。通过本项目的学习,要求了解疾病的概念和特征,掌握疾病发生的原因、机制、发生与发展和终止的一般规律,理解应激反应的机制、应激时机体的病理生理变化,具备正确分析常见疾病发生原因及其机制、发展过程等的能力,为进一步采取正确、有效的预防治疗措施奠定基础。

## 项目目标

▲知识目标

1.了解疾病的概念和特征。

2.了解应激的概念与本质。

3.掌握疾病发生的原因,发生、发展和终止的一般规律。

4.理解应激反应的机制及应激时机体的病理生理变化。

▲能力目标

1.能够正确分析常见疾病发生的原因和发生机制。

2.能理解应激反应与其疾病发生的关系。

▲思政与素质目标

1.树立正确的世界观、人生观、价值观,具有良好的思想政治素质。

2.能遵守职业规范,增强职业责任感。

3.热爱畜牧兽医行业,具有科学求实的态度、严谨务实的工作作风,较好的创业品质和创业精神。

## 案例导学

某猪场突然出现发病情况,60%以上的仔猪出现体温升高和呼吸道症状,猪群的采食量显著下降,饲料利用率降低,患病仔猪不愿意走动,关节疼痛,流鼻涕,发病后2～3天病情快速传播蔓延。养殖户将患病仔猪单独隔离饲养,并使用青霉素、链霉素进行治疗,没有取得很好的效果,患病仔猪死亡率高达80%。请用本项目知识分析该案例。

*Note*

# 任务一 疾病的概念

## 一、疾病的概念

现代医学认为,疾病是机体与外界环境之间的协调发生障碍的异常生命活动。疾病是机体在一定条件下与致病因素相互作用而产生的一个损伤与抗损伤的复杂斗争过程。这一过程中,会出现各种功能、代谢和形态结构的异常变化,表现出一系列的症状、体征和行为异常。患病时,机体内、外环境之间的相对平衡与协调发生障碍,动物对环境的适应能力减弱,生产性能下降,经济价值降低。

为了更好地理解疾病的概念,下面以动物感冒为例来进一步说明。感冒是动物机体在受到寒冷刺激时,上呼吸道黏膜的防御功能降低,病原微生物乘虚而入并大量繁殖,上呼吸道黏膜受损而引起的。在病原微生物的作用下,上呼吸道黏膜出现炎症,引起上皮细胞变性、坏死,这是致病因素造成的损伤;同时机体出现流鼻涕、咳嗽、发热和吞噬细胞功能增强等改变,这些变化可排出、杀灭侵入体内的病原微生物,属于机体与入侵的病原微生物相互斗争所产生的抗损伤反应。如果抗损伤反应大于损伤反应,可消灭侵入上呼吸道的病原微生物,受损伤的组织通过残存细胞的分裂增生得到修复,动物则从疾病状态恢复到健康状态。相反,若损伤反应大于抗损伤反应,则病原微生物数量越来越多,炎症进一步蔓延,可引起支气管炎、肺炎,疾病会进一步恶化。

## 二、疾病的特征

疾病是机体的复杂反应,主要具有以下基本特征。

(1)疾病是在正常生命活动基础上产生的异常生命活动,是相对于健康而言的,与健康有本质上的区别。

(2)疾病是在一定条件下由病因作用于机体引起的。任何疾病的发生都是由一定的病因引起的,没有病因的疾病是不存在的。

(3)任何疾病都是完整统一的机体反应,表现出一定的功能、代谢和形态结构的变化,这是疾病发生时产生各种症状和体征的内在基础。

(4)疾病是矛盾斗争的过程,包括损伤与抗损伤的斗争和转化。这一矛盾斗争贯穿疾病的始终,推动着疾病的发生与发展。

(5)生产性能下降是动物患病的标志之一。随着疾病的发生,动物的生命活动能力减弱,生产性能下降,经济价值降低。

## 三、衰老

### (一)衰老的概念

衰老是指生物体随着年龄的增长而发生的退行性变(简称退变)的总和,表现为机体功能活动的进行性下降,机体维持内环境恒定和对环境的适应能力逐渐降低。生物的个体发育均经过生长、发育、衰老和死亡几个阶段,因此,衰老是生命的一种表现形式,是生命发展的必然。

在机体成熟后,机体各器官系统会随着年龄的增长而逐渐退变,如神经元、心肌和骨骼肌细胞在性成熟后死一个少一个,意味着衰老的开始;而分裂细胞,如肠上皮、皮肤和肝细胞则以细胞增殖周期延长为老化指标。因此,退变可以发生在生命的早期或晚期,一般统称为老化,而将在生命晚期出现的退变称为衰老。两者的含义虽有区别,但常被混用。

按衰老的发生机制可将衰老分为生理性衰老和病理性衰老。单纯的衰老应属于生理性衰老范畴,但比较罕见,而较常见的是病理性衰老。衰老过程中易患老年性疾病,老年性疾病又加速衰老过程,所以病理性衰老往往提前,表现为早衰。犬易发生的老年性疾病有膀胱结石,母犬易发生子宫和乳腺肿瘤。

## （二）动物的寿命

动物的寿命一般以平均预期寿命表示。动物的平均预期寿命由以下方式来推算。

**1.根据个体的大小** 一般来说，个体越大，代谢率越低，寿命越长，如犬 18 年、猫 15 年、大鼠 3 年、虎皮鹦鹉 7 年。

**2.根据脑的重量** 脑重同体重的比例，与寿命有一定的关系，大脑相对重者寿命较长，因为脑重者内环境的调节机制较好。

**3.根据心跳快慢** 心跳越快寿命越短。一生中总心跳次数是恒定的，为 5 亿～10 亿次。如小鼠的寿命为 1.5 年，每分钟心跳 1000 次，一生心跳 5 亿多次；大象的寿命为 70 年，每分钟心跳 20 次，一生心跳 7 亿多次。

**4.根据性成熟期** 灵长类寿命为性成熟期的 6 倍，啮齿类为 30～50 倍。

**5.根据生长期** 一般哺乳动物的寿命为生长期的 5～7 倍，人类生长期为 20～25 年，平均寿命应为 100～175 岁（也可用生长期与生命期的比例推算，人类的生长期与生命期之比为 1：(7～8)，人的寿命可达 140～160 岁）。

**6.根据细胞分裂代数和间隔时间** 平均寿命为细胞分裂代数和分裂间隔时间的乘积。寿命长的动物细胞分裂代数较寿命短的动物多。龟寿命为 175 年，其细胞分裂代数为 90～125 次；人胚肺成纤维细胞分裂代数为 50 次，每次分裂间隔时间为 2.4 年，人寿命应为 120 岁左右。

寿命的长短和一生中各阶段的划分，均需以年龄表示。由于同龄个体衰老程度有很大差异，因而又提出一种生理年龄，也称生物学年龄，表示实际的老化情况。

如上所述，不同物种的寿命差别很大，即使同一种动物中不同个体的寿命也有很大差别。一般来说，雄性动物的寿命比雌性动物短。自然寿命主要由遗传因素决定，但后天因素，特别是不良环境与疾病，常可促使机体衰老，寿命缩短。

# 任务二 疾病发生的原因

病因是引起某一疾病必不可少的并决定疾病特异性的特定因素。病因种类很多，概括起来可分为外界致病因素（外因）和内部致病因素（内因）两大类。没有病因的疾病是不存在的。

## 一、外界致病因素

### （一）生物性致病因素

生物性致病因素是临床上最常见、最重要的致病因素，包括细菌、病毒、螺旋体、霉菌、寄生虫等。其致病的共同特点如下。

（1）一定的选择性。主要表现在感染动物的种属、侵入门户、感染途径和作用部位等方面。如猪瘟病毒只感染猪，狂犬病毒只能从伤口侵入，鸡的传染性法氏囊病毒主要侵害法氏囊。

（2）一定的潜伏期。病原微生物从侵入机体到出现临床症状需一定的潜伏期，如鸡的新城疫为 5～6 天，猪的乙脑为 3～4 天；炭疽的潜伏期最短数小时，最长 14 天，平均 2～3 天。即使同一种疾病，潜伏期的长短也有一定的变动范围。

（3）动物机体抵抗力的改变影响疾病的发生。当机体防御功能、抵抗力都强时，虽然有病原微生物的侵入也不一定发病。相反，当机体抵抗力弱时，即使平时没有致病作用或毒力不强的病原微生物侵入也可引起发病。

（4）一定的特异性。生物性致病因素引起的疾病有特异性病理变化和特异性免疫反应。如猪丹毒，皮肤出现干性坏疽，心脏发生疣性心内膜炎，都是特异性病理变化，同时还引起机体特异性的免疫反应。

**（二）化学性致病因素**

化学性致病因素是指对机体具有致病作用的化学物质，包括强酸、强碱等可引起接触性损伤的化学物质，有机毒物（如氯仿、乙醚、有机磷等），生物性毒物（如蛇毒、蜂毒等）。化学性致病因素有如下特点。

（1）常蓄积一定量后才引发疾病。化学毒物进入机体后，常蓄积一定量后才引起发病，除慢性中毒外，一般有短暂的潜伏期。

（2）有些化学因素对组织、器官的毒性作用有一定选择性。如煤气中毒时一氧化碳与血红蛋白结合，有机磷农药进入机体主要与胆碱酯酶结合，氢氰酸主要抑制细胞呼吸酶类。

**（三）物理性致病因素**

物理性致病因素主要包括温度、电流、电离辐射、大气压、光能、噪声等。

**1. 温度** 高温可引起烧伤或烫伤，还可引起中暑；低温可造成局部组织的冻伤，还可引起机体抵抗力下降，造成感冒等。

**2. 电流** 对动物造成危害的主要是雷电产生的强电流和日常用的交流电，可造成动物局部组织损伤或直接导致死亡。

**3. 电离辐射** 常见的有α、β、γ射线的中子、质子等，其致病作用取决于照射剂量、照射面积、照射时间和组织、器官的性质，可引起放射性损伤、放射病、肿瘤等。

**4. 大气压** 低气压或高气压对机体都有致病作用，但低气压影响较大。如高山、高原地区，空气稀薄，易发生缺氧。

**5. 光能** 可见光可引起光敏性皮炎，紫外线可引起光敏性眼炎、皮肤癌。

**6. 噪声** 短时间突如其来的噪声可造成动物应激反应，如可引起蛋鸡产蛋量下降、泌乳牛奶量下降。长时间噪声刺激可引起动物生长发育不良，降低动物的生产性能。

物理性致病因素的作用强度、部位和持续时间将决定是否引起疾病以及疾病的严重程度。

**（四）机械性致病因素**

常见的机械性致病因素有锐器、钝物的撞击，高空跌下，可引起机体创伤、骨折、脱臼，甚至死亡。体内如有肿瘤、异物、寄生虫，可对组织产生压迫或阻塞管腔，也会造成损伤。机械性致病因素的作用特点如下。

（1）对组织不具有选择性。

（2）无潜伏期及前驱期，或很短。

（3）只能引起疾病的发生，不参与疾病的进一步发展。

（4）机械力的强度、性质、作用部位、作用时间及作用范围决定损伤的性质和程度，很少受机体影响。

（5）转归的方式常为病理状态。

**（五）营养性致病因素**

除上述各项致病因素外，当动物喂养管理不当，特别是饲料中各种营养因素供应不平衡（过剩或不足）时，也会致病。机体正常的生命活动需要充足、合理的营养物质来保障，如果动物的营养需要不能得到合理的补充和调整，也可引起动物疾病的发生。

**1. 营养供给过剩** 维持机体生命活动的必需营养物质，如糖类、脂肪、蛋白质、维生素、矿物质等缺乏或营养物质过剩，都可引起动物疾病的发生。当蛋白质摄入过剩时，部分可在体内蓄积致使血液酸度增加，而引起酸中毒，尿液酸度也增加，可继发肾脏功能障碍或者骨软症。脂肪摄取过多，可引起脂肪沉着，脂肪沉着的脏器功能可发生障碍；胆固醇过剩蓄积可造成细胞物质代谢障碍，生活力减退，也是动脉硬化的原因。

**2. 营养供给不足** 动物日粮中营养物质缺乏，可造成动物饥饿。饥饿分为两种，一种是营养物质供给完全断绝，称为绝对饥饿；另一种是营养物质供给减少，称为部分饥饿。绝对饥饿可使组织成分中的糖原消耗、脂肪萎缩、蛋白质分解加强、肌肉消瘦,最后动物会因营养极度衰竭而死亡。部分饥饿可发生在日粮摄入量减少、细胞生活力减退时,动物可出现贫血、组织渗透压降低、体腔和全身水肿等。目前,由于饲养和饲料配比不当而导致畜禽出现各种营养物质缺乏症的情况在畜牧业中比较常见。

## 二、内部致病因素

疾病发生的内因一般是指机体防御功能的降低,遗传免疫特性的改变以及机体对致病因素的易感性等。

### (一)机体防御功能

**1. 屏障功能** 机体的屏障结构包括外部屏障和内部屏障两个方面。

(1)外部屏障:主要由皮肤、黏膜及其腺体和骨骼、肌肉等组成。外部屏障作为机体的第一道防线,能有效地阻挡病原微生物的入侵和化学毒物的作用。若其功能受损或削弱,则容易引发某些疾病。

(2)内部屏障:主要包括淋巴结、单核吞噬细胞系统、肝脏、血脑屏障、胎盘屏障等。如淋巴结可以杀灭侵入其内的病原微生物;由脑软膜、脉络膜、室管膜及脑血管内皮组成的血脑屏障能阻止细菌、某些毒素及一些大分子物质通过血液进入脑脊液或脑组织。

**2. 吞噬及杀菌作用** 广泛存在于机体各组织的单核巨噬细胞,它们可以吞噬一些病原微生物、异物颗粒、衰老的细胞,并依靠胞质内溶酶体中的酶将吞噬物消化、溶解。此外,中性粒细胞能吞噬抗原-抗体复合物,并通过本身酶的消化、分解作用,减弱有害物质的危害。另外,胃液、泪液、唾液以及血清中都有抑菌或杀菌的物质。当机体内吞噬细胞减少或吞噬能力下降时,机体防御能力下降,容易发生感染性疾病。

**3. 解毒功能** 肝脏是机体重要的解毒器官,能通过生物转化过程(氧化、还原等)将血液中的某些毒性物质转变为无毒或低毒物质,再经肾脏排出体外。当肝脏解毒功能发生障碍时,易发生中毒性疾病。

**4. 排出功能** 消化道、呼吸道、肾脏可通过呕吐、腹泻、咳嗽、打喷嚏、排尿等方式,将各种异物及有害物质排出体外。如果排出功能受损,可促进相应疾病的发生。

**5. 免疫反应** 机体的免疫反应在防止和对抗感染的过程中起着十分重要的作用。当机体的免疫功能降低时,易发生各种病原微生物感染,且恶性肿瘤的发生率也大大增高。

### (二)机体的反应性

机体的反应性是指机体对各种刺激物(包括生理性和病理性)以恒定的方式发生反应的特性。机体的反应性不同,其对外界致病因素的抵抗力和感受性不尽相同。影响机体反应性的因素如下。

**1. 种属** 动物种属不同,对同一致病因素的反应性也不同,如马可患传染性贫血,而牛不患;猪易感染猪瘟病毒,而该病毒不引起其他种属的动物发病。

**2. 品种与品系** 同类动物的不同品种或品系,对同一致病因素的反应性也可能不同。如鸡腹水症主要侵害肉鸡,而很少侵害蛋鸡。

**3. 年龄** 动物年龄不同,对同一疾病的反应性不同,如幼龄动物易患消化道和呼吸道疾病;老龄动物易患肿瘤性疾病。

**4. 个体** 同种动物由于个体不同,营养状况、抵抗力等不同,对同一致病因素的反应性也不同。

**5. 性别** 性别不同,感染某些疾病的情况也不尽相同。如牛、犬的白血病,雌性发病率要高于雄性。

### (三)遗传因素

遗传物质的改变(基因突变、染色体畸变等)可引起遗传性疾病。如猪和牛的先天性卟啉症、动物血友病等。

### 三、内因与外因的辩证关系

任何疾病的发生都不是单一原因所引起,而是外因与内因相互作用的结果。在疾病的发生和发展过程中,外因是疾病发生的重要条件,内因是疾病发生的根本依据。在外因的诱导或作用下,动物机体就会发病。疾病是发生在动物机体上的,如果仅有外因,而动物机体的抗损伤能力足以抗御外因的损伤作用,那么动物不发病或仅轻微发病。

因此,外因是条件,外因必须通过内因起作用。在疾病发生过程中,内因起决定性作用。外因必须冲破动物机体的防御屏障,作用超过动物的抗损伤和调节能力,才可以使机体发病。所以,疾病能否发生,取决于动物机体的状况。即使发生了疾病,疾病的性质、轻重、发展和结局也随内因的不同而有差异。

### 四、疾病发生的条件

除了内因和外因外,还存在促使疾病发生的条件,称为诱因,包括自然条件和社会条件。

**1. 自然条件** 包括季节、气候、温度及地理位置等因素,既可影响外因,又可影响机体的功能状态和抵抗力,从而影响疾病的发生。如一般情况下,夏季多发消化系统疾病,而冬季多发呼吸系统疾病。

**2. 社会条件** 包括社会制度、科技水平、政策管理、经济水平、生活水平等,对动物健康或疾病的发生、发展有着重要的意义。

### 五、掌握病因的意义

掌握了疾病发生的原因,就可以针对病因采取具体措施,将病原体消灭在作用于机体之前,从而预防疾病。如通过环境消毒来预防疾病的发生;注射猪瘟疫苗来提高猪体的抵抗力,可预防猪瘟的发生。当疾病发生时,查明病因,有助于采取有效的措施治疗疾病。如细菌性胃肠炎采用抗生素治疗,效果显著。

# 任务三　发　病　学

### 一、疾病发生的一般机制

疾病发生的机制是指疾病过程中各种变化发生和发展的基本原理。致病因素作用于机体后,会引起机体的一系列变化和体征。这些变化主要通过致病因素对组织的直接作用,或通过神经系统功能改变,或通过体液因素的作用来实现。

#### （一）直接作用

致病因素作用于机体,可直接作用于组织、细胞,或有选择性地作用于某一组织、器官引起损伤。前者如高温造成的烧伤、低温造成的冻伤、强酸或强碱对组织的腐蚀等;后者如四氯化碳引起的肝脏坏死、组织滴虫侵入机体主要损害盲肠和肝脏等。

#### （二）神经机制

神经机制是指某些致病因素或病理产物作用于神经系统的不同部位(如感受器、传入纤维、中枢神经、传出纤维等),引起神经调节功能改变而发生相应疾病或病理变化的过程。其可分为致病因素对神经的反射作用和对中枢神经的直接作用。

**1. 神经反射作用** 如破伤风引起的神经感觉敏感,饲料中毒时出现的呕吐和腹泻,缺氧时呼吸加深加快,有害气体刺激引起的呼吸减弱或暂停。这些变化均是致病因素作用于感受器,引起神经调节功能改变的结果。

**2. 致病因素的直接作用** 在感染、中毒等情况下,致病因素可直接作用于中枢神经,引起神经功能障碍。如犬感染狂犬病毒、鸡感染马立克病毒等、一氧化碳中毒、铅中毒等,可直接破坏神经组织,引起相应疾病。

### （三）体液机制

某些致病因素或病理产物可直接或间接地引起体液中激素等微量物质的变化，引起体液质和（或）量的改变或引起生理、代谢、功能的变化，从而导致各种疾病或病理变化的发生，这一过程称为体液机制。

致病因素引起体液变化，主要表现为体液量的增加或减少，如脱水、失血、水肿、酸碱平衡紊乱、酶活性的改变等，均可引起相应组织、器官的功能、代谢以及形态结构的变化。

### （四）分子机制

分子机制是指从分子水平研究疾病时机体功能、代谢和形态结构改变的机制。近年来，随着病理学和分子生物学研究的不断深入，分子病理学应运而生。广义的分子病理学研究所有疾病的分子机制，狭义的分子病理学研究生物大分子特别是核酸、蛋白质和酶受损所致的疾病。其中由 DNA 遗传性变异引起的一类以蛋白质异常为特征的疾病称为分子病。

上述四种基本机制在疾病发生过程中不是孤立的，它们相互联系，相互影响，共同决定疾病的发生过程。

## 二、疾病发展的一般规律

### （一）疾病过程中损伤与抗损伤的关系

致病因素作用于机体后，在引起机体各种损伤性变化的同时，也激发机体产生防御、适应、代偿等抗损伤反应。这种损伤与抗损伤的斗争贯穿疾病的始终，而且疾病过程中损伤与抗损伤的关系决定疾病的发展方向。若损伤占优势，则病情不断恶化，甚至导致死亡；反之，若抗损伤占优势，则向着有利于机体康复的方向发展，机体症状逐渐减轻，直至痊愈。例如外伤性失血时，一方面引起组织损伤、血管破裂、血液丢失、血压下降、缺氧等一系列病理性损伤，同时，机体也出现血管收缩、心率加快、心脏收缩加强、血库释放出储备的血液等一系列的抗损伤反应，如果失血量不大，则通过抗损伤反应和及时采取治疗措施，循环血量恢复，机体逐渐康复。反之，如果损伤过重，失血过多，治疗又不及时，机体的抗损伤反应不足以对抗病理性损伤，即损伤大于抗损伤，最后机体出现创伤性或失血性休克而导致死亡。

### （二）疾病过程中的因果转化

因果转化是疾病发生和发展的基本规律之一，任何疾病都不例外。在原始病因的作用下，机体出现一定的病理变化，这一结果又可成为新的病因而引起另一些变化，这样，原因和结果交替循环，形成一个链锁式的发展过程。

例如，短暂作用于机体的机械力是外伤的原始病因，但由它引起的疾病可通过因果转化而进一步发展。外伤使血管破裂导致血液大量外流，引起血液大量丢失，血液大量丢失这一结果可使心输出量减少和动脉血压下降，血压下降可反射性地使交感神经兴奋，皮肤、腹腔内脏的微动脉血压进一步降低，组织缺氧就更为严重，于是有更多的血液淤积在微循环中，回心血量进一步减少，从而形成恶性循环，使病情更加严重，甚至可导致死亡。这就是失血性休克时的因果转化和恶性循环。在兽医临床实践中，如能对失血性休克动物及时采取补充血容量等正确的治疗措施，就可避免上述的因果转化，阻断恶性循环的发生，使疾病向着有利于机体康复的方向发展。

### （三）疾病过程中局部与整体的关系

疾病过程中局部病变影响着全身，而全身的功能状态也可对局部病变产生影响，两者是互相影响、互相联系的。例如，鸡的法氏囊病主要侵害法氏囊，但也可引起鸡精神沉郁、食欲下降、体温升高等全身性反应。因此，在治疗时，既要考虑法氏囊，也要针对全身状态增强食欲、增加营养、提高抵抗力；体表急性炎症时局部表现红、肿、热、痛与功能障碍，同时全身可能呈现体温升高、白细胞计数增多等反应；感冒时病变主要表现为上呼吸道黏膜的炎症，但患畜也有发热、精神沉郁、食欲减退等全身反应；全身营养不良和某些维生素缺乏时，软组织细胞的再生能力减弱，延缓创伤的愈合。因此，

*Note*

在兽医临床实践中,要正确处理全身与局部之间的辩证关系,在注意局部病理变化的同时,也要考虑全身的病理反应,以及两者之间的相互影响与相互转化。那种只顾局部忽视整体,或只顾全身不考虑局部的观点和做法,都是不可取的。

# 任务四　疾病的经过与转归

## 一、疾病的经过

疾病从发生、发展到结束的整个过程称为疾病的经过或疾病的过程。在这一过程中,由于损伤和抗损伤反应的不断变化,疾病出现不同的阶段性,不同的发展阶段有不同的表现。由生物性致病因素引起的传染病,其病程的阶段性更为明显,通常可分为潜伏期、前驱期、症状明显期和转归期四个阶段。

### （一）潜伏期

潜伏期是指从致病因素作用于机体开始,到机体出现最初临床症状的一段时期。由于病原微生物的特点及机体所处的环境与自身免疫状况的不同,潜伏期的长短不一。例如,炭疽病的潜伏期为2~3 天,猪瘟一般为 7~10 天,而狂犬病的潜伏期可超过一年。一般来说,病原微生物的数量越多、毒力越强,或机体抵抗力越低,疾病的潜伏期越短;反之则较长。正确认识疾病的潜伏期具有重要意义。当然,也存在没有潜伏期的疾病,如机械创伤、烧伤等。

### （二）前驱期

从疾病出现最初症状开始到疾病的主要症状出现为止,这段时期称为前驱期,一般持续几小时或一两天。在这一阶段中,机体的活动及反应性均有所改变,出现一些非特异的临床症状,如精神沉郁、食欲减退、呼吸及脉搏变化、体温升高等。前驱期的及时发现有利于疾病的早期发现和治疗。若机体的防御、适应、代偿功能增强或采取适当的治疗措施,疾病可停止发展或康复,否则进入下一阶段,即症状明显期。

### （三）症状明显期

此期为疾病的主要症状或典型症状充分表现出来的阶段。不同疾病在这一阶段所表现出来的症状不同,具有特异性,对疾病的诊断具有重要意义。疾病不同,症状明显期的长短也是不一样的,如口蹄疫为 1~2 周,猪丹毒为 3~10 天。在此时期,患病动物抗损伤功能得到进一步发挥,同时机体在致病因素作用下而出现的损伤变化也更加明显。因此研究此期机体内功能、代谢和形态结构的改变,对疾病的正确诊断和制订合理的治疗措施有极其重要的意义。

### （四）转归期

经过症状明显期后,疾病进入结束阶段,称为转归期。在这一时期,如果机体的抗损伤反应大于损伤反应,则疾病好转,最后痊愈。少数疾病痊愈得很快,在数小时或 24 h 内所有症状消失,称为骤退;有时疾病的症状是逐渐减弱或消失的,痊愈得很慢,称为渐退。若疾病在一定时间内暂时减弱,称为减轻。有些疾病症状消失后,其病原体可能仍然存在,当机体抵抗力下降时,又会发生该疾病,称为复发。在疾病经过中,有时因机体抵抗力减弱,损伤加剧,导致症状加重,称为疾病的恶化。

## 二、疾病的转归

疾病的转归是疾病的结束阶段,根据机体的状况、病因的性质以及机体是否得到及时正确的诊断和治疗,可分为完全痊愈、不完全痊愈和死亡三种类型。

### （一）完全痊愈

机体完全恢复健康即完全痊愈。此时,致病因素的作用停止或消失,机体各器官系统的功能、代谢障碍完全消失,形态结构的损伤恢复正常,机体的症状和体征完全消退,机体内部各器官系统之间以及机体与外界环境之间的平衡关系完全恢复,动物的生产能力也恢复至正常水平。

### (二)不完全痊愈

不完全痊愈是指致病因素对机体的损伤作用已经停止,疾病的主要症状已经消失,但机体的功能、代谢障碍和形态结构的损伤未完全恢复,机体处于病理状态,往往留下持久的病理性损伤和功能障碍。此时机体借助代偿作用来维持正常生命活动,如心内膜炎后所形成的心瓣膜狭窄或闭锁不全。不完全痊愈的机体,其功能负荷不适当地增加或机体状态发生改变时,可因代偿失调而致疾病"再发"。

### (三)死亡

死亡是生命活动的终止,机体的解体。由于近年对生命本质认识的深化,人们已经提出了新的死亡概念和死亡标准,死亡成为一门内容丰富的新兴学科,对动物而言,尤其如此。

生命的本质是机体内同化作用和异化作用不断运动演化的过程,死亡则是这一运动过程的终止。死亡既是生命活动由量变到质变的突变,又是生命活动发展的必然结局。"生"包含着"死",无生则无死。

**1.死亡的种类** 死亡分为生理性和病理性两种。生理性死亡是由机体各器官的自然老化所致,又称自然死亡或老死(衰老死亡)。但实际上生理性死亡是很少见的,绝大多数死亡属于病理性死亡,病理性死亡是由致病因素作用过强所造成的死亡。病理性死亡的原因归纳起来有以下三类。

(1)急性死亡:由电击、中毒、创伤、窒息等各种意外所引起。这类死亡由于死前各种器官多无严重的器质性损害和机体的过度消耗,如及时抢救,有可能复苏。

(2)重要器官引起的死亡:如脑、心、肝等的不可恢复性损伤。

(3)慢性消耗性疾病引起的死亡:如恶性肿瘤、结核病、营养不良等引起的机体极度衰竭。死亡前,由于各种重要器官的生理功能(尤其是免疫防御功能)已遭到严重的破坏,故复苏比较困难。

**2.死亡发生的阶段** 多数情况下,死亡的发生是机体从健康的"活"状态过渡到"死"状态的渐进性过程,传统上把这个过程分为濒死期、临床死亡期及生物学死亡期三个阶段。

(1)濒死期:濒死期是指死亡前出现的垂危阶段。在此期间,机体各系统功能发生严重的障碍,脑干以上的中枢神经处于深度抑制状态,表现为意识模糊或丧失、反应迟钝、感觉消失、心跳微弱、呼吸时断时续或出现周期性呼吸、括约肌松弛、粪尿失禁等。此期持续时间因病而异,一般 1~2 min 到数小时或 2~3 天。

(2)临床死亡期:此期的主要标志为心跳和呼吸完全停止,各种反射消失。此时延髓处于深度抑制状态,但各组织仍然进行着微弱的代谢活动,生命活动并没有真正结束,若采取恰当的紧急抢救措施,机体有复活的可能,也称为死亡的可逆时期。此期一般持续 6~8 min(即血液完全停止供应后,脑组织能耐受的缺氧时间)。此期是复苏的关键阶段。

(3)生物学死亡期(真死):此期是死亡过程的最终不可逆阶段。此时从大脑皮质开始到整个神经系统以及其他各器官系统的新陈代谢相继停止,并出现不可逆的变化,整个机体已没有复活的可能。现代医学提出脑死亡的概念,脑死亡是指全脑(包括大脑皮质和脑干)功能的永久性丧失。脑死亡是机体死亡的判定标志,是全脑功能丧失的不可逆状态,是整体功能的永久性停止。随着生物学死亡的发展,尸体相继出现尸冷、尸僵、尸斑、血液凝固,最后腐败、分解。

# 任务五　应激与疾病

## 一、应激反应概述

### (一)应激的概念

应激是指机体在各种内、外环境因素刺激下所出现的全身性非特异性适应性反应,又称应激反应。应激反应的本质是生理反应,其目的在于维持机体内环境的稳定,提高机体的防御能力。它是机体适应、保护机制的重要组成部分,为一切生物生存和发展所必需。应激反应可使机体处于警觉状态,增强机体的对抗或逃避能力,有利于在变动的环境中维持机体的自稳态以及增强机体的适应能力。

**（二）应激原**

应激原是指引起应激反应的各种刺激因素,大致可分为以下三类。

**1. 外环境因素**　包括各种理化因素,如饥渴、寒冷、噪声、去势、断奶、预防注射、中毒、称量体重、转群、饲养密度过大等;生物因素,如各种微生物感染等。

**2. 内环境因素**　内环境失衡也是一类重要的应激原,如血液成分改变、器官功能紊乱等。

**3. 心理因素**　如恐惧、争斗、惊吓、饲养员的粗暴对待等。

一种因素要成为应激原,必须要有一定的强度,但对于不同的动物存在明显的差异。机体受突然的刺激发生的应激称为急性应激,而长期持续的紧张状态则引起慢性应激。

**（三）应激反应的基本过程**

尽管应激原不同,但其所产生的一系列反应相同,发展阶段也一致。大致分为以下三个阶段。

**1. 警觉期**　应激反应的最初阶段,为机体保护防御机制的快速动员期。以交感-肾上腺髓质系统的兴奋为主,表现为肾上腺皮质激素(adrenocortical hormone,ACH)分泌增多,引起机体的一系列紧张的生理和心理反应,如心率加快、呼吸加快、体温和肌肉弹性降低、血糖水平升高等。如果应激原在短时间内消失,或通过自我调节、自我控制,机体很快就会恢复到正常状态。如果应激原持续存在或机体缺乏自我调控能力,警戒反应将会使机体的生理和心理变化升级,警戒症状逐渐消失,进入应激反应的第二阶段——抵抗期。

**2. 抵抗期**　此时,以交感-肾上腺髓质系统兴奋为主的警觉反应将逐步消退,而表现出以肾上腺皮质激素分泌增多为主的适应反应。机体代谢率升高,炎症、免疫反应减弱,表现出适应性。如果机体的适应能力良好,则代谢开始加强,进入恢复期;反之,则进入衰竭期。

**3. 衰竭期**　持续强烈的有害刺激将耗竭机体的抵抗能力,警觉期的症状可再次出现,肾上腺皮质激素水平持续升高,但糖皮质激素受体的数量和亲和力下降,机体内环境明显失衡,应激反应的负效应陆续出现,器官功能衰退,机体处于危急状态,可导致重病或死亡。

## 二、应激反应时机体的病理生理变化

### （一）神经内分泌反应

当机体受到强烈刺激时,会出现以交感-肾上腺髓质系统和下丘脑-垂体-肾上腺皮质系统强烈兴奋为主的一系列神经内分泌反应,以适应强烈刺激,提高机体的抗病能力。因此,应激时的神经内分泌反应,是疾病时全身性非特异性反应的生理学基础。

**1. 交感-肾上腺髓质系统**　该系统兴奋时血浆中去甲肾上腺素、肾上腺素等儿茶酚胺类物质浓度迅速升高,主要参与调控机体对应激的急性反应。应激时该系统的主要中枢效应与应激时的兴奋、警觉有关,并可引起紧张、焦虑等情绪反应。该系统的外周效应主要表现为血浆肾上腺素、去甲肾上腺素和多巴胺的浓度迅速增高。交感神经兴奋时主要分泌去甲肾上腺素,肾上腺髓质兴奋时主要分泌肾上腺素。

应激时,交感-肾上腺髓质系统反应既有防御意义又有对机体不利的方面。防御意义主要表现如下:①使心率加快、心肌收缩力加强、外周总阻力增大,提高心输出量,升高血压。②促进血液的重新分布,使冠状血管、骨骼肌的血管扩张,从而保证心、脑和骨骼肌的血液供应,确保骨骼肌在应对紧急情况时的加强活动。③促进支气管舒张,改善肺泡通气,向血液提供更多的氧。④促进糖原分解,升高血糖;促进脂肪分解,使血浆中游离脂肪酸增多,满足应激时机体对能量的需求。⑤儿茶酚胺对许多激素(如胰高血糖素、生长激素、促红细胞生成素等)的分泌有促进作用,而对胰岛素的分泌有抑制作用。儿茶酚胺分泌增多是引起应激时多种激素变化的重要原因。

然而,强烈的交感-肾上腺髓质系统引起的儿茶酚胺类物质浓度持续过高会对机体带来不利影响,表现如下。①外周小血管持续收缩,各器官组织微循环灌流量少,导致组织缺血,严重时则引起某些组织细胞变性、坏死。②持续过高的代谢率,造成能源物质明显消耗。③心肌负荷加重,耗氧量增加,导致心律失常。

**2. 下丘脑-垂体-肾上腺皮质系统** 该系统兴奋时血浆糖皮质激素(glucocorticoid,GC)的浓度升高,促肾上腺皮质激素释放激素(corticotropin releasing hormone,CRH)是下丘脑-垂体-肾上腺皮质系统激活的关键因素。下丘脑-垂体-肾上腺皮质系统参与控制应激的反应,并调节许多身体活动,如消化系统、免疫系统活动,性行为,以及能量储存和消耗。应激时该系统的主要中枢效应与CRH的浓度有关:适量的CRH增多可促进机体适应,产生兴奋或愉快感,而CRH大量增加则会造成机体适应障碍,从而出现焦虑、抑郁和食欲不振等。GC分泌增多是应激最重要的反应,对机体对抗有害刺激起着极为重要的作用。实验表明,去除肾上腺后,动物可以在适宜条件下生存,但如受到强烈刺激,则容易衰竭、死亡。

GC分泌增多提高机体抵抗力的机制目前还不完全清楚,目前已知的主要有以下几方面:①GC有促进蛋白质分解和糖异生作用,从而可以补充肝糖原的储备;能抑制组织对葡萄糖的利用,从而提高血糖水平。②GC可提高心血管对儿茶酚胺的敏感性。肾上腺皮质功能不全时,血管平滑肌对去甲肾上腺素变得极不敏感,因而易发生血压下降,循环衰竭。③药理浓度的GC具有稳定溶酶体膜,防止或减少溶酶体酶外漏的作用,可避免或减轻水解酶对细胞及其他方面的损害。④生理浓度的GC对许多化学介质的生成、释放和激活具有抑制作用。例如,抑制磷脂酶 $A_2$ 的活性,可以减少花生四烯酸的释放,从而减少前列腺素、白细胞三烯和血栓素的生成,对炎症、变态反应等病理过程有一定的防御意义。

**3. 其他激素反应**

(1)胰高血糖素:应激时,胰高血糖素分泌增加,促进糖异生和肝糖原分解,是引起应激性高血糖的重要激素。胰高血糖素分泌增加的主要原因可能是交感神经兴奋和儿茶酚胺在血中浓度的升高。

(2)生长激素:应激时,生长激素分泌增多。生长激素的作用如下:促进脂肪的分解和动员;促进甘油、丙酮酸合成为葡萄糖,抑制组织对葡萄糖的利用,因而具有升高血糖浓度的作用;促进氨基酸合成蛋白质,在这一点上它可以对抗皮质醇促进蛋白质分解的作用,因而对组织有保护作用。

(3)胰岛素:应激时,血浆胰岛素含量偏低,这是由于交感神经兴奋,血浆中儿茶酚胺浓度升高所致。尽管应激性高血糖和胰高血糖素水平升高都可刺激胰岛素分泌,但应激时胰岛素分泌减少。

(4)醛固酮:应激时,血浆醛固酮水平常升高。主要是由于交感-肾上腺髓质系统兴奋,肾血管收缩,因而肾素-血管紧张素-醛固酮系统被激活。此外,促肾上腺皮质激素(adrenocorticotropic hormone,ACTH)分泌的增多也可刺激醛固酮的分泌。

**(二)细胞体液反应**

细胞在某些应激原作用下,会表达一些具有保护作用的蛋白质,如热休克蛋白、急性期蛋白、酶或细胞因子等。

**1. 热休克蛋白(heat-shock protein,HSP)** HSP是细胞在应激原特别是高温环境诱导下重新合成或合成增加的一组蛋白质,主要在细胞内发挥作用,属非分泌型蛋白质。除热应激外,许多应激原(如缺血、缺氧、感染、创伤、放射线、重金属、乙醇等)也能诱导机体产生HSP。因此,HSP又被称为应激蛋白。

HSP在细胞内含量相当高,约为细胞总蛋白质的5%,其功能涉及细胞的结构、维持、更新、修复和免疫等,但其基本功能为帮助蛋白质正确折叠、移位、维持和降解,被形象地称为"分子伴侣"。已有证据表明,HSP可增强机体对热、内毒素、病毒、心肌缺血等多种应激原的抵抗能力。

**2. 急性期蛋白(acute phase protein,APP)** 应激时,感染、炎症或组织损伤等可使血浆中某些蛋白质浓度迅速发生变化,这一反应称为急性期反应。这些蛋白质称为急性期蛋白(APP)。APP有很多种,按照其在急性反应时血清中浓度增加的不同,可分为强、中、弱三种,其中较强的APP有C反应蛋白(CRP)、α2-巨球蛋白(α2-M)等,在炎症刺激后,它们在血清中的浓度可迅速成百倍地升高,临床上常用C反应蛋白作为炎症性疾病的活动性指标;中等强度的APP包括结合珠蛋白(HP)、纤维蛋白原、α1-抗胰蛋白酶(α1-AT)等,它们在血清中浓度可增高2~10倍;较弱的是补体成分与血浆铜蓝蛋白等,在急性炎症后血清中浓度仅增高2倍左右。APP的生物学功能包括抑制蛋白酶、清除异物和坏死组织、抗感染、抗损伤等。

### (三)应激时机体的功能代谢变化

**1. 物质代谢**　应激时,物质代谢发生相应的变化,总的特点是分解增加、合成减少。主要表现如下。

(1)代谢率升高:严重应激时,代谢率升高十分显著,与儿茶酚胺分泌量的增加密切相关。此时机体处于分解代谢大于合成代谢状态,造成物质代谢的负平衡,因而动物出现消瘦、衰弱、抵抗力下降等。

(2)血糖升高:应激时,胰岛素分泌相对不足及儿茶酚胺分泌增加,糖原分解加强,加之蛋白质分解和糖异生增强,最终导致血糖浓度升高。严重时引起应激性高血糖或应激性糖尿。

(3)脂肪酸增多:应激时,由于肾上腺素、去甲肾上腺素、胰高血糖素等脂解激素增多,脂肪的动员和分解加强,因而血中游离脂肪酸和酮体有不同程度的增多。严重创伤后,机体所消耗的能量有75%~95%来自脂肪的氧化。

(4)负氮平衡:应激时,蛋白质分解加强,血液中氨基酸(主要是丙氨酸)浓度增加,尿氮排出量增加,出现负氮平衡。严重应激时,负氮平衡可持续较久。

**2. 心血管系统**　应激时,交感-肾上腺髓质系统兴奋,引起心率加快、心肌收缩力加强、外周总阻力增大以及血液的重新分布等变化,有利于提高心输出量,升高血压,保证心、脑和骨骼肌的血液供应,因而有十分重要的防御代偿意义。应激也可引起心律失常和心肌坏死,其机制可能与过度的持续性交感神经兴奋及心肌内儿茶酚胺浓度升高有关。

**3. 消化系统**　应激时,由于交感神经兴奋,胃肠分泌及蠕动紊乱,导致消化吸收功能障碍,甚至出现胃黏膜出血、水肿、糜烂和溃疡。这类由应激引起的消化性溃疡,称为应激性溃疡。其发生机制与胃黏膜缺血、屏障功能损坏以及内源性前列腺素E生成减少等有关。

**4. 血液系统**　急性应激时,外周血中白细胞计数可能增多、血小板计数增多、血小板黏附力增强,凝血因子Ⅷ、纤维蛋白原等浓度升高。血液表现出非特异性抗感染和凝血能力增强,红细胞沉降率增快,全血和血浆黏度升高。同时,由于纤溶酶原激活物增多,血液的纤溶活性升高。应激时凝血和纤溶的变化是严重创伤或感染时易发生弥散性血管内凝血的因素之一。然而,应激时血液凝固性的增高也不乏有利的一面,因为它可以促进组织损伤时的止血。

**5. 泌尿系统**　应激时,泌尿系统的主要变化是尿少、尿比重升高,水和钠排出减少。这些变化的机制有以下三个方面。①应激时交感神经兴奋,肾素-血管紧张素系统功能增强,肾小球小动脉明显收缩,肾血流量减少,肾小球滤过率降低。②应激时醛固酮分泌增多,肾小管钠、水重吸收增加,钠、水排出减少,尿钠浓度降低。③应激时抗利尿激素分泌增加,从而使肾远曲小管和集合管对水的通透性增加,水的重吸收增加,故尿量少而尿比重升高。肾泌尿功能变化的防御意义在于减少水、钠的排出,有利于维持循环血量。但肾缺血所致的肾泌尿功能障碍,可导致内环境紊乱。

**6. 免疫系统**　应激时神经内分泌系统的变化对免疫系统有重要的调控作用,同时免疫系统也对神经内分泌系统有反向调节作用。持续强烈的应激反应常造成免疫功能的抑制甚至紊乱,由于应激时变化明显的糖皮质激素和儿茶酚胺对免疫系统主要存在抑制效应,故持续应激通常会造成免疫功能的抑制,甚至功能障碍,诱发自身免疫性疾病。

### 三、应激性疾病

在现代畜牧业规模化经营和生产管理中,存在很多应激原,可引起病理反应和疾病,称为应激性疾病。动物患病时,生产性能下降,甚至死亡,导致经济价值下降。

#### (一)猪常见应激性疾病

**1. 猪应激综合征** 主要由运输应激、热应激、拥挤应激等造成,常发生于瘦肉型、肌肉丰满、腿短股圆而身体结实的猪,如皮特兰猪、波中猪等品种。表现为肌肉震颤、尾抖,随后出现呼吸困难、心悸、皮肤红斑或紫斑,体温升高,可视黏膜发绀,最后衰竭死亡。猪应激综合征的发生主要影响肉的品质,死亡或屠宰后的猪肉呈现苍白色、柔软和渗出物增多等特征性变化,即所谓的白肌肉(palesoft-exudative,PSE)。此种猪肉肉质低劣,营养与适口性均很差,给养猪业和屠宰业带来了巨大的经济损失。

**2. 猪应激性溃疡** 主要由严重的应激反应导致,如斗架、运输、严重疾病等(可突然死亡),以胃、十二指肠黏膜等发生溃疡为主。发病前无慢性溃疡典型症状,是一种急性胃肠黏膜病变,尸体剖检可见胃肠(十二指肠)黏膜有细小、散在的点状出血,线状或斑片状浅表糜烂,浅表呈多发性圆形溃疡,边缘不整齐,但不隆起,深度一般达黏膜下层。

**3. 猝死综合征** 主要指猪受到强烈应激原的刺激后,不表现任何临床症状而突然死亡。如配种时公猪过度兴奋,追赶时猪过于惊恐,或运输时猪过度拥挤等,都可能由于神经过于紧张,而发生休克或循环虚脱,造成突然死亡。本病可能与交感-肾上腺髓质系统受到剧烈刺激时活动过强,心律严重失常并迅速引起心肌缺血而导致突发性心力衰竭有关。

**4. 猪咬尾综合征** 主要是由多种营养物质缺乏或者代谢障碍所导致的疾病,也称异食癖,某些不适宜的生长环境以及不科学的管理方法也是诱发此病的重要因素。不同日龄、不同品种的猪均能发生猪咬尾综合征,猪群一旦发生咬尾现象,即使激发因素消失,咬尾现象往往也难以消除,导致猪伤残甚至死亡,给养猪业造成较大的经济损失。

**5. 运输病** 主要症状是多发性浆膜炎和关节炎。猪在长途运输过程中,受到追赶、拥挤、惊恐、运输热、噪声、饥饿、过劳等不良因素的刺激,口腔内本来存在的副猪嗜血杆菌和副溶血性嗜血杆菌大量繁殖,诱发本病。一般运输3~7天时,出现中度发热、食欲下降、倦怠等症状,严重时导致死亡。

**6. 运输热** 运输热是在运输过程中发生的以高热等大叶性肺炎表现为主的综合征,常发生于过载或通风不良的运输车厢,病猪表现为呼吸、脉搏加快,体温升高达42~43 ℃,黏膜发紫,全身颤抖,甚至出现呼吸、循环系统衰竭而死亡。尸体剖检可见大叶性肺炎的变化,小叶间隔增宽,浆液性浸润。

#### (二)其他动物的应激性疾病

**1. 鸡的应激性疾病** 在养鸡生产中,天气变化、饲料更换、长途运输、接种疫苗等因素常导致鸡群发生应激反应。表现为鸡生产性能(日增重、产蛋率、蛋的质量和受精率等)明显下降,机体健康状况不断恶化,抵抗力、免疫力显著下降,许多疾病随之发生。如雏鸡白痢,通常是由于雏鸡在运输过程中或入舍后遭受低温应激所致,机体抵抗力下降,导致沙门菌活化增殖,体内产生大量内、外毒素,常并发或继发肠炎、败血症、肺炎和心肌炎等疾病,是育雏阶段的重要疾病之一。

**2. 犬的应激性疾病** 犬在饲养管理过程中受到某些不良因素刺激,会产生非特异性的应激反应。常见的应激因素包括感染、创伤、中毒、高温、环境突变、预防接种、转群混群等,主要症状为精神状态变化、食欲不振、胃肠炎等。消化道菌群失调和胃黏膜损伤是较为常见的病变。

**3. 牛运输应激综合征** 牛在长距离运输途中为适应多种非特异性因子刺激而出现的一系列不良反应,主要表现为机体免疫力降低、体温升高、采食减少、体重减轻,并伴发呼吸道与消化道疾病。引起牛运输应激综合征的因素有很多,如热、冷、风、雨、饥、渴、挤压、惊吓、颠簸、合群、调料、过劳、潜在疾病等,都能导致牛的抵抗力下降,病原微生物侵入机体感染而发病,引起呼吸道、消化道,甚至是全身的病理性反应。

### 四、应激反应的调控

应激原是多种多样的,并且往往是不同质的,应激反应虽然是非特异性的,但动物的功能异常却是多方面的,它发生在动物的不同生理时期和不同生理状态。因此,其防治措施多为综合性的。生产实践中,可从以下四个方面消除或减少应激造成的危害。

#### (一)培育抗应激品种

动物对应激的敏感程度与遗传基因有关,通过育种方法选育抗应激品种,淘汰应激敏感动物,建立抗应激种群是从根本上解决动物应激的重要方法。例如,氟烷测试可以剔除氟烷阳性个体,根据血浆促肾上腺皮质激素水平,可以建立具较强抗应激能力的鸡群。可见,应激敏感性测试是控制和消除应激敏感基因,提高群体抗应激能力的有效措施。

#### (二)改善饲养管理方法

由于有些现代饲养管理措施本身就是应激原,因此,对于现代的一些可能引起应激反应的技术措施,在可能的条件下应做重要调整。例如,笼养产蛋鸡的平养,适当降低肉雏鸡料的营养水平以减缓其增重速度,低蛋白早期断奶仔猪料的应用等,为动物创造良好的生存环境,关注动物饲养、购销、运输和屠宰的全过程护理工作。畜禽建筑设计(场址选择、牧场布局、畜舍类型和材料)和环境工程设计(通风、防暑、保温、粪尿处理),以及设备选择与利用(笼具、光照、给水、给料、转群等设备),都要符合动物正常生理要求,尽量为畜禽创造一个比较舒适的环境条件,避免酷暑严寒、粪尿污染、空气污浊等造成的应激。饲养密度合理,光照强度符合动物生理要求,转群运输、兽医防治的实施要得当,在执行前要提前做好准备(比如额外补充维生素、电解质、葡萄糖、镇静剂等)。

#### (三)调整饲料配方,添加抗应激剂

强烈的或持续的应激原刺激,致使动物神经-体液调节系统紊乱。物质代谢出现不可逆反应,异化作用占主导地位,机体储备耗竭,动物呈现严重的营养不良状况,免疫性能低下,性功能紊乱,严重时可引发一系列应激综合征等。因此,降低动物对应激原的敏感性,提高动物采食量以改善其营养体况,增强免疫以提高抗病力,补充活性物质(维生素、微量元素等),调节动物的整体代谢强度等,是防治应激的基本思路。

国内外常用的抗应激剂有应激预防剂、促适应剂和应激缓解剂等。应激预防剂,以减弱应激原对机体的刺激作用为目的,多为镇痛和镇静剂,这类药只允许用于兽医治疗,不允许以饲料饮水方式给予。促适应剂应以提高机体的非特异性抵抗力、增强抗应激为目的。促适应剂包括参与糖代谢的物质(琥珀酸、苹果酸、延胡索酸、柠檬酸等),缓解酸中毒和维持酸碱平衡的物质($NaHCO_3$、$NH_4Cl$、$KCl$ 等),微量元素(锌、硒),微生态制剂,中草药制剂,维生素制剂(维生素 C,维生素 E)。应激缓解剂是指以缓解热应激为主要目的的物质(如杆菌肽锌等),目前市场上的抗应激剂多属单一物质,鉴于应激对动物的影响是多方面的,而且不同应激原对动物的影响也是不同的,因此,单一抗应激物质不可能完全或最大限度地消除或缓解应激,针对不同应激原及不同应激综合征,研制复合抗应激剂或系列抗应激剂是未来的发展方向。

#### (四)以中草药或天然植物提取物为原料制备抗应激剂

以中草药或天然植物提取物为原料,寻求兼有预防应激、促进动物对应激原的适应性与缓解应激等效应的抗应激剂,是研制新型抗应激剂的重要思路之一。其中:柴胡可调节体温、抗热应激;天麻可抗惊厥;远志可降低动物对应激原的敏感性,缓解其攻击性行为;五味子可调节整体代谢强度,提高生产水平,调节中枢神经系统;板蓝根可增强免疫以提高抗病能力;人参作为激素样物质可增强繁殖性能;麦芽可维护消化道黏膜细胞的增殖与修复功能,促进消化,增强食欲,改善营养状况。

(段　茜)

**知识链接与拓展**

### 脑死亡

一般所说的死亡是指动物的个体死亡。临床死亡的传统三症候是呼吸停止、心跳停止、瞳孔散大且固定反射和对光反射消失。有人根据这一传统概念,按心跳停止和呼吸停止发生的先后顺序不同,分别称为心脏死亡或呼吸死亡,但是心跳和呼吸停止的动物并不意味着必将死亡。随着复苏技术和支持疗法的改进,对失去大脑和脑干功能的生物体,采用呼吸机、心跳起搏器等,心、肺功能可以得到维持,但这些生物体要完全复苏已不可能,死亡仍不可避免。因而,1967 年 Barnard 首次以心脏移植为契机,对死亡的传统概念提出质疑,提出"脑死亡"的新概念。脑死亡是一个重要的生物学和社会伦理学概念,指全脑的功能发生不可逆的停止。脑死亡的判断标准为瞳孔散大或固定,自主呼吸停止,不可逆性脑昏迷,脑干神经反射、脑电波消失,脑血液循环停止。脑死亡不代表器官组织均已死亡,这对器官移植具有极其重要的意义。

**执考真题**

1.(2010 年)动物疾病发展过程中,从疾病出现最初症状到主要症状开始暴露的时期称为( )。

A.潜伏期　　　B.前驱期　　　C.临床经过期　　D.转归期　　　E.濒危期

2.(2009 年)由长途运输等应激因素引起的 PSE 猪肉的肉眼观病变特点是( )。

A.肌肉呈黄色、变硬　　　　　　　　B.肌肉因充血、出血而变暗

C.肌肉因强直或痉挛而僵硬　　　　　D.肌肉呈白色、柔软、有液体渗出

E.肌肉保水性强,腌制时易出现色斑

3.(2012 年)应激时机体物质代谢改变的特点是( )。

A.血糖浓度升高　　　　　　B.代谢率下降　　　　　　C.血中脂肪酸含量降低

D.血中酮体含量降低　　　　E.血中游离氨基酸含量降低

扫码看答案

**自测训练**

### 一、选择题

1.疾病是机体与( )相互作用而产生的损伤与抗损伤的复杂斗争过程。

A.外界致病因素　　　B.自身识别异物　　　C.病毒　　　　　　D.致病细菌

2.下列不是疾病特点的是( )。

A.疾病是在一定条件下病因作用于机体而引起的

B.疾病是机体局部的反应

C.疾病是一个矛盾斗争的过程

D.生产性能降低是动物患病的标志之一

3.在疾病的病程中先兆期又称为( )。

A.潜伏期　　　　　B.前驱期　　　　　C.症状明显期　　　D.转归期

4.在疾病的病程中( )的症状具有特异性。

A.潜伏期　　　　　B.前驱期　　　　　C.症状明显期　　　D.转归期

5.临床上最为常见、最重要的致病因素是( )。

A.生物性致病因素　　B.物理性致病因素　　C.营养性致病因素　　D.化学性致病因素

扫码看答案

*Note*

6.有效防治疾病的先决条件是(　　)。

A.研制疫苗　　　　　B.查明疾病原因　　　C.保持环境的清洁　　D.加快对新药的研究

7.在疾病过程中(　　)现象贯穿疾病始终,并构成矛盾斗争过程,推动着疾病的发生与发展。

A.机体生命活动障碍　　　　　　　　B.生产能力的下降

C.损伤与抗损伤　　　　　　　　　　D.经济价值降低

8.下列过程不可逆的是(　　)。

A.病情加重　　　　　B.濒死　　　　　　C.临床死亡　　　　D.生物学死亡

## 二、简答题

1.疾病的特点是什么?

2.什么叫病理性死亡和生理性死亡?

3.应激时机体的物质代谢会出现哪些变化?

# 项目二　血液循环障碍

扫码学课件

## 案例导学

　　某养殖户饲养200头猪,突然有2头3日龄仔猪死亡,无特征性临床症状,兽医对其进行剖检,发现猪的腹股沟附近呈轻微蓝紫色,两肺边缘呈紫红色,心冠状脂肪有针尖大小的出血点,肾有针尖大小的出血点,脾脏边缘有紫红色隆起,血管内有表面光滑的血凝块,可以与血管剥离。请用本项目知识分析该案例。

　　血液循环是指血液在心血管系统内周而复始地流动的过程。机体通过血液循环将$CO_2$、各种营养物质及激素不断地运送到全身各器官、组织,满足组织、器官功能活动的需要;同时也不断地运走

Note

机体产生的 $CO_2$ 及代谢产物,从而保证机体物质代谢的正常进行和维持机体内环境稳定。因此,血液循环是动物维持生命活动的重要保证。一旦血液循环发生障碍,会造成相应的器官发生功能、代谢紊乱和形态结构的改变。

血液循环障碍是临床常见的一类基本病理过程,分为全身血液循环障碍和局部血液循环障碍两种。全身血液循环障碍是心脏、血管系统功能紊乱和血液的质、量发生改变的结果。局部血液循环障碍是局部器官、组织的血液含量改变(如充血),血管内容物改变(如血栓形成、栓塞),血管壁的通透性或完整性改变(如出血)等。而局部与全身密切相关,局部血液循环障碍影响全身,全身血液循环障碍又在局部表现。如冠状动脉内出现血栓是局部血液循环障碍,可引起心脏功能减弱,导致全身血液循环障碍。心功能不全的全身血液循环障碍,又可引起肺、肝、肾及可视黏膜淤血。

# 任务一　充　　血

充血是指局部器官或组织的血管内含血量比正常增多的现象。根据发生机制不同,其可分为动脉性充血和静脉性充血两种(图2-1、图2-2),两者的特点不同。动脉性充血与静脉性充血的鉴别见表2-1。

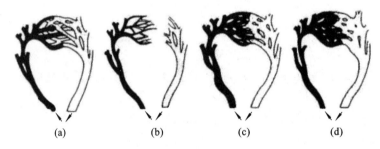

图 2-1　血流状态模式图
(a)正常;(b)缺血;(c)动脉性充血;(d)静脉性充血(淤血)

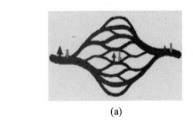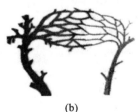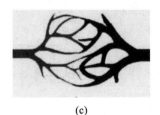

(a)　　　　　　　　(b)　　　　　　　　(c)

图 2-2　正常供血、动脉性充血与静脉性充血
(a)正常供血;(b)动脉性充血;(c)静脉性充血

表 2-1　动脉性充血与静脉性充血的鉴别

| 鉴别项目 | 动脉性充血 | 静脉性充血 |
| --- | --- | --- |
| 颜色 | 鲜红色 | 暗红色,皮肤及黏膜呈蓝紫色 |
| 体积 | 轻度增大 | 肿大 |
| 代谢功能 | 代谢旺盛,功能增强 | 功能、代谢减弱 |
| 温度 | 增高 | 降低 |
| 病变范围 | 范围一般局限 | 范围一般较大,有时波及全身 |
| 发生的血管 | 小动脉和毛细血管 | 小静脉和毛细血管 |
| 影响 | 发生快,易消退,也见于生理条件下 | 易继发水肿、出血,实质细胞萎缩、变性、坏死 |

## 一、动脉性充血

局部组织或器官内的小动脉及毛细血管扩张,血液灌流量增多,而静脉血液回流量正常,致使该组织或器官的含血量增多,称为动脉性充血,简称充血。

### (一)原因及发生机制

充血分为生理性充血和病理性充血。

**1. 生理性充血** 在生理情况下,组织、器官功能活动增强时,小动脉和毛细血管扩张而引起充血。如采食后的胃肠道黏膜充血、妊娠时的子宫充血、运动时的骨骼肌充血等,这些都是由生理性代谢增强引起的局部充血。

**2. 病理性充血** 在致病因素作用下,局部组织、器官发生的充血称为病理性充血。能够引起病理性充血的原因很多,有机械性、化学性、物理性和生物性因素等。致病因素作用于机体的一定部位,只要达到一定时间、一定强度,都能够引起局部充血。根据病因可以将病理性充血分为以下几种类型。

(1)血管神经性充血:致病因素作用于血管壁的感受器,使调节小动脉管壁平滑肌的两种神经兴奋性发生改变,反射性引起血管舒张神经兴奋,而血管的收缩神经兴奋性降低,动脉血管反射性扩张充血。另外,当皮肤受到刺激时,还能通过轴突反射引起皮肤小动脉扩张充血。此外,组织分解产生的生物活性物质如组胺、5-羟色胺、激肽、腺苷等可直接作用于血管壁,使血管壁平滑肌的紧张度降低,导致血管扩张充血,局部动脉血液增加,此类充血称为血管神经性充血。

(2)炎性充血:这是最常见的充血原因。在炎症过程中,由于致炎因子的直接刺激以及炎症组织所释放的血管活性物质(组胺、5-羟色胺、激肽、白细胞三烯等)的作用,小动脉及毛细血管扩张而充血,尤其在炎症早期或急性炎症过程中表现明显。

(3)侧支性充血:某动脉有一分支内出现血栓、栓塞或被肿瘤、异物等压迫,使动脉血管腔狭窄或阻塞,引起血液循环发生障碍,其邻近的动脉吻合支则发生反射性扩张充血,形成侧支循环,代偿受阻血管的供血不足,保证组织血液供应,称为侧支性充血(图 2-3)。它具有代偿作用,对减轻组织损伤和恢复功能有重要意义。

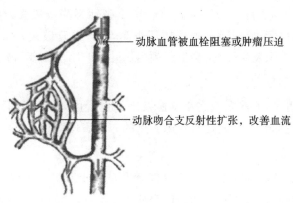

动脉血管被血栓阻塞或肿瘤压迫

动脉吻合支反射性扩张,改善血流

**图 2-3 侧支性充血**

(4)减压后充血(贫血后充血):动物机体局部组织因血管长期受压而发生局部缺血,血管张力降低,当压力突然解除,受压组织内的小动脉和毛细血管反射性地扩张,引起局部充血,称为减压后充血或贫血后充血(图 2-4)。如牛、羊瘤胃臌气及腹腔有积液等情况下,因为腹腔内压增大,胃肠和其他器官的血管受压,血液被挤压到腹腔以外的血管中,造成腹腔器官贫血。在治疗过程中,如果瘤胃放气或排出腹水的速度过快,引起腹腔内压迅速降低,这样大量血液就急速涌入腹腔器官的血管内,与此同时,腹腔以外器官的含血量减少,血压下降,严重时引起脑贫血,甚至导致动物死亡。故施行瘤胃放气或排出腹水时,应特别注意防止速度过快。

扫码看彩图

*Note*

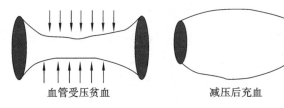

血管受压贫血　　　　　减压后充血

图 2-4　减压后充血

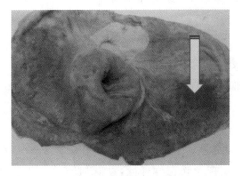

图 2-5　猪胃黏膜充血

## （二）病理变化

**1. 肉眼观**　发生充血的组织、器官由于小动脉和毛细血管扩张，动脉血流量增多，血流加快，红细胞内氧合血红蛋白增多，故充血组织、器官呈鲜红色，体积轻度肿大。由于动脉血液供应增多，氧和营养充足，所以组织内物质代谢旺盛，产热量增加，局部温度升高，功能增强，明显可见位于皮肤、黏膜的血管（图 2-5）。

**2. 镜下观**　充血组织的小动脉和毛细血管扩张，血管内充满红细胞。

另外应注意，动物死亡后受两方面因素的影响，局部充血表现不明显。一方面，动物死亡时，血管发生痉挛性收缩，使扩张的小动脉变为空虚状态；另一方面，动物死亡时心力衰竭导致全身性淤血，而血管内的血液受重力影响而下沉，发生坠积性淤血而掩盖了死亡前充血现象。

### （三）结局和影响

充血是机体的防御、适应性反应。一般轻度短时充血对机体是有利的。充血能使局部组织血流加快，血量增多，供给局部组织大量的氧、营养物质和抗病因子等，局部组织防御能力增强；同时也加快了局部代谢产物及病理产物的排出，有利于病因清除和受损组织的修复。兽医临床上，依据此原理，常用理疗、热敷和局部涂擦刺激剂等方法治疗动物的某些疾病。

充血部位不同、持续时间不同，对机体的影响不同。一般短时间的充血，消除病因后可快速恢复正常。若病因持续作用，充血时间过长，导致血管壁紧张性下降或丧失，血流缓慢，进而引起淤血。严重的充血，可引起局部血管过度扩张，血管内压过高，导致血管破裂，造成出血。一般的器官发生充血影响不大，但如果脑组织发生充血，会引起颅内压升高或脑出血，动物出现神经症状甚至死亡。

## 二、静脉性充血（淤血）

当静脉血液回流受阻时，血液淤积在小静脉及毛细血管内，致使局部组织或器官的静脉血流量增多，称为静脉性充血，简称淤血。淤血是临床多见的一种病理变化。

### （一）原因及发生机制

淤血分为全身性淤血和局部性淤血。全身性淤血是由于心脏功能障碍及胸膜和肺脏发生疾病时，静脉血液回流受阻引起的。如心包积液时，心舒张不全，影响静脉血液回流导致淤血。心力衰竭时，心肌收缩力减弱，心输出量减少，心腔积血，导致静脉血回流心脏受阻而淤积在静脉系统。左心衰竭可导致肺淤血，右心衰竭可导致全身性淤血。胸膜炎症时，胸腔内蓄积大量炎性渗出物，使胸腔内压升高，同时胸壁的疼痛限制胸廓的扩张，从而造成心舒张不全，静脉血回流受阻，导致全身性淤血。

局部性淤血的发生原因有以下几个方面。

**1. 静脉血管受压迫**　静脉血管受压迫使静脉管腔发生狭窄或闭塞，血液回流受阻，可导致相应的器官和组织发生淤血。这是临床多见的一种淤血原因。如：肿瘤、脓肿、严重水肿、寄生虫包囊等直接压迫引起相应器官淤血；肠扭转、肠套叠对肠系膜静脉的压迫引起相应的肠系膜及肠管发生淤血；治疗骨折时绷带包扎过紧对肢体静脉造成压迫，使局部肢体发生淤血；肝硬化时肝静脉分支受增生肝实质结节压迫引起门静脉所属器官发生淤血。

**2.静脉血管阻塞** 静脉血栓、栓塞或静脉炎造成血管壁增厚,静脉血管腔狭窄或阻塞,引起相应组织、器官血管阻塞。由于静脉的分支多,只有当静脉血管腔阻塞,血液又不能充分地通过侧支回流时,才会发生静脉性充血。

**3.静脉血管壁的舒缩功能发生障碍** 静脉血管受冷或某些化学物质刺激,使血管壁的运动神经发生麻痹,血管壁松弛,管径扩张,血流缓慢而导致淤血。

**(二)病理变化**

**1.肉眼观** 淤血时由于局部组织、器官小静脉和毛细血管扩张,静脉血流量增多,静脉压升高,组织液回流受阻,故淤血组织、器官体积肿大。同时静脉血液增多,血液中氧合血红蛋白减少,还原血红蛋白增多,淤血器官呈暗红色,皮肤及可视黏膜淤血时呈蓝紫色,称为发绀。淤血使血流缓慢,局部组织缺氧,营养供给不足,功能代谢减弱,产热减少。另外,局部血流淤滞,毛细血管扩张,使得散热增加,局部表面温度降低,淤血时局部组织静脉和毛细血管内压升高,加上血管壁缺氧引起血管壁通透性增强,使血液的液体成分渗入组织内,造成淤血性水肿。严重时,红细胞渗入组织内,造成淤血性出血。长期淤血时,由于组织缺氧、营养物质供给不足及代谢产物的堆积,实质细胞萎缩、变性或坏死,间质结缔组织增生,淤血组织、器官质地变硬,造成淤血性硬化(图2-6)。

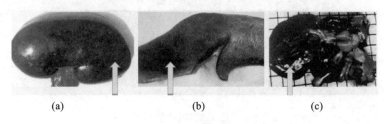

 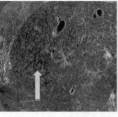 

(a)　　　　　　　　(b)　　　　　　　　(c)

**图2-6 组织淤血**

(a)肾淤血;(b)脾淤血;(c)肝淤血

**2.镜下观** 淤血组织内小静脉和毛细血管扩张,充满红细胞,小血管周围间隙及结缔组织间蓄积水肿液。若淤血时间较长,可见器官的实质细胞萎缩、变性,甚至坏死及结缔组织增生。

**(三)常见器官淤血的病理变化**

由于各器官的结构和功能不同,发生淤血的表现不尽相同。现将临床上常见器官淤血的病理变化叙述如下。

**1.肝淤血** 主要见于右心衰竭的病例。急性肝淤血者,肝体积肿大,被膜紧张,重量增加,边缘钝圆,呈暗紫红色,切面流出大量暗红色凝固不良的血液。镜下观,可见肝小叶中央静脉和窦状隙高度扩张,充满红细胞。肝小叶中央静脉及肝窦明显扩张,充满红细胞,肝细胞索受压萎缩。病程稍久,肝小叶中央区的肝细胞由于受到扩张的窦状隙的压迫发生萎缩,而肝小叶周边的肝细胞由于缺氧发生脂肪变性,肝脏的切面可见肝小叶的中央部由于淤血呈暗红色,周边由于脂肪变性呈黄色,出现红黄相间如槟榔的花纹,故称为"槟榔肝"(图2-7)。慢性肝淤血继续发展,肝实质细胞发生萎缩、消失,间质结缔组织增生,网状纤维胶原化,使肝组织硬化,发生淤血性肝硬化。长期的淤血可导致肝脏功能下降,糖、脂肪和蛋白质代谢障碍,肝脏的解毒功能降低,导致机体发生自体中毒。

扫码看彩图

扫码看彩图

*Note*

**图2-7 肝淤血**

**2.肺淤血** 主要见于左心衰竭和肺静脉回流受阻的病例。急性肺淤血者,肺呈暗紫红色,体积膨大,被膜紧张光滑,重量增加,切面流出大量暗红色混有泡沫的血样液体。取小块淤血肺组织投入水中呈半沉状态。如淤血稍久,血液成分大量渗入肺泡腔、支气管和肺间质中,肺小叶间质增宽,支气管内有大量淡红色泡沫样液体。

镜下观,肺小静脉和肺泡壁毛细血管高度扩张,充满大量红细胞,肺泡腔内有淡红色液体、少量红细胞和脱落的肺泡上皮细胞。慢性肺淤血时,在肺泡腔内可见吞噬有红细胞或含铁血黄素的棕褐色的巨噬细胞,此类细胞多见于左心衰竭的病例,故称心力衰竭细胞(图2-8、图2-9)。长期慢性肺淤血,可引起肺间质结缔组织增生,肺变硬,称为肺硬化,如同时伴有肺出血,红细胞内的血红蛋白被分解成含铁血黄素而使肺组织呈黄褐色,称肺褐色硬化。

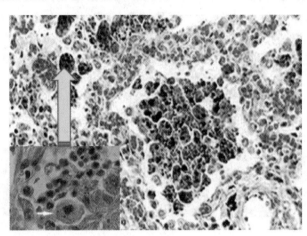

图 2-8 慢性肺淤血(心力衰竭细胞)

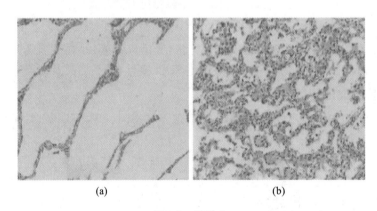

(a)                              (b)

图 2-9 肺淤血
(a)正常肺泡;(b)早期肺淤血

**3.脾淤血** 在临床上引起脾淤血的原因包括门静脉高压以及脾静脉血栓形成,一般在临床上由门静脉高压引起的脾淤血较多见,通常可以继发于各种原因导致的脾硬化。

急性脾淤血时,脾明显肿大,被膜紧张,边缘钝圆,呈暗红色,切面隆起,结构模糊。慢性脾淤血时,由于网状纤维胶原化,脾小梁增生,脾变小,质地变硬,表面凹凸不平。

**4.肾淤血** 右心衰竭常伴发肾淤血。肾体积肿大,呈暗红色或蓝紫色,皮质和髓质界限明显。肾淤血时通过肾的血流量减少,肾小球的滤过功能降低,尿量减少。

**5.胃肠淤血** 右心衰竭、肝淤血和肝硬化都可导致胃肠淤血。胃肠浆膜静脉扩张,黏膜呈暗红色。严重淤血时,胃肠壁和肠系膜水肿,胃肠壁增厚、皱襞消失,如伴有红细胞渗出,黏膜呈红色。

**(四)淤血对机体的影响**

淤血的时间和发生部位及程度不同,对机体的影响也不一样。短时间淤血,只要病因除去,淤血可以解除，对机体影响不大。如淤血病因持续存在，又不能及时建立侧支循环，局部组织代谢产物蓄积，损害毛细血管，使其通透性增高，加上淤血时小静脉和毛细血管内流体静力压升高，可导致局部组织水肿，严重时甚至发生渗出性出血。长时间的淤血，由于缺氧、营养物质供应不足和代谢中间产物堆积，实质细胞还会出现萎缩、变性和坏死。如慢性肝淤血会造成槟榔肝，在实质萎缩的同时，间质细胞增生，可引起器官发生淤血性硬化。淤血发生部位不同，产生的后果不同，如果肺淤血严重，则可表现为呼吸困难，心功能障碍，甚至窒息死亡。

由于静脉常有丰富的吻合支，当某一静脉发生阻塞或受压时，其吻合支可以及时扩张，有助于局部血液回流，起代偿作用。这种通过吻合支的血液回流，称为侧支循环。侧支循环在一定程度上具有代偿作用，当淤血的程度超过侧支循环所能代偿的范围时，将会出现淤血所致的各种病理变化。

# 任务二 贫 血

循环血液总量减少或单位容积外周血液中血红蛋白量、红细胞计数低于同龄、同性别健康动物的正常值，称为贫血。动物的原发性贫血很少，多继发于某些疾病。根据病因不同，贫血可分为多种类型。临床上，贫血动物常出现疲倦无力，消瘦，毛发杂乱无光泽，抵抗力下降，生长发育迟缓，群体整齐度降低等。

贫血有两种情况，一种是由局部血液循环障碍引起的局部贫血，另一种是由血液中红细胞的数量及血红蛋白的含量改变引起的全身性贫血。

## 一、局部贫血

局部组织或器官的动脉血液供应不足或断绝，称局部贫血。如局部组织或器官完全没有血液输入，称为局部缺血。

**1. 原因及发生机制**

（1）小动脉痉挛性贫血：当机体受寒冷、惊恐、剧痛刺激和某些化学物质（如肾上腺素、麦角碱）作用时，缩血管神经兴奋性增高，反射性地引起局部小动脉血管壁平滑肌发生痉挛性收缩而造成小动脉管腔持续性狭窄，引起局部血液流入减少，甚至血流完全停止而导致贫血。如冠状动脉痉挛造成的心肌缺血。

（2）动脉压迫性贫血：局部组织或器官的小动脉受到机械性外力的压迫，输入血量减少，引起局部贫血。如大动物发生生产瘫痪时，侧卧部血管受到压迫，可造成局部组织贫血。肿瘤、腹水、脓肿及绷带包扎过紧等都可压迫动脉，导致管腔变小，输入血量减少而引起局部贫血。

（3）动脉阻塞性贫血：动脉内血栓、异物性栓塞、动脉内膜炎及动脉硬化时，都可造成动脉血管内腔狭窄或阻塞，局部供血减少而发生贫血。

（4）代偿性贫血：机体某一局部组织发生充血，流入的血量增多，其他部位组织、器官会出现代偿性贫血。如急速排出胸水或腹水时，胸腔内压或腹腔内压突然降低，血液大量快速流入胸腔或腹腔的脏器内，可引起脑组织的贫血。

**2. 病理变化** 局部组织、器官因含血量减少，器官体积变小，显露出器官固有的颜色，如皮肤、黏膜呈苍白色，肺呈灰白色，肝呈褐色。质地柔软，被膜皱缩，切面的血液量减少。由于局部供血不足发生缺氧，功能代谢减弱，局部温度降低。如缺血持久，可导致实质细胞萎缩、变性，甚至发生坏死。

**3. 结局和对机体的影响** 局部贫血对机体的影响因贫血程度、持续时间长短、组织或器官对缺氧的耐受性、侧支循环建立的情况不同而不同。如短时间轻度贫血，消除病因后可完全恢复。贫血后如能及时建立起侧支循环进行代偿，则无明显影响。相反，如贫血持续时间长，又不能及时建立侧支循环，贫血的组织因缺氧和营养物质供给不足，发生物质代谢障碍，则可导致组织细胞发生萎缩、变性；当血流供给完全中断时，组织可发生坏死。

## 二、全身性贫血

全身性贫血是指循环血液中红细胞的总量减少或单位容积血液内红细胞计数或血红蛋白含量低于正常水平。贫血一般不是独立的疾病,而是很多疾病过程中出现的病症。贫血时除红细胞计数和血红蛋白含量降低外,红细胞的形态也会发生改变。

**1.失血性贫血** 因出血导致红细胞大量丧失的贫血,称为失血性贫血。

(1)病因:各类外伤引起血管或内脏破裂,如产后子宫出血,多为急性失血性贫血。寄生虫病(如鸡球虫病、肝片吸虫病、血吸虫病)和出血性胃肠炎、消化性溃疡、肿瘤等长期反复出血性疾病可引起慢性失血性贫血。

(2)病理变化:①急性失血性贫血。短时间内机体血液总量减少,但单位容积血液内红细胞计数和血红蛋白含量正常。当急性失血引起血压降低时,刺激主动脉弓和颈动脉窦的压力感受器,反射性兴奋交感神经,儿茶酚胺分泌增多,引起肝、脾、肌肉等储血器官内的血管收缩,将血液补充到外周循环;另外,血压降低使组织液进入血管,以补充外周血,但同时血液被稀释,引起正色素性贫血。随着时间的延长,机体造血系统发挥代偿作用,外周血中出现较多的网织红细胞、多染性红细胞和有核红细胞。急性失血性贫血时,若血液大量丧失,机体内红细胞数量锐减,可导致缺氧症状,甚至引起低血容量性休克、心力衰竭而死亡。②慢性失血性贫血。初期由于失血量少,机体通过加强骨髓造血功能实现代偿,贫血症状不明显。但长期反复失血,铁元素丧失过多,可导致缺铁性贫血。血常规示小红细胞低色素性贫血。未成熟的红细胞增多,大小不均,呈椭圆形、梨形、哑铃形等异常形态。严重时,骨髓造血功能严重衰竭,肝、脾内出现髓外造血灶。动物表现为消瘦、被毛杂乱、可视黏膜苍白等。③内、外出血性贫血的区别。内出血时,机体可以对血液进行吸收和利用,而外出血则不可能。例如,动物体腔内出血时,往往有60%的红细胞能被重新吸收,一般在1~3天吸收完毕,余下部分将被溶解和吞噬,而铁和血浆蛋白能被再利用,因此,内出血时贫血症状一般不明显。

**2.溶血性贫血** 各种病因造成红细胞溶解所引起的贫血称为溶血性贫血。

(1)病因:①生物性因素。多种细菌(钩端螺旋体、溶血性梭菌等)、病毒(猪瘟病毒、鸡传染性贫血病毒等)、血液寄生虫(锥虫、梨形虫等)感染,均能引起动物红细胞损伤,进而发生溶血。②物理性因素。高温环境、低渗溶液均能引起红细胞崩解。③化学性因素。含铜、铅、皂苷等化学物质,硝基呋喃妥因、新胂凡钠明等药物,使用不当或过量使用会导致溶血。马属动物对吩噻嗪特别敏感,使用不当会导致溶血性贫血。④有毒植物。如蓖麻子、栎树叶、金雀枝、毛茛属植物、旋花植物、秋水仙、黑藜芦及野葱等。一般情况下,因该类植物适口性较差,动物极少采食,中毒现象极少见。只有在缺少饲料的情况下,动物被迫采食而发生中毒和溶血。⑤代谢性疾病。如乳牛产后血红蛋白尿、动物水中毒等。⑥免疫反应。常见于新生仔畜免疫溶血性疾病、异型输血、自身免疫溶血性疾病等。

(2)病理变化:一般情况下,血液总量不减少,单位容积血液内红细胞计数和血红蛋白含量明显降低,血浆蛋白含量升高。骨髓造血功能增强,外周血中网织红细胞明显增多,还可见到有核红细胞和多染性红细胞。患畜临床症状明显,出现黄疸和血红蛋白尿。剖检可见心血管内膜、浆膜、黏膜等部位出现明显的溶血性黄疸。红细胞大量崩解,单核吞噬细胞系统功能增强。肝、脾明显肿大,并容易出现含铁血黄素沉着。

**3.再生障碍性贫血** 因骨髓功能不全导致红细胞生成减少或缺陷的贫血称再生障碍性贫血。

(1)病因:①物理性因素。动物长期处在X线、镭或放射性同位素的辐射环境下,容易造成选择性骨髓功能不全,以中性粒细胞、淋巴细胞、血小板等显著减少为特征。②化学性因素。经三氯乙烯抽提的饲料(豆饼)、蕨类植物、保泰松、抗癌药、某些抗生素(氯霉素)、有机砷化合物、苯及其衍生物等化学物质。③生物性因素。马传染性贫血、牛恶性卡他热、鸡传染性贫血、鸡包涵体性肝炎等病毒性疾病。④骨髓疾病。白血病、骨髓瘤等,使骨髓组织破坏或功能受到抑制,另外,慢性肾病造成促红细胞生成素减少也可引发贫血。

(2)病理变化:外周血中正常红细胞和网织红细胞数量呈进行性减少,甚至消失,红细胞大小不均,并呈异形性。除了红细胞减少外,还伴有白细胞、血小板数量减少,皮肤、黏膜出血和感染等临床症状,动物反复发热,抗贫血药物治疗无效。骨髓造血组织发生脂肪变性和纤维化,红髓逐渐被黄髓取代,血清中铁和铁蛋白含量增高。

**4. 营养不良性贫血** 因营养物质(造血必需原料)缺乏造成的贫血称营养不良性贫血。

(1)病因:主要由于铜、铁、蛋白质、维生素 $B_2$、维生素 $B_{12}$、叶酸等造血必需原料缺乏或不足所致,临床上以猪、犬等缺铁性贫血较为多见。动物在缺铁的草场放牧或舍饲,饲料中矿物质补充不足,饲料品质低劣,患有慢性消耗性疾病或消化系统疾病、功能障碍而造成营养吸收不良或大量丢失等,均可引起营养不良性贫血。

(2)病理变化:一般病程较长,动物形体消瘦,血液变稀薄,血红蛋白含量降低,血色变淡,严重者会出现营养不良性水肿和恶病质。

铁和铜缺乏时,血常规示小红细胞低色素性贫血,红细胞平均体积及血红蛋白平均含量降低。严重时,红细胞大小不均,并呈异形性。缺乏维生素 $B_6$ 引起异形红细胞增多症和红细胞大小不均,猪可能表现为严重的小红细胞低色素性贫血。钴和维生素 $B_{12}$ 缺乏时,由于红细胞成熟障碍,血常规示大红细胞高色素性贫血,伴有异形红细胞增多,血红蛋白含量比正常高。叶酸缺乏会引起雏鸡巨幼细胞贫血、白细胞减少,而猪常表现为正常红细胞性贫血。

综上所述,贫血主要见于出血、溶血、骨髓功能不全等病因,仅靠临床症状不易区分,还需要进行血液实验室检验,另外,尸体剖检所见病理变化特点可作为参考。以上四类贫血的特点见表2-2。

表 2-2　不同类型贫血的特点

| 项目 | 失血性贫血 | | 溶血性贫血 | 营养不良性贫血 | 再生障碍性贫血 |
|---|---|---|---|---|---|
| | 急性失血 | 慢性失血 | | | |
| 病因 | 外伤、内脏破裂等 | 寄生虫病、出血性肠胃炎等 | 感染、中毒、免疫性溶血等 | 铁、铜、维生素、蛋白质等缺乏 | 中毒、病毒性传染病、放射性物质等 |
| 血红蛋白含量 | 降低 | 降低 | 降低 | 铁、铜缺乏时降低;维生素 $B_{12}$ 缺乏时升高 | 降低 |
| 血细胞 | 后期网状红细胞、有核红细胞增多,可见多染性红细胞 | 红细胞淡染,大小不均,严重者可见异形红细胞 | 网织红细胞、有核红细胞增多,出现多染性红细胞 | 红细胞淡染,体积变小或出现异形红细胞 | 红细胞大小不均,出现异形红细胞,白细胞和血小板数量减少 |
| 病理变化 | 贫血性心力衰竭、休克,严重者死亡 | 可见肝、脾髓外造血灶,肝脂变,脾肉变,管状骨内红髓区扩大 | 贫血、黄疸,脾肿大,血红蛋白尿 | 出现严重消瘦、水肿等恶病质 | 可视黏膜出血,或有感染,反复发热,抗贫血药物治疗无效,管状骨红髓区缩小 |
| 临床表现 | 疲倦无力,生长发育变缓,群体整齐度降低,消瘦,毛发杂乱无光泽,抵抗力下降等 | | | | |

**5. 结局和对机体的影响** 全身性贫血时,由于红细胞计数和血红蛋白含量降低,血液对氧和 $CO_2$ 运输障碍,引起机体缺氧,机体出现代偿适应性反应,同时又出现损伤性变化。在缺氧时促红细胞生成素增多,骨髓的造血功能增强,皮下组织和内脏出血器官的小血管收缩,脑血管和冠状血管则舒张,血液重新分布;心脏功能增强,心输出量大,血液流速加快;氧合血红蛋白解离增加等多种代偿使组织尽量获得更多的氧。但是,严重的长期贫血者,缺血性的缺氧可造成各器官系统发生相应的功能障碍。如神经系统功能减弱而导致对各系统功能的调节作用降低,胃肠道的消化吸收功能降低,心功能不全等,临床上动物会出现生长缓慢,甚至导致动物死亡。

# 任务三　出　　血

血液流出心脏或血管外,称为出血。血液流出体表外,称为外出血,血液流入组织间隙或体腔内,称为内出血。

## 一、出血的原因及类型

根据发生原因及机制不同,出血可分为破裂性出血和渗出性出血两类。

### (一)破裂性出血

破裂性出血指心脏和管壁的完整性被破坏引起的出血,可发生于心脏动脉、静脉和毛细血管,发生的主要原因如下。

**1.血管机械性损伤**　如咬伤、刺伤、枪伤、刀伤、擦伤时,血液通过损伤的血管壁流到血管外。

**2.血管周围病变侵蚀**　如肿瘤、溃疡、酸或碱等的腐蚀作用造成血管破裂性出血,如慢性胃溃疡的血管被病变侵蚀引起胃出血。

**3.心脏或血管本身发生的病变**　如心肌梗死脉管炎、血管硬化、血管瘤静脉曲张等,当剧烈运动或血压突然升高时,均可引起破裂性出血。

### (二)渗出性出血

渗出性出血是指微血管和毛细血管通透性增高,红细胞通过扩大的血管内皮细胞间隙和受损的血管基底膜,渗出到血管腔外。渗出性出血是临床上最常见的出血。发生的原因如下。

**1.血管壁的损伤或缺陷**　如细菌或病毒感染、中毒性疾病等可直接造成毛细血管壁损伤;淤血、缺氧等使毛细血管内皮细胞变性;在维生素C缺乏的情况下,毛细血管基底膜破裂、毛细血管周围胶原减少及内皮细胞连接处分开而导致毛细血管壁通透性升高。上述因素都可引起血管壁通透性增高而发生渗出性出血。

**2.血小板减少和功能障碍**　正常的血小板在修复受损的毛细血管的内皮、促进止血和加速血液凝固过程中起着重要作用,血小板减少到一定数量时可引起渗出性出血。如白血病、再生障碍性贫血可引起血小板生成减少,弥散性血管内凝血、细菌的毒素等可使血小板消耗过多或被破坏,从而引起渗出性出血。此外,血小板的结构和功能缺陷也能引起渗出性出血。

**3.凝血因子缺乏**　如维生素K缺乏、重度的肝炎及肝脏硬化时凝血因子合成障碍,弥散性血管内凝血时凝血因子过度消耗,都可导致凝血障碍而引起渗出性出血。

## 二、出血的病理变化

出血的病理变化可因血管种类、出血部位、出血原因及组织的不同而异。

### (一)破裂性出血

动脉破裂出血时,血液呈鲜红色,血流速度快、流量大,不易凝固,呈喷射状;静脉破裂出血时,血液呈暗红色,血流速度缓慢,血流量少于动脉出血量,一般会在血管前涌出或渗出,小的静脉出血一般可以止血凝固,呈线状;毛细血管破裂出血时,血液呈暗红色,易凝固。血管破裂时,如流出的血液积于体腔内,称为积血。如胸腔积血、心包积血和腹腔积血等,在积血的体腔内可见到数量不等的血液或血凝块。大量血液聚集在组织间隙并挤压周围组织形成局限性血液团块,称为血肿。如皮下血肿、肾脏被膜下的血肿等。在临床上,血肿很容易与肿瘤相混,血肿早期呈暗红色,后因红细胞崩解,血红蛋白分解为含铁血黄素和橙色血质,颜色变为黄色,血肿一般逐渐缩小,而肿瘤一般颜色不变,体积逐渐增大,必要时可穿刺检查。

### (二)渗出性出血

若出血灶如针尖大或米粒大,一般直径在1 mm以内,称为淤点或出血点(图2-10、图2-11);若出血灶如豆粒大或更大些,直径在 10 mm 内称为淤斑或出血斑(图 2-12、图 2-13)。淤点和淤斑主要见于皮肤、黏膜、浆膜和实质器官表面。如果血液弥散于组织间隙,出血灶呈大片的暗红色,称为出血性浸润。当机体有全身性渗出性出血倾向时,称出血性素质。出血性素质表现为全身皮肤、黏膜、浆膜及各内脏器官表面可见出血点。少量的组织内出血,只能通过镜检来确定。

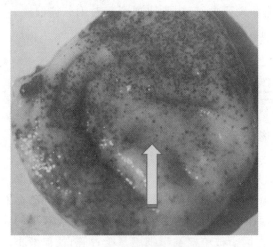

图 2-10 膀胱黏膜点状出血

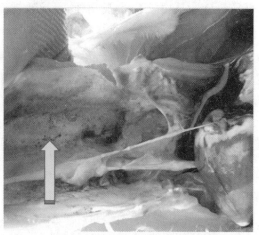
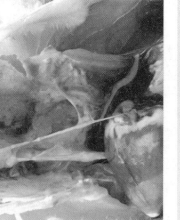

图 2-11 鸡胸膜壁层点状出血

扫码看彩图

扫码看彩图

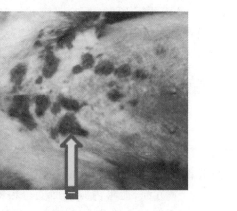

图 2-12 猪胸部皮肤斑状出血

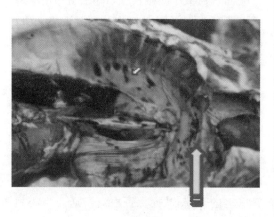

图 2-13 猪膈肌斑状出血

扫码看彩图

扫码看彩图

出血部位的颜色通常随出血时间的延长有所改变,新鲜出血灶呈红色;陈旧出血灶呈暗红色;稍后红细胞被破坏,血红蛋白被分解,出血部位呈黄褐色;当出血部位的分解产物被吞噬吸收后,出血部位的痕迹消失。

### (三)临床常见的出血

若消化道出血,血液经口排出体外称为呕血或吐血;血液随粪便排出体外称为便血,如胃和小肠出血时,粪便为黑色。泌尿系统器官出血时,血液随尿液排出,称为血尿,尿液呈淡红色或红色,显微镜下观察尿液中有红细胞。肺和气管出血,血液被咳出体外,称为咯血,如痰中带血。

要注意充血和出血的区别,动物活着时,或刚死亡不久,充血指压褪色,出血指压不褪色,出血灶界限较明显。但实际上在某一病变组织内充血与出血往往同时存在,所以充血与出血的鉴别有时很困难。

### 三、出血对机体的影响

出血的原因、出血部位、出血量不同,对机体的影响不同。一般小血管破裂性出血时,由于受损的血管可发生反射性收缩,管径变小,同时在血管破裂处血液凝固形成血栓,出血可自行停止,对机体影响不大。流入组织内的少量血液,红细胞可被巨噬细胞吞噬运走,血液完全被吸收,对机体无影响。较大的血肿很难被吸收,可被新生的肉芽组织取代而发生机化或血肿周围形成结缔组织包囊。

*Note*

破裂性出血的发生迅速,若在短时间内丧失循环血量的 20％～25％,可引起出血性休克,甚至危及生命。渗出性出血比较缓慢,出血量较少,一般不会引起严重后果。但若出现广泛的渗出性出血,如肝硬化时门静脉血压升高可造成胃肠黏膜广泛性渗出性出血,一时多量的出血也可导致出血性休克。

发生在生命重要器官的出血,即使出血量少也可造成严重后果。如心脏破裂引起心包内出血,可导致急性心功能不全;脑出血,可导致神经中枢受压迫导致死亡;脑内囊出血引起对侧肢体偏瘫、视网膜出血引起视力减退甚至失明。长期持续的少量出血,可导致机体发生贫血。

# 任务四　血栓的形成

在活体的心脏、血管内,血液成分析出,黏集或凝固形成固态物质的过程,称为血栓的形成。所形成的固体质块,称为血栓。血栓与动物死后的血凝块是不同的,血栓是在血液流动状态下形成的。

血液中存在凝血系统和抗凝系统(纤维蛋白溶解系统),这两个系统处于平衡状态。正常情况下,血液在血管中流动而不发生凝固。生理状态下,血液中的凝血因子不断被激活,产生少量的凝血酶,在心血管内膜上会有微量纤维蛋白沉着。心血管上由于有纤维蛋白出现,可不断激活血液中的纤维蛋白溶解系统,迅速溶解纤维蛋白,同时被激活的凝血因子被单核吞噬细胞系统吞噬,使血液不再凝固。血液中凝血系统和纤维蛋白溶解系统的动态平衡,既可保证血液有潜在的可凝固性,又保证了血液的液体状态,从而保证血液正常流动。如在某些因素的影响下血液中凝血系统和抗凝系统的平衡被破坏,解除了机体的凝血过程,血液便可在心脏或血管内发生黏集或凝固,从而形成血栓。

## 一、血栓形成的条件和机制

病理情况下,凝血与抗凝血的动态平衡被破坏,血液在心血管内凝集,形成血栓。血栓形成的条件很多,大致归纳为以下三个方面。

### (一)心血管内膜受损

正常情况下,完整的心血管内皮细胞可合成和释放具有抗凝血作用的酶、合成抑制血小板黏集的前列腺素,有抗凝血作用。同时,完整的心血管内皮光滑,可降低血液的黏滞性,阻碍血小板在血管壁上的黏滞,从而保证血流畅通。当心血管内膜损伤时,一方面,血管内膜表面变得粗糙不平,有利于血小板沉积和黏附,损伤的内皮细胞和已黏附的血小板会释放出腺苷二磷酸(ADP)及血小板因子,可促使血小板进一步黏集;另一方面,损伤的内皮细胞发生变性、坏死及脱落,内膜下胶原纤维暴露,可以激活血液中的凝血因子,从而激活内源性凝血系统;同时,损伤的内膜可以释放组织凝血因子,这样外源性的凝血系统又被激活。机体的凝血系统被激活,从而促使血液凝固,导致血栓形成。

心血管内膜损伤是血栓形成的基本条件。各种物理性、化学性、生物性致病因素如创伤、反复同一部位静脉注射、心内膜炎、血管的缝合和结扎、静脉内膜炎、小动脉的炎症等都可以造成心血管内膜损伤,导致血栓形成。

### (二)血流状态的改变

血流状态改变是指血流缓慢和血流中产生旋涡运动。在正常情况下,血液在血管内的流动分轴流和边流。血液中的有形成分如血小板和血细胞在血管的中央流动,称为轴流,而血浆在血管周边流动,形成边流,这种规律性的血流将血液的有形成分和血管壁隔绝,防止血小板与血管内膜接触。当血流缓慢或出现旋涡时,一方面,血液中轴流和边流的界限消失,血小板从轴流进入边流,血小板可以接触到血管内膜并为血小板黏附提供了机会;另一方面,血流缓慢和产生旋涡,被激活的凝血因子和凝血酶不能很快地被稀释和冲走,使局部浓度升高。同时,血流缓慢还能引起缺氧,血管内皮细胞会发生变性、坏死,内皮细胞合成和释放抗凝血因子的能力减弱,内皮下暴露的胶原纤维又可激活内源性、外源性凝血系统,为血栓形成创造条件。

血流缓慢和产生旋涡是血栓形成的重要条件,因此静脉血栓发生率比动脉血栓发生率高,如心力衰竭时,静脉和毛细血管血流缓慢,易形成血栓。静脉比动脉易形成血栓,除血流缓慢外,还因静脉内有静脉瓣,静脉瓣内的血流不但缓慢,而且呈旋涡状。此外,血液通过毛细血管到达静脉后,血液的黏滞性有所增加等因素导致静脉内易形成血栓。心脏和动脉血管内的血流较快,一般不易形成血栓,但在动脉瘤、心血管内膜炎时血流缓慢,出现旋涡时也可形成血栓。

### (三)血液性质的改变

血液性质的改变是指血液的凝固性增高。血液中血小板数量增多、凝血因子增多、纤维蛋白原增多等,可使血液凝固性增高,为血栓形成创造了条件。当发生弥散性血管内凝血时,体内凝血系统被激活,使血液凝固性增高;严重的创伤和手术后,血液中血小板数量增多、黏性增高,凝血因子含量增高,此时血液易凝固形成血栓。

上述三个条件在血栓形成过程中往往同时存在,并相互影响,促进血栓形成。但在血栓形成的不同阶段,它们所起的作用有所不同,应具体分析。

## 二、血栓形成过程

血栓形成过程包括血小板、白细胞析出、黏集和血液凝固两个过程(图 2-14)。

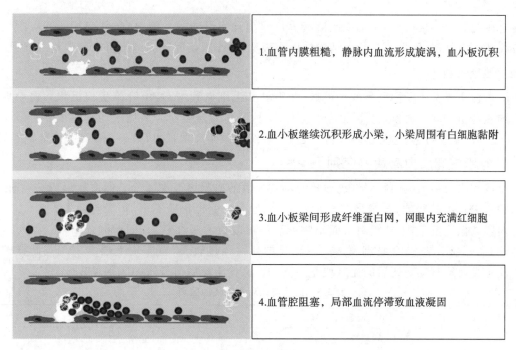

扫码看彩图

1.血管内膜粗糙,静脉内血流形成旋涡,血小板沉积

2.血小板继续沉积形成小梁,小梁周围有白细胞黏附

3.血小板梁间形成纤维蛋白网,网眼内充满红细胞

4.血管腔阻塞,局部血流停滞致血液凝固

图 2-14　血栓形成过程

具备血栓形成的条件后,首先是血小板从轴流不断析出,附着于损伤的血管内膜上,血小板表面的黏多糖与血管内皮下的胶原结合,可使血小板紧密附着在血管壁上。血小板逐渐增多,黏集成堆,形成血小板堆积物,并有少量的白细胞附着在血小板堆积物上。损伤的内皮细胞和黏集的血小板释放出腺苷二磷酸(ADP),ADP 可促进血流中的血小板不断黏集在已黏集的血小板上,如此反复进行,血小板堆积物逐渐变大,形成小丘状,从而阻挡血流使之出现旋涡,促进血小板和白细胞析出并黏附在血管壁上,这样就形成了以血小板为主要成分的灰白色血栓,即血栓的头部。

在血栓头部形成后,血小板继续不断地析出、黏集,血小板堆积物在血管腔内不断增大,沿血流方向又形成新的血小板堆积物,这样就形成有分支、形如珊瑚状的血小板梁,其表面黏附许多白细胞。血小板梁间的血流逐渐变慢,局部凝血因子的浓度逐渐增高,血液中的凝血系统被激活,使纤维蛋白原转变为纤维蛋白,纤维蛋白在血小板梁间形成网状结构,纤维蛋白网可以网罗白细胞和大量红细胞,形成红白相间的表面呈波纹状的混合血栓,即血栓体部。

血栓体部逐渐增大并沿着血管走行方向延伸,血管腔大部分或完全被阻塞,导致局部血流极度缓慢或接近停止,血液在管腔内迅速凝固,形成暗红色的血栓,即血栓尾部。

### 三、血栓的种类

#### (一)白色血栓

白色血栓多形成于心脏和动脉系统,由于心脏和动脉的血流速度较快,局部释放的凝血因子被血流迅速运走,血液不易发生凝固,所以形成这种以血小板和白细胞为主要成分的血栓。肉眼观呈灰白色,浑浊干燥,质地较硬,较牢固地黏附于血管壁上,不易被流速较快的血液冲走。镜下观主要有血小板、多量白细胞和少量纤维蛋白网。

#### (二)红色血栓

红色血栓的形成原因以血液凝固为主,多发生于血流缓慢且凝固性高的情况,这样血液可迅速凝固,形成暗红色血栓。多见于静脉。

肉眼观呈暗红色团块或圆柱状,新形成的血栓表面光滑,湿润有弹性。与死后血凝块相同,很难区别。镜下观,可见大量的纤维蛋白网,网眼内有大量红细胞和少量白细胞。

#### (三)混合血栓

混合血栓是血小板析出、黏集和血液凝固反复出现而形成的。肉眼观,红白相间的层状结构表面呈波纹状。镜下观,可见淡红色无结构的血小板梁,血小板梁间充满纤维蛋白和多量红细胞。

#### (四)透明血栓

透明血栓主要发生于微循环的小静脉、微静脉和毛细血管内,是由纤维蛋白沉积和血小板黏集形成的均质透明的微小血栓,只能在显微镜下见到,又称为微血栓。多见于药物过敏、中毒性疾病、创伤、休克等的病理过程中,常出现于许多器官、组织的微循环血管内,引起一系列病变和严重后果。

### 四、血栓与死后血凝块的区别

以血液凝固为主形成的新鲜红色血栓与动物死后的血凝块很难区分。但血栓形成一段时间后,血栓内的水分逐渐被吸收,纤维蛋白发生收缩,血栓表面变得粗糙不平,干燥脆弱失去弹性,牢固附着于心内膜或血管壁上,不易剥离。而动物死后的血凝块为暗红色,表面湿润光滑,结构一致,柔软有弹性,与血管壁不粘连,容易剥离。如果动物的死亡经过较长,血凝块上层会出现鸡脂样的淡黄色。由此可见血栓与动物死后的血凝块是不同的。血栓与死后血凝块的区别见表 2-3。

表 2-3　血栓与死后血凝块的区别

| 区 别 项 目 | 血 栓 | 死后血凝块 |
| --- | --- | --- |
| 表面 | 表面干燥、粗糙、无光泽 | 表面湿润,光滑 |
| 与血管壁的关系 | 与血管壁粘连,不易剥离,血管壁粗糙 | 易与血管壁分离,血管壁光滑 |
| 硬度 | 缺乏弹性,脆弱易碎 | 柔韧,富有弹性 |
| 颜色 | 色泽混杂,有红色、灰白色和红白相间 | 呈均匀的暗红色,上层为鸡脂样淡黄色 |
| 镜下结构 | 血小板增多呈层状排列,纤维蛋白呈网状 | 血小板不增多,散在,纤维蛋白细小,低倍镜下很难观察到 |

### 五、血栓的结局与对机体的影响

#### (一)血栓的结局

血栓在活体内形成后,会出现如下变化。

**1.血栓溶解、软化**　血栓形成后,血栓内的纤维蛋白溶解系统被激活产生纤溶酶,同时血栓内的白细胞崩解释放蛋白溶解酶,使血栓中的纤维蛋白变为可溶性的多肽,血栓溶解软化。在血栓溶解、软化过程中,较小的血栓可完全被溶解吸收,较大的血栓软化后可脱落形成小的栓子,随血流运行,造成血管阻塞。

**2.血栓的机化和再通** 较大的血栓在短时间内不能被溶解,数天后从血管壁新生出肉芽组织向血栓内生长,肉芽组织逐渐取代血栓,称为血栓机化(图 2-15)。机化后的血栓与血管壁紧密相连,不再脱落,有时在血栓机化过程中,由于血栓的溶解和肉芽组织的成熟收缩,血栓与血管壁间及血栓内部形成裂隙,血管内皮细胞增生覆盖于裂隙的表面,形成新的管腔,这样形成与原血管相通的一个或数个小血管,使阻塞的血管重新恢复部分血流的现象,称为血栓再通(图 2-16)。

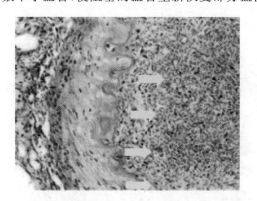
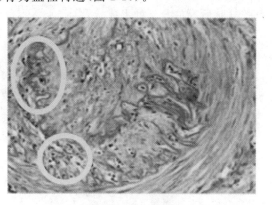

图 2-15 血栓机化       图 2-16 血栓再通

**3.血栓的钙化** 少数血栓不能发生溶解和机化,由钙盐沉积而发生钙化,形成血管内坚硬的结石。如静脉结石、动脉结石。

**（二）血栓对机体的影响**

血栓对机体的影响表现在两个方面,即对机体有利的一面和不利的一面。对机体有利的一面,如血管破裂时,在破裂血管处能形成血栓,及时止血。另外,炎症时,在炎症病灶周围形成血栓,可防止病原体扩散。多数情况下血栓对机体是不利的。

**1.血管阻塞** 血管内有血栓形成可阻断血流引起血液循环障碍,如动脉性血栓,血管完全阻塞,可引起局部组织缺血性梗死;血管不完全阻塞,局部组织也会由于缺血而出现萎缩或变性。静脉性血栓会引起淤血、水肿及坏死。生命重要器官,如心脏和脑部形成血栓可因相应功能障碍而导致严重后果。

**2.造成栓塞** 血栓在溶解、软化的过程中可以脱落形成栓子,随血流运行,阻塞在较小的血管内造成栓塞。如血栓内有病原体,随栓子的运行可造成病原体的扩散。

**3.继发瓣膜病** 心瓣膜上的血栓机化后造成瓣膜的肥厚或皱缩,引起瓣膜口狭窄或瓣膜关闭不全,影响心脏功能,导致全身性血液循环障碍。

**4.微循环障碍** 微循环的小血管内形成大量的微血栓,可引起组织、器官的坏死和功能障碍,同时由于凝血因子和血小板的大量消耗,还可引起全身性出血和休克。

# 任务五 栓 塞

循环血液中出现不溶于血液的异常物质,随血流运行,阻塞相应血管的过程,称为栓塞。阻塞血管的不溶性物质称为栓子。最常见的栓子是脱落的血栓,另外脂肪、空气也可造成栓塞。

## 一、栓子运行的途径

在一般情况下,栓子运行的途径与血流的方向一致,少数情况下也可以逆血流进行(图 2-17)。根据栓子的来源和血流运行的规律可初步确定阻塞血管的部位。

①来自肺静脉、左心或大循环动脉系统的栓子,随动脉血流从较大的动脉流入较小的动脉,在全身各器官小动脉分支处发生栓塞,这种栓塞常发生于脑、肾和脾。

②来自右心及大循环静脉系统的栓子,随静脉血流运行,经右心室进入肺动脉,在肺动脉的大小

分支处形成栓塞。

③来自胃、肠、脾静脉的门脉系统的栓子,随血液流经肝门静脉,在肝门静脉分支处形成栓塞。

特殊的情况,如房间隔或室间隔出现缺损,右心的栓子可通过缺损部位进入左心,再进入体循环,随动脉血流运行,在各器官小动脉分支处形成栓塞,或左心的栓子进入右心,在肺动脉的分支处形成栓塞。还有比较罕见的情况,如当胸腔内压或腹腔内压骤然升高时,腔静脉内的栓子可运行到下腔静脉所属的分支处形成栓塞。

## 二、栓塞的类型及对机体的影响

### (一)栓塞的类型

**1. 血栓性栓塞** 血栓性栓塞是血栓在软化过程中脱落引起的,是最常见的一类栓塞(图 2-18)。这类栓塞对机体的影响,与栓子的大小、数目、阻塞的部位及能否建立侧支循环有密切关系。

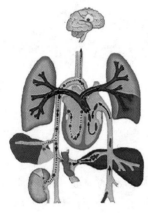

图 2-17　栓子运行途径示意图
箭头代表栓子运动方向

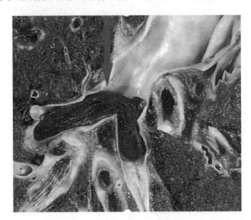

图 2-18　肺动脉血栓性栓塞

来自大循环静脉系统和右心的血栓性栓子,一般引起肺动脉的栓塞,如栓子较小,可阻塞肺动脉的小分支,多在肺下叶,对机体无太大影响,由于动脉和支气管动脉间有丰富的吻合支,此时侧支循环发挥作用,保证该区肺组织的供血。但在栓塞前,如肺组织发生严重淤血,此时侧支循环不能充分发挥作用,可引起肺组织发生出血性梗死。栓子较大或数目较多时可阻塞肺动脉的主干或大分支,造成严重的后果,常引起动物出现呼吸困难、发绀、休克,甚至急性呼吸衰竭而导致突然死亡。

来自左心和动脉系统的血栓性栓子常在脑、肾、脾等器官发生栓塞,如果阻塞的动脉能有效地建立侧支循环,无太大影响。如缺乏有效的侧支循环,常引起局部发生贫血性梗死,如果栓塞发生在心脏冠状动脉或脑动脉分支,除导致梗死外,还会反射性引起心血管或脑血管的痉挛,造成动物突然死亡。

**2. 空气性栓塞** 大量空气迅速进入循环血液中形成气泡并阻塞心血管,称为空气性栓塞。空气性栓塞多发生于大静脉血管损伤时,如头颈手术、胸壁和肺部创伤时损伤静脉,在吸气过程中,静脉腔内的负压使空气沿静脉破裂口被吸入静脉,形成气体性栓子。如气体量极少,气体溶解在血液中并被组织吸收,不会产生栓塞。如大量的空气进入静脉,随血流进入右心,心脏搏动可将空气和心脏内的血液搅拌形成大量的泡沫,泡沫状的液体有压缩性,充满心腔而不易被排出,从而阻碍了静脉血液的回流和向肺动脉的输出,造成严重的循环障碍,甚至导致动物死亡。另外,静脉注射时也可误将空气带入血流引起空气性栓塞。

**3. 脂肪性栓塞** 脂滴进入循环血液并阻塞血管,称为脂肪性栓塞(图 2-19)。

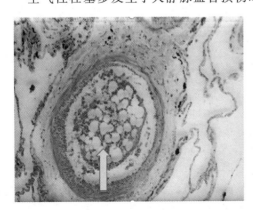

图 2-19　脂肪性栓塞

脂肪性栓塞多发生于骨折或骨手术时,此时会有小静脉和毛细血管的破裂,骨髓中的脂滴可侵入破裂的血管从而进入循环血液。脂滴随静脉血流从右心进入肺脏,如脂滴较小,可通过肺泡壁毛细血管,经肺静脉和左心到达全身各器官引起栓塞,如在心脏的冠状动脉和脑血管内形成栓塞,可造成严重后果。如脂滴较大,可造成肺部毛细血管阻塞,引起肺水肿、出血,动物出现呼吸困难。

**4.寄生虫性栓塞** 某些寄生虫的虫体或虫卵进入循环血液,引起血管阻塞,称为寄生虫性栓塞。如旋毛虫侵入肠壁淋巴管,经胸导管进入血流,引起寄生虫性栓塞。

**5.其他栓塞** 在组织外伤或坏死的情况下,破损的组织碎片或细胞团块可进入循环血液引起组织性栓塞。恶性肿瘤细胞也可侵入血管随血流运行并阻塞血管,造成组织性栓塞,还可导致肿瘤的转移。机体内感染灶的病原菌可能以单纯菌团或与坏死组织混杂的形式,进入血液循环引起细菌性栓塞,同时还会导致病原菌的散播。

### (二)栓塞对机体的影响

栓塞对机体的影响取决于栓子的大小、栓塞的部位以及能否迅速建立有效的侧支循环。如果栓子数量多,使肺动脉分支广泛栓塞,或者栓子大,将肺动脉主干或大分支栓塞,则可导致患畜呼吸困难、黏膜发绀、休克,甚至突然死亡。左心和动脉系统的栓子可引起全身各器官的动脉栓塞,如果缺乏有效的侧支循环,则可导致局部缺血和坏死(梗死)。心脏和脑发生栓塞时,后果严重。

# 任务六 梗 死

局部组织或器官因动脉供血中断而引起组织或细胞的死亡,称为梗死。主要是由于动脉血管阻塞,又不能及时建立侧支循环,组织发生的缺血性坏死。

## 一、梗死的原因与形成条件

任何能造成血管闭塞而导致组织缺血的原因均可引起梗死。

**1.血管阻塞** 动脉血管阻塞是导致梗死最常见的原因。多见于在动脉血管内形成血栓和出现栓塞。如心冠状动脉内出现血栓会引起心肌梗死。脑动脉硬化诱发血栓形成,可引起脑梗死。动脉内血栓性栓塞可引起肾、脾和肺等器官梗死。

**2.血管受压** 血管受肿瘤或其他机械性压迫而导致管腔闭塞时可引起局部组织梗死。如肠套叠、肠扭转和嵌顿性疝时肠系膜静脉受压引起血液回流受阻和动脉受压引起输入血量减少,局部肠管发生血液循环障碍可造成肠梗死。

**3.动脉持续性痉挛** 动脉痉挛可引起或加重局部缺血,通常在动脉血管有病变的基础上,发生持续性血管痉挛时,会加重局部组织缺血而导致梗死。在动脉有病变(心冠状动脉粥样硬化)时,如冠状动脉发生痉挛,就可能引起心肌梗死。

## 二、梗死的类型及病理变化

根据梗死灶内含血量的不同,梗死可分为贫血性梗死和出血性梗死。

**1.贫血性梗死** 贫血性梗死多发生于组织结构致密、侧支循环不丰富的实质器官,如肾、心、脑等。这些器官发生动脉阻塞时,血流断绝,同时血管分支及近的血管发生痉挛性收缩,将局部原有的血液挤出,梗死灶内含血量降低,颜色呈灰白色,所以又称为白色梗死。

(1)肉眼观:梗死是局部组织坏死,梗死灶的形状与该器官血管分布是一致的,多数器官动脉血管分支呈锥体状,故其梗死灶也呈锥体状,尖端朝向血管阻塞部位,底部位于器官表面,切面呈锥形或楔形,如肾、脾的贫血性梗死灶都为锥体状(图2-20)。由于心冠状动脉分支不规则,心脏的梗死灶呈不规则的地图状(图2-21)。由于肠系膜血管分支呈扇形,肠管的梗死灶呈节段状。

*Note*

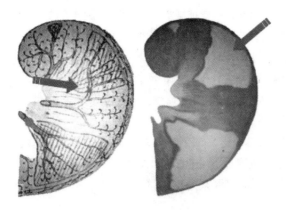

图 2-20 肾贫血性梗死

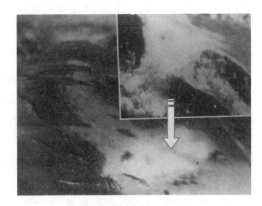

图 2-21 心肌贫血性梗死

梗死一般为凝固性坏死,呈灰白色浑浊而干燥,结构模糊。形成的初期,由于梗死灶内细胞变性、坏死及含水分较多,局部组织肿胀,梗死灶的表面稍隆起。中期,梗死灶周围的组织发生炎症反应,在梗死灶与正常组织交界处形成一条明显的充血和出血带。后期,梗死灶被肉芽组织取代而机化和形成瘢痕组织,此时梗死灶呈白色,质地变坚实、致密,表面凹陷。但有些器官的梗死灶,如脑的梗死灶不呈凝固性坏死,而为液化性坏死,故梗死灶变软,后期在梗死灶周围有神经胶质细胞增生形成的包囊。

(2)镜下观:梗死组织的原组织结构轮廓尚可辨认,但微细结构模糊不清,实质细胞肿胀,胞质呈颗粒状,胞核浓缩、碎裂、溶解或消失。

**2.出血性梗死** 出血性梗死多见于组织结构疏松、血管吻合支丰富的组织、器官,如肺和肠管等器官。出血性梗死的发生条件除动脉阻塞而引起血流中断外,同时伴有静脉高度淤血,使静脉和毛细血管内压升高,尽管血管吻合支丰富,也难以建立起有效的侧支循环,局部组织会发生缺血性坏死。血液淤积在静脉内,由于缺氧血管壁发生损伤,其通透性增强,血液由淤血的毛细血管漏出,造成出血,使梗死灶呈暗红色,所以又称为红色梗死。如肺有肺动脉和支气管动脉双重血液供应,两者之间有丰富的吻合支,在肺循环正常的条件下,肺动脉分支阻塞时可借助支气管动脉吻合支向该部位肺组织供血,不会引起肺梗死。但在左心功能不全时,肺发生高度淤血,导致肺静脉内压升高,当肺动脉分支阻塞时,凭支气管动脉的压力难以克服肺静脉阻力,侧支循环无法建立,局部肺组织会发生出血性梗死。肠的出血性梗死多见于肠套叠、肠扭转等。

(1)肉眼观:梗死灶呈暗红色,与周围组织的界限不如贫血性梗死明显,早期切面湿润,后期干燥(图 2-22)。

(2)镜下观:除有组织细胞坏死外,还有大量红细胞弥散存在(图 2-23)。

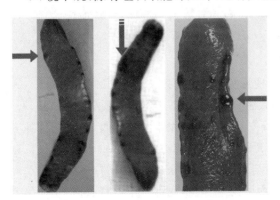

图 2-22 猪脾出血性梗死

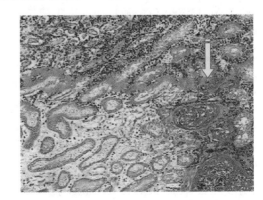

图 2-23 肾出血性梗死

**3.贫血性梗死与出血性梗死的区别** 贫血性梗死与出血性梗死的区别见表 2-4。

*Note*

表 2-4　贫血性梗死与出血性梗死的区别

| 项目 | | 贫血性梗死 | 出血性梗死 |
|---|---|---|---|
| 梗死灶 | 形状 | 梗死灶呈锥体状,尖端朝向器官内,底部位于器官表面,切面呈锥形或楔形 | 同贫血性梗死 |
| | 颜色 | 灰白色 | 暗红色 |
| | 外观 | 有炎症反应带,与正常组织分界明显 | 梗死灶突起,与正常组织分界不明显 |
| 组织学变化 | | 梗死组织的原组织结构模糊不清,周边有充血、出血,梗死灶内无红细胞 | 组织细胞坏死,梗死灶内弥散有大量红细胞 |

### 三、梗死对机体的影响与结局

梗死对机体的影响取决于梗死发生的部位、梗死灶的大小及梗死灶内是否有病原微生物。一般小梗死灶,病灶周围的血管扩张充血,白细胞和巨噬细胞渗出,坏死组织可被溶解吸收,病灶被肉芽组织所取代而发生机化;大的梗死灶不能完全被肉芽组织取代时,肉芽组织将其包裹。但生命重要器官的梗死会造成严重的后果,如心肌梗死可影响心功能,严重者可致心功能不全甚至猝死;大脑梗死可引起相应部位麻痹,严重时可直接引起死亡。若梗死灶内有病原微生物,可引起继发感染。

# 任务七　弥散性血管内凝血

弥散性血管内凝血(DIC)是临床常见的病理过程。其基本特点如下:由于某些致病因素的作用,凝血因子和血小板被激活,大量促凝物质入血,凝血酶增多,进而微循环中形成广泛的微血栓。微血栓的形成消耗了大量凝血因子和血小板,继发性纤维蛋白溶解功能增强导致患畜出现明显的出血、休克、器官功能障碍和溶血性贫血等临床表现。在临床上 DIC 是一种危重的综合征。

### 一、发生原因和机制

引起 DIC 的原因很多,最常见的是感染性疾病,其中包括细菌、病毒感染和败血症等。其次为恶性肿瘤。产科意外、大手术和创伤也较常见。此外,很多其他疾病也可引起 DIC。疾病过程中并发的缺氧、酸中毒以及相继激活的纤溶系统、激肽系统、补体系统等也可促进 DIC 的发生、发展。

DIC 的发病机制和临床表现比较复杂。虽然引起 DIC 的原因很多,但其主要机制为组织因子的释放,血管内皮细胞损伤及凝血、抗凝功能失调,血细胞的破坏和血小板激活,以及某些促凝物质入血。

#### (一)组织因子释放启动凝血系统

严重的创伤、烧伤、大手术、产科意外等导致的组织损伤,肿瘤组织坏死等情况下,机体可释放大量组织因子(TF)入血。TF 与凝血因子(F)Ⅶ/Ⅶa 结合成Ⅶa-TF 复合物,启动外源性凝血系统,同时 FⅦa 激活 FⅨ和 FⅩ,产生的凝血酶又可反馈激活 FⅨ、FⅩ、FⅪ、FⅫ等,扩大凝血反应,促进 DIC 的发生。

#### (二)血管内皮细胞损伤,凝血、抗凝功能失调

缺氧、酸中毒、抗原-抗体复合物、严重感染、内毒素等原因可损伤血管内皮细胞,内皮细胞受损可产生如下作用。①损伤的血管内皮细胞可释放 TF,启动凝血系统,促凝作用增强。②血管内皮细胞的抗凝作用降低。主要表现如下:血栓调节蛋白-蛋白 C 系统(TM/PC)和硫酸乙酰肝素-抗凝血酶Ⅲ(HS/AT-Ⅲ)系统功能降低;产生的组织因子途径抑制物(TFPI)减少。③血管内皮细胞产生组织型纤溶酶原激活物(tPA)减少,而 PAⅠ-1 产生增多,使纤溶活性降低。④血管内皮损伤使 NO、前列环素(PGI$_2$)、ADP 酶等产生减少,抑制血小板黏附、聚集的功能降低,而胶原的暴露可使血小板的黏附、活化和聚集功能增强。⑤带负电荷胶原的暴露可使血浆中的血浆激肽释放酶原(PK)-FⅪ-高分子激肽原(HK)复合物与 FⅫ结合,一方面可通过 FⅫa 激活内源性凝血系统,另一方面 PK-FⅪ-PK-

*Note*

FⅫa复合物中的激肽释放酶原被FⅫa分解为激肽释放酶,可激活激肽系统,进而激活补体系统等。激肽和补体产物也可促进DIC的发生。

### (三)血细胞的大量破坏,血小板被激活

**1. 红细胞的大量破坏** 异型输血、疟疾等发生时,血液中红细胞被大量破坏,特别是伴有较强免疫反应的急性溶血时。大量ADP的释放,促进血小板黏附、聚集等,导致凝血。红细胞膜磷脂则可浓缩,限制FⅣ、FⅨ、FⅩ及凝血酶原等凝血因子,导致大量凝血酶生成,促进DIC的发生。

**2. 白细胞的破坏或激活** 当白细胞大量破坏时,机体释放组织因子样物质,可促进DIC的发生。血液中的单核细胞、中性粒细胞在内毒素、白细胞介素-1(IL-1)、肿瘤坏死因子α(TNF-α)等的刺激下,可诱导表达TF,从而启动凝血反应。

**3. 血小板的激活** 血小板的激活、黏附、聚集在止血过程中的作用已如前述。在DIC的发生和发展中血小板亦有重要作用,但多为继发性作用,只有少数情况,如在血栓性血小板减少性紫癜时,可能为原发性作用。

### (四)促凝物质进入血液

急性坏死性胰腺炎时,大量胰蛋白酶入血,可激活凝血酶原,促进凝血酶生成。蛇毒,如斑蝰蛇毒含有的两种促凝成分在$Ca^{2+}$参与下激活FⅩ,或可加强FⅤ的活性,促进DIC的发生;而锯鳞蝰蛇毒则可直接使凝血酶原变为凝血酶。

此外,某些肿瘤细胞也可分泌某些促凝物质,激活FⅩ等。

综上所述,多数情况下,机体可通过多种途径的作用,引起DIC的发生、发展。例如严重感染时,由于机体凝血功能增强,抗凝及纤溶功能不足,血小板、白细胞激活等,使凝血与抗凝平衡紊乱,促进微血栓的形成,导致DIC的发生、发展。

## 二、DIC 的分期和分型

### (一)分期

根据DIC的病理生理特点和发展过程,典型的DIC可分为如下三期。

**1. 高凝期** 由各种病因导致凝血系统被激活,凝血酶产生增多,血液中凝血酶含量增高,微循环中形成大量微血栓。此时主要表现为血液的高凝状态。

**2. 消耗性低凝期** 大量凝血酶的产生、微血栓的形成,使凝血因子和血小板被消耗而减少;此时,由于继发性纤溶系统也被激活,血液处于低凝状态,有出血表现。

**3. 继发性纤溶亢进期** 凝血酶及FⅫa等激活了纤溶系统,产生大量纤溶酶,进而又有纤维蛋白降解产物(FDP)的形成,使纤溶和抗凝作用增强,故此期出血表现十分明显。

### (二)分型

**1. 按 DIC 发生快慢分型**

(1)急性型:当DIC病因作用迅速而强烈时,通常表现为急性型。其特点是DIC可在数小时或1~2天发病。临床表现明显,常以休克和出血为主,病情迅速恶化,分期不明显。实验室检查明显异常。常见于严重感染(特别是革兰阴性菌引起的败血症休克)、异型输血、严重创伤、急性移植排斥反应等。

(2)慢性型:特点是病程长,由于此时机体有一定的代偿能力,且单核吞噬细胞系统功能较健全,临床表现较轻,不明显。这给诊断带来了一定困难,常以某器官功能不全为主要表现。此型DIC有时仅有实验室检查异常,尸体剖检时才被发现。一定条件下可转为急性型,常见于恶性肿瘤、胶原病、慢性溶血性贫血等。

(3)亚急性型:特点是在数天内逐渐形成DIC,其表现常介于急性型与慢性型之间。常见病因有恶性肿瘤转移、宫内死胎等。

**2. 按 DIC 的代偿情况分型** DIC发生、发展过程中,一方面凝血因子和血小板被消耗,另一方面肝脏合成凝血因子及骨髓生成血小板的能力也都明显增强,以代偿其消耗。根据凝血物质的消耗与

代偿情况可将 DIC 分为以下几种类型。

(1)失代偿型:特点是凝血因子和血小板的消耗超过生成。实验室检查可见血小板和纤维蛋白原等凝血因子明显减少。患畜常有明显的出血和休克等。常见于急性型 DIC。

(2)代偿型:特点是凝血因子和血小板的消耗与其代偿基本上保持平衡。实验室检查常无明显异常。临床表现不明显或仅有轻度出血和血栓形成的症状,易被忽视,也可转为失代偿型。常见于轻度 DIC。

(3)过度代偿型:特点是此型患畜机体代偿功能较好,凝血因子和血小板代偿性生成迅速,甚至超过其消耗。临床上可出现纤维蛋白原等凝血因子水平暂时性升高,出血及栓塞症状不明显。常见于慢性 DIC 或恢复期 DIC。病因的作用性质及强度发生变化时也可转为失代偿型 DIC。

此外,局部型 DIC 是指在静脉瘤、主动脉瘤、心脏室壁瘤、人工血管、体外循环、器官移植后的排斥反应等中,常在病变局部有凝血过程的激活,主要产生局限于某一器官的多发性微血栓,但全身仍有轻度的血管内凝血存在。因此,严格地说,局限型 DIC 是全身性 DIC 的一种局部表现。

### 三、DIC 的功能代谢变化

DIC 的临床表现复杂,可多种多样,但以出血和微血管中微血栓形成较为突出。

#### (一)出血

出血常为 DIC 患畜最初的表现,可有多部位出血倾向,如皮肤淤斑、紫癜、呕血、黑便、咯血、血尿、牙龈出血、鼻出血及阴道出血等。出血程度不一,严重者可同时多部位大量出血,轻者可能只有伤口或注射部位渗血不止等。

#### (二)器官功能障碍

DIC 是由于各种原因所致凝血系统被激活,全身微血管内微血栓形成,导致缺血性器官功能障碍。尸体剖检时常可见微血管内存在微血栓,典型的为纤维蛋白性血栓,亦可为血小板性血栓。可在局部形成,亦可来自别处。但有时因继发性纤溶激活,血栓溶解,或因可能尚未形成等原因,患畜虽有典型 DIC 临床表现,病理检查却未见阻塞性微血栓。

#### (三)休克

DIC 和休克可互为因果,形成恶性循环。急性 DIC 常伴有休克。由于微血管内有大量微血栓形成,回心血量明显减少。广泛出血可使血容量减少。受累心肌损伤,使心输出量减少。在 DIC 形成过程中,FⅫ激活,可相继激活激肽系统、补体系统和纤溶系统,产生一些血管活性物质,如激肽、补体成分($C_3a$、$C_5a$)。$C_3a$、$C_5a$ 可使嗜碱性粒细胞和肥大细胞释放组胺等,激肽、组胺均可使微血管平滑肌舒张,通透性增高,使外周阻力降低、回心血量减少等。FDP 的某些成分可以增强组胺、激肽的作用,促进微血管的舒张。这些均可使全身微循环障碍,促进休克的发生、发展。

#### (四)贫血

DIC 患畜可伴有一种特殊类型的贫血,即微血管病性溶血性贫血。该贫血属于溶血性贫血,其特征是外周血涂片中可见一些特殊的形态各异的变形红细胞,称为裂体细胞。外形呈盔形、星形、新月形等,统称为红细胞碎片。该碎片脆性高,易发生贫血。

# 任务八 休 克

## 一、休克概述

### (一)休克的概念

休克是各种强烈致病因素作用于机体引起的以微循环障碍为主的急性循环衰竭、重要脏器(如心、肺、肾等)灌流量不足和细胞功能代谢障碍的全身性危重的病理过程。临床上常伴随各种危重病症出现,其主要表现如下:可视黏膜苍白,耳、鼻和四肢末端发凉,皮肤温度下降,血压下降,脉搏细速,呼吸浅表,尿量减少或无尿,精神高度沉郁,肌肉无力、衰弱,反应迟钝,严重者可在昏迷中死亡。

### (二)微循环

微循环是指微动脉和微静脉之间的血液循环,通常由微动脉、后微动脉、毛细血管前括约肌、真毛细血管和微静脉等部分组成。有的包括动-静脉吻合支。微循环是循环系统最基本的结构,是血液与组织物质代谢交换的最基本的功能单位。

微循环毛细血管的血流量不仅取决于心输出量、血容量和血压,而且取决于微动脉、毛细血管前括约肌和小静脉的舒缩状态,即微循环各部分的阻力。如微循环阻力不变,血压增高时,微循环内血容量增大。微动脉、后微动脉和微静脉具有丰富的平滑肌,受交感神经支配,当交感神经兴奋时,血管收缩,阻力增大,血流减少。体液因素也影响微血管壁上的平滑肌(包括毛细血管括约肌),局部产生的舒血管物质可进行反馈调节,使毛细血管交替性开放,保证微循环有足够的血液灌流量。

## 二、休克的原因与分类

临床上引起休克的原因非常多,根据病因不同,休克可分为低血容量性休克、感染性休克、过敏性休克、心源性休克、创伤性休克、神经性休克等类型。

### (一)低血容量性休克

**1. 原因**

(1)失血:外伤、胃溃疡、内脏破损和产后大出血等短时间内大量失血,血容量迅速减少,导致失血性休克。

(2)脱水:剧烈呕吐或腹泻、大出汗等导致体液丢失,有效循环血量锐减,造成脱水性休克。

(3)烧伤:大面积烧伤时伴有大量血浆丢失,水分通过烧伤的皮肤蒸发,引起烧伤性休克。

**2. 病理特点** 失血后机体会产生一系列代偿反应,通过交感-肾上腺髓质系统兴奋等作用补充血量。如大量失血,代偿不能维持血压,则进入休克状态。一般情况下,15 min 内失血量少于全血量的 10% 时,机体可通过代偿使血压和组织灌流量保持稳定。若快速失血量超过全血量的 20%,即可发生休克。迅速丢失 30% 的血量会导致死亡。通常单纯的出血性休克不易引起全身弥散性血管内凝血(DIC),但合并创伤、继发感染时,由于组织和血管壁受损,机体极易发生 DIC,发生不可逆性休克,导致动物死亡。慢性失血常引起缺铁性贫血。

### (二)感染性休克

**1. 原因** 细菌、病毒、霉菌、立克次体等病原微生物感染会导致感染性休克,常见于动物严重感染并发败血症时,因此又称为败血症休克。如烧伤后期继发感染引起休克。

**2. 病理特点** 因感染导致微循环障碍,血管壁通透性升高,回心血量、心输出量均减少。其中,革兰阴性菌引起的休克中,细菌内毒素可引起血液中血小板、白细胞释放血管活性物质,激活激肽释放酶原为激肽释放酶,水解激肽原产生缓激肽;细菌内毒素还能激活纤溶酶原,促进 DIC 形成,在休克过程中起着主要作用,故又称中毒性休克。革兰阳性菌、病毒、霉菌等感染常在引起败血症后出现休克。

### (三)过敏性休克

**1. 原因** 过敏体质的动物机体,注射药物(如青霉素等)、血清制剂或疫苗会引起过敏性休克,此型休克属于 I 型变态反应。

**2. 病理特点** 过敏性休克的发病机制主要是抗体(肥大细胞表面 IgE)与抗原结合,引起细胞的脱颗粒,血管活性物质如组胺和缓激肽被释放进入血中,激发补体和抗体系统,引起血管床容积迅速扩张,毛细血管通透性增加,血浆大量渗出,造成有效循环血量相对不足,导致休克。

### (四)心源性休克

**1. 原因** 多由急性心肌炎及严重的心律失常、急性心力衰竭、大面积急性心肌梗死等心脏疾病引起。

**2.病理特点**　由于心脏泵血功能急剧下降,心输出量降低,外周有效循环血量和灌流量显著下降,外周血液循环阻力增加,常伴有中心静脉压升高。

### (五)创伤性休克

**1.原因**　见于严重创伤、骨折等疾病,有失血、组织损伤、疼痛等因素参与休克的发生。

**2.病理特点**　大量失血、剧痛和组织损伤导致血管活性物质大量释放,引起全身广泛性小血管扩张,导致微循环缺血或淤血而发生休克。如创口发生感染,还可引起感染性休克。

### (六)神经性休克

**1.原因**　剧烈疼痛、高位脊髓麻醉或大面积损伤等引起血管运动中枢受抑制,血管扩张,外周阻力降低,回心血量减少,血压下降,导致神经性休克。

**2.病理特点**　神经性休克的发病机制为外周血管扩张引起有效循环血量减少,血压下降,血液淤积在扩张的血管床内。如马的急性胃扩张和高位肠梗阻时发生的休克,并没有大量体液丢失,主要与剧烈疼痛有关。

## 三、休克的发展过程与机制

虽然不同类型的休克各有其特点,但发生机制有相似之处,最基本的发病环节表现为微循环障碍,有效循环血量减少,心脏血管舒缩失常引起泵血功能障碍,导致微循环有效灌注量不足,从而促进休克的发生和发展。根据微循环的变化情况,休克的发生、发展过程可分为三个时期(图2-24)。

### (一)微循环缺血期

微循环缺血期又称为休克前期、休克代偿期、缺血缺氧期。

**1.病理过程**　由创伤、疼痛、感染、失血等引起的休克初期,交感-肾上腺髓质系统兴奋,儿茶酚胺分泌增多,引起除心、脑以外各个组织或器官的小动脉、微动脉、后微动脉、毛细血管前括约肌和微静脉、小静脉收缩,大量真毛细血管网关闭,组织灌流量减少,呈缺血状态。微循环反应的不均一性导致了血液重新分配,以确保心、脑等生命重要器官的血液供应。这对维持动脉血压和有效循环血量具有一定的代偿意义,但也存在危机,如肺、肾、肝、脾及各消化器官的缺血、缺氧必将导致这些器官出现功能障碍。

**2.临床表现**　主要表现为皮肤、可视黏膜苍白,皮肤温度降低,四肢和耳朵发凉,脉搏细速,尿量减少,血压稍微下降,出汗,烦躁不安(图2-25)。中毒性休克者,临床上还有腹泻症状。该期为休克的可逆期,若尽早消除病因,及时补充血容量,可防止休克发展。

### (二)微循环淤血期

微循环淤血期又称为休克中期、代偿不全期、淤血性缺氧期。

**1.病理过程**

(1)淤血形成阶段:如果休克病因不能及时消除,组织持续缺血缺氧,局部酸性代谢产物增加。酸性环境使微动脉对儿茶酚胺的反应性降低,而微循环的静脉端对酸性环境耐受性较强,仍处于收缩状态,动脉端先于静脉端开放,故血液经过开放的毛细血管前括约肌大量涌入真毛细血管网,但是不能及时流出,组织灌大于流,从而导致严重的淤血现象。此期交感-肾上腺髓质系统更为兴奋,组织血液灌流量进行性下降,组织缺氧日趋严重。

(2)淤血加重阶段:伴随着微循环大面积淤血,毛细血管内流体静压增高,血管壁通透性增大,血浆渗出,血液浓缩,红细胞聚集,血小板黏附、聚集形成血小板微聚物,从而进一步加重淤血,血流进一步变慢,白细胞由轴流变为贴壁、滚动黏附于内皮细胞上。激活的白细胞释放大量生物活性因子如氧自由基和溶酶体酶等,导致内皮细胞和其他组织细胞损伤。

(3)淤血失代偿:由于微循环淤血加重,机体组织严重缺氧,发生氧分压下降,二氧化碳和乳酸积聚,导致酸中毒,平滑肌对儿茶酚胺的反应性降低。缺血、缺氧和酸中毒能刺激肥大细胞脱颗粒,大量释放组胺,ATP分解产物腺苷增多,细胞分解并释放过多的钾离子,组织渗透压升高;激肽类物质

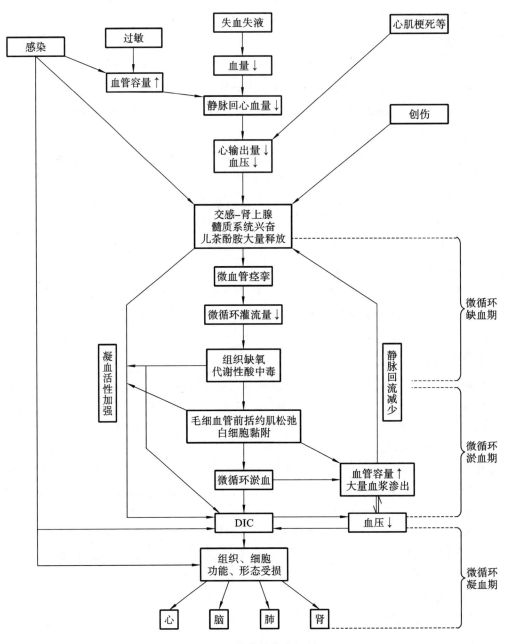

图 2-24 休克的发生机制

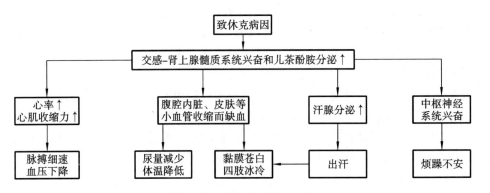

图 2-25 微循环缺血期的临床表现及其发生机制

生成增多,这些物质能造成血管进一步扩张,加重微循环障碍。

**2.临床表现** 微循环组织缺氧和酸中毒加重,皮肤、可视黏膜有发绀现象,出现花斑,皮肤温度降低,心跳快而弱,肾血流量不足而表现为少尿或无尿,血压持续下降(图2-26)。因脑血流量不足,动物精神沉郁,神志模糊甚至昏迷。

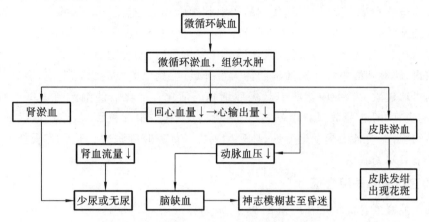

图 2-26 微循环淤血期的临床表现及其发生机制

### (三)微循环凝血期

微循环凝血期又称为休克后期、休克失代偿期、微循环凝血期(DIC期)。

**1.病理过程**

(1)DIC:由于缺氧和酸中毒加重、血液黏稠、血流速度减慢、血管内皮细胞受损,血液处于高凝状态,因而发生DIC,使回心血量锐减。凝血物质耗竭、纤溶系统激活等又引起出血。此期微循环内微血管扩张,但血流停止,组织得不到足够的氧气和营养物质供应。微血管平滑肌麻痹,对任何血管活性药物均失去反应,所以又称为微循环衰竭期。

烧伤、创伤等引起的休克,常伴随大量组织被破坏,使组织因子释放入血,激活外源性凝血系统;感染性休克时,细菌内毒素致使中性粒细胞合成并释放组织因子,也可启动外源性凝血系统。而异型输血导致休克时,红细胞大量被破坏而释放出腺苷二磷酸,引起血小板大量释放,使血小板第三因子大量入血而促进凝血。

(2)器官功能衰竭:休克后期,组织有效血液灌流量进行性减少,局部缺氧、酸中毒及休克过程中产生的有毒物质如氧自由基、溶酶体酶等使细胞损伤越发严重,心、脑、肝、肺、肾等各种重要器官代谢严重障碍,功能衰竭,可发生不可逆性损伤。

**2.临床表现** 组织、器官的小血管内广泛形成微血栓,动物皮肤可见淤点或淤斑,四肢冰冷,血压急剧降低,呼吸紊乱无序,脉搏弱而不易察觉,少尿或者无尿,各器官功能严重衰竭(图2-27)。

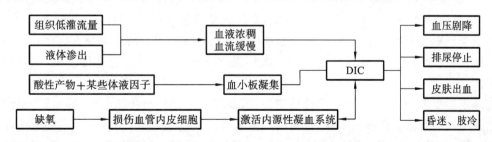

图 2-27 微循环凝血期的临床表现及其发生机制

## 四、休克时主要器官的功能与结构变化

### (一)细胞变化

**1.细胞代谢紊乱** 休克时,由于微循环严重障碍,血流缓慢,细胞严重缺氧、葡萄糖有氧氧化受

阻,糖酵解增强,乳酸生成显著增多,引起局部酸中毒。同时由于灌流障碍,$CO_2$不能被及时清除,也加重了局部酸中毒。

休克时,由于组织缺氧,ATP生成不足,细胞膜上的钠泵运转失灵,因而细胞内钠离子增多,而细胞外钾离子增多,导致细胞水肿和高钾血症。

**2.细胞损伤与凋亡** 休克时,细胞代谢障碍引起细胞膜、细胞器功能降低,酶活性改变。电子显微镜观察发现细胞的损伤主要是细胞膜、线粒体和溶酶体的变化。细胞膜是休克中最早发生损伤的部位。线粒体受损后,呼吸链运转紊乱,氧化磷酸化发生障碍,能量物质进一步减少。

休克时缺血、缺氧和酸中毒能刺激溶酶体大量释放,溶酶体肿胀后出现空泡,引起细胞自溶。各种休克因子均可通过激活核酸内切酶引起炎症细胞的活化。活化后的细胞可进一步刺激机体产生细胞因子,分泌炎症介质,释放氧自由基,攻击血管内皮细胞、中性粒细胞、单核巨噬细胞、淋巴细胞和各脏器实质细胞,促使各细胞发生变性、坏死和凋亡。休克时细胞凋亡是细胞损伤的一种表现,也是重要器官功能衰竭的基础。

### (二)多器官功能障碍综合征

多器官功能障碍综合征是指在严重创伤、感染和休克时,动物机体相继出现两个及两个以上器官功能障碍的临床综合征。休克时各器官几乎均可被累及。常出现功能障碍的器官是肺、肝、肾、心、脑和免疫器官等。动物机体常因某个或数个重要器官相继或同时发生功能障碍甚至衰竭而死亡。

**1.急性肾功能衰竭** 休克时最常发生急性肾功能衰竭,称为休克肾。主要表现为少尿、高钾血症、氮质血症以及代谢性酸中毒。其发生原因主要是肾血液灌流量不足。动物可出现少尿或无尿现象,若缺血时间较短,当病因消除血流恢复之后,肾功能可以恢复;若持续时间过长,能引起急性肾小管坏死。此时即使消除休克病因,恢复肾血液灌流,肾功能也难以恢复正常。

**2.心功能障碍** 一般发生在心源性休克早期,而在其他类型休克中,常继发于中后期,甚至伴发急性心力衰竭,并引起心肌局灶性坏死和心内膜下出血。引起心功能障碍的机制如下:冠状动脉血流量减少,儿茶酚胺分泌,促使心肌收缩,加重心肌缺氧;酸中毒、高血钾均可使心肌收缩力减弱,而广泛的 DIC 可使心肌局灶性坏死;此外,细菌内毒素会直接抑制心脏功能。

**3.脑功能障碍** 休克早期,脑部血液循环的代偿性调节,能保证脑部血液供应,动物除了应激引起烦躁不安外,无其他脑功能障碍表现。随着休克的发展,脑血液供应因持续性低血压而显著减少,脑组织缺血缺氧加重,动物神志淡漠甚至昏迷,同时酸中毒使得脑血管通透性增加,可引起明显的脑水肿和颅内压升高。

**4.消化系统功能障碍** 休克时流经消化道和肝脏的血量大大减少,出现淤血、缺血、水肿等,肠道是最容易出现休克病变的部位,常称为休克肠。肠腔中渗出含有大量红细胞的液体,肠道黏膜显著坏死,肠道黏膜上皮细胞的屏障功能降低,使病原菌或毒素进入体内。而肝细胞的损伤导致肝功能障碍,不能有效处理病原菌或毒素,在休克晚期,感染或细菌内毒素促使休克加重恶化。

**5.急性肺衰竭** 发生在休克后期,是引起动物死亡的直接原因。因急性肺衰竭而死亡动物的肺称为休克肺。肺呈暗红色,重量增加,有充血、水肿、血栓形成及肺不张,伴有肺出血、胸膜出血和肺泡内透明膜形成。

休克肺的发生机制:休克时大量活性物质释放,如组胺引起肺小静脉收缩,肺血管通透性增高,促使血浆从毛细血管渗出形成肺水肿;休克时肺泡表面活性物质合成与分泌减少,肺泡表面张力增大,导致肺萎陷和肺水肿,最终影响肺气体交换,使得动脉血二氧化碳分压升高而氧分压降低,引起急性呼吸功能障碍。

## 五、休克的防治原则

### (一)病因学防治

积极防治促进休克的原发病,去除引起休克的原始病因。采取相应的有效措施对抗感染、出血、疼痛等能促进并加重休克的因素。

**（二）发病学治疗**

**1. 补充血容量** 各型休克都存在有效循环血量绝对或相对不足，最终导致组织灌流量减少。因此，除了心源性休克外，补充血容量是提高心输出量和改善组织灌流的根本措施，而且强调及时和尽早，以免病情恶化。因为休克进入微循环淤血期后，病情会更严重，需补充的量会更大。正确的输液原则是"需多少，补多少"，采取充分扩容的方法。

**2. 纠正酸中毒** 休克时缺血和缺氧，易导致乳酸蓄积，引起酸中毒，根据酸中毒的程度及时补碱纠酸可减轻微循环紊乱和细胞损伤。如酸中毒不纠正，由于酸中毒时 $H^+$ 和 $Ca^{2+}$ 的竞争作用，将直接影响血管活性药物的疗效，也影响心肌收缩力。此外，酸中毒还可以导致高钾血症。

**3. 合理使用血管活性药物** 在纠正酸中毒的基础上使用血管活性药物，以提高心功能、增大血容量和降低血管阻力。

**4. 细胞损伤的防治** 休克时细胞损伤有的是原发的，有的继发于微循环障碍。改善微循环是防止细胞损伤的措施之一。此外，尚可用稳膜和能量补充的方法治疗，如用糖皮质激素保护溶酶体膜；用山莨菪碱除了能保护细胞膜外，还能抑制细菌内毒素对细胞的损伤。

**5. 防止器官功能衰竭** 休克时出现 DIC 及重要器官功能衰竭，除采取一般的治疗措施外，还应针对不同器官功能衰竭采取不同的治疗措施。如出现急性心力衰竭时，除了停止和减少补液外，还应强心利尿，并适当降低前、后负荷；出现休克肺时，正压给氧，改善呼吸功能；出现肾功能衰竭时，应尽早利尿，防止出现多器官功能衰竭。

（张　磊）

*知识链接与拓展*

**常见血液循环障碍在畜禽呼吸道黏膜上的临床症状**

鸡传染性喉气管炎：在鸡喉气管部剥离黏膜表面的纤维素性干酪样渗出物后，可见该部位黏膜严重充血，散在斑、点状出血，黏膜固有层充血、水肿，重度充血的毛细血管呈球状突起于喉气管黏膜表面。

鸡传染性鼻炎：可见患鸡鼻腔和鼻窦黏膜潮红、肿胀、充血，黏膜表面覆盖大量黏液，有时伴有肉垂和下颌组织充血、水肿及出血，在肿胀的组织内可见干酪样渗出物。

猪、马流感：猪、马上呼吸道黏膜充血、潮红、水肿。

犊牛传染性鼻气管炎和牛恶性卡他热：都有鼻腔、咽喉、气管黏膜的充血、水肿、点状出血病变，前者在黏膜面覆盖有黏液性、纤维素性或脓性分泌物。

**常见血液循环障碍在动物皮肤上表现的症状与病理变化**

1. 充血和淤血　浅色皮肤的动物易见皮肤充血病变，动脉性充血为鲜红色大小不同的斑块，按压色斑有褪色现象，淤血则呈现暗红色或暗紫色，甚至为蓝紫色，按压色斑无褪色现象。皮肤充血和淤血常见于以下情况。

（1）运输斑：屠宰动物经长途运输，尤其在空气闷热而且拥挤的情况下，动物皮肤常可见大片红斑，皮温升高，这是动物处于应激状态时出现的皮肤充血性变化。

（2）屠宰斑：食用动物在屠宰过程中，常由于电击、燀毛等操作，在皮肤上留下大小、形状不同的红色斑块，均属于充血现象。

（3）猪丹毒：由猪丹毒杆菌引起的猪传染病，常见于 $3\sim12$ 月龄的猪。急性型猪丹毒发病初期在患猪的耳根、颈部、胸前和四肢内侧等部位的皮肤出现不规则的鲜红色充血区，即猪丹毒红斑，指压可以褪色，红斑还会融合成片，稍突出于周围皮肤，病程稍长者在红斑上出现水疱和干痂,镜检可见真皮毛细血管扩张充血,并有轻度炎性渗出。亚急性型猪丹毒主要表现为患猪的头、颈、耳、腹及四肢部位皮肤形成大小不等、方形或菱形稍突起的疹块,这些疹块呈苍白色、鲜红色或紫红色,不同的颜色是由皮肤血管痉挛贫血至血管扩张充血、淤血的变化过程,镜检可见皮下小血管充血,有组织坏死和炎症反应。

(4)流行性猪肺疫是由猪巴氏杆菌引起的急性型疾病,临床症状为咽喉肿胀引起的严重呼吸困难。主要病变特点为咽部和颈部皮肤红肿、硬实,腹部、耳根及四肢内侧皮肤出现紫红色斑块,指压褪色。

2.水肿　皮肤水肿是指组织液在皮下结缔组织内蓄积。皮肤外观肿胀,指压有面粉团样质感,留下压痕,切开皮肤可见皮下结缔组织增厚呈胶冻样,断面流出大量胶样液体。水肿常见于以下情况。

(1)禽流感急性病例,可见头部和颜面水肿,鸡冠、肉髯肿大达3倍以上,皮下有黄色胶样浸润、出血,胸、腹部皮下脂肪有紫红色出血斑。

(2)鸡大肠杆菌病及鸡支原体病,常见眼睑水肿。鸭瘟(鸭病毒性肠炎),病死鸭头、颈部皮下严重水肿,有淡黄色胶样浸润,该部位皮肤有大头针帽大至绿豆大的出血斑点。

(3)猪生殖呼吸系统综合征,可见死胎及产后死亡仔猪的头部、下颌、颈部、腋下和后肢内侧皮肤水肿,皮下结缔组织呈胶冻样,后肢内侧皮下常呈现出血性胶样浸润。

(4)绵羊水肿病是由致病性大肠杆菌引起的急性传染病,可见绵羊全身皮下组织水肿,下颌及胸、腹下部皮肤水肿较为明显。

(5)羊快疫是由腐败梭菌引起的急性传染病,多发于绵羊,可见尸体有咽部、颈部皮下水肿并伴有出血,呈现出血性胶样浸润。

(6)牛水肿型巴氏杆菌病,多见于牦牛和3～7月龄犊牛,表现为颌下、咽喉部、胸前皮下或两前肢皮下有大量橙黄色胶样浸润,以上部位呈现不同程度肿胀,严重时病牛咽喉部硬肿,呼吸高度困难而颈部伸直。

(7)牛伪狂犬病,病牛皮肤瘙痒处呈现弥漫性肿胀,切开皮肤见皮下组织有淡黄色胶样浸润,有时混有少许血液,肿胀处皮肤可比正常皮肤增厚2～3倍。

(8)犊牛副结核病,可见全身性贫血和消瘦病变,皮下脂肪消失,眼睑、下颌及腹部皮下水肿,呈胶样浸润,血液稀薄、色淡、不易凝固。

3.出血　浅色皮肤的动物较容易见到,在皮肤上可见不同大小和形状的出血斑点,呈暗红色或暗紫色,指压不褪色,多见于各种传染病。

(1)败血型鸡新城疫,常表现为全身出血性素质,常见皮肤斑点状出血及胸、颈部皮下胶样浸润。雏鸡传染性贫血病,除可见鸡冠、肉髯等组织苍白及血液稀薄等贫血病变外,病死鸡常见皮肤和皮下有大小不等的斑点状出血,翼部皮肤出现出血性坏死,呈蓝紫色。

(2)患鸭瘟的鸭头、颌部皮肤有明显的暗红色或紫红色出血斑点。

(3)败血型猪瘟,在猪耳根、颈部、腹部、腹股沟和四肢内侧皮肤常见明显的斑点状出血,初期为淡红色充血区,以后色泽加深,出现出血小点,出血点可以相互融合,形成紫红色的出血斑块,久之血斑坏死成黑褐色干痂。

(4)败血型仔猪副伤寒,可见病死猪头部、耳朵、腹部等皮肤出现大面积的蓝紫色出血斑。

(5)猪链球菌病是由兽疫链球菌引起的猪败血症,常见尸体胸、腹下部及四肢内侧的皮肤有紫红色与暗红色出血点,皮下脂肪出血,呈现红染。

**执考真题**

1.(2014 年)动物易发生出血性梗死的器官是( )。

A.心　　　　B.肝　　　　C.脾　　　　D.肾　　　　E.胃

2.(2016 年)不常发生白色梗死的器官是( )。

A.肝　　　　B.心　　　　C.肾　　　　D.脑　　　　E.脾

3.(2017 年)肺淤血的常见原因是( )。

A.右心衰竭　　B.左心衰竭　　C.肝功能衰竭　　D.肾功能衰竭　　E.脾功能衰竭

4.(2017 年)红色梗死常发生于( )。

A.心　　　　B.脑　　　　C.肾　　　　D.肝　　　　E.肺

5.(2012 年)心瓣膜上形成血栓,常见的类型是( )。

A.白色血栓　　B.混合血栓　　C.红色血栓　　D.透明血栓　　E.败血型血栓

6.(2012 年)发生淤血的组织局部( )。

A.温度升高,颜色鲜红　　　　　　　　　　B.温度升高,颜色暗红

C.温度降低,颜色鲜红　　　　　　　　　　D.温度降低,颜色暗红

7.(2013 年)白色血栓的主要成分是( )。

A.血小板和白蛋白　　　　B.血小板和纤维蛋白　　　　C.血小板和红细胞

D.血小板和白细胞　　　　E.纤维蛋白和白细胞

8.(2014 年)可在皮肤黏膜以及肝、肾等器官表面出现针尖大至高粱米粒大,散在或弥漫性分布的病理变化是( )。

A.血肿　　　　B.淤点　　　　C.淤斑　　　　D.出血性浸润　　E.出血性素质

9.(2015 年)从静脉注入空气所形成的空气性栓子主要栓塞的器官是( )。

A.脑　　　　B.肺　　　　C.肾　　　　D.肝　　　　E.脾

10.(2016 年)血液弥漫性分布于组织间隙,使出血组织呈现大片暗红色的病变称为( )。

A.出血性素质　　B.溢血　　　C.点状出血　　D.出血性浸润　　E.斑状出血

11.(2017 年)局部皮肤动脉性充血的外观表现是( )。

A.色泽暗红,温度升高　　　　B.色泽暗红,温度降低　　　　C.色泽鲜红,温度降低

D.色泽鲜红,温度升高　　　　E.色泽鲜红,温度不变

12.(2019 年)少量出血可能危及生命的器官是( )。

A.肠　　　　B.肾　　　　C.肺　　　　D.胃　　　　E.脑

**自测训练**

1.下列不属于血栓和血凝块的区别的是( )。

A.血栓表面粗糙,而血凝块光滑、湿润　　　　B.血栓硬而脆,而血凝块柔软有弹性

C.血栓附于血管壁,而血凝块与血管分离　　　　D.血栓有特殊结构,而血凝块没有特殊结构

E.血栓颜色呈暗红色,而血凝块可白色、红白相间或红色

2.下列现象由动脉性充血引起的是( )。

A.猪瘟形成的"打火印"皮肤疹块　　　　　　B.槟榔肝

C.口蹄疫形成的"虎斑心"　　　　　　　　　　D.肺褐色硬化

E.羊痘形成的皮肤丘疹

3.与血栓形成有关的因素是( )。

扫码看答案

A. 红细胞减少　　　　　　　B. 血管壁通透性增高　　　　　C. 血管壁破坏

D. 纤溶系统激活　　　　　　E. 血小板减少

4. 从兔耳缘静脉注入空气造成血栓致其死亡,一般栓塞在( )。

A. 心　　　　B. 脾　　　　C. 肺　　　　D. 肾　　　　E. 肝

5. 混合血栓见于( )。

A. 毛细血管内　　　　　　　B. 静脉血栓的尾部　　　　　　C. 动脉血栓的起始部

D. 静脉血栓的体部　　　　　E. 心瓣膜

6. 肾梗死时肾组织的坏死为( )。

A. 出血性梗死　　B. 肾坏疽　　C. 脓毒性梗死　　D. 凝固性坏死　　E. 液化性坏死

7. 淤血器官的主要病变是( )。

A. 色暗红、体积增大、切面干燥、功能增强、温度降低

B. 色苍白、体积增大、切面干燥、功能减退、温度降低

C. 色暗红、体积增大、切面湿润、功能增强、温度降低

D. 色暗红、体积增大、切面湿润、功能减退、温度降低

E. 色苍白、体积增大、切面干燥、功能增强、温度降低

8. 透明血栓的主要成分是( )。

A. 纤维蛋白　　　　　　　　B. 血小板　　　　　　　　　　C. 纤维蛋白和血小板

D. 白细胞　　　　　　　　　E. 白细胞和血小板

9. 容易发生出血性梗死的器官是( )。

A. 心　　　　B. 脑　　　　C. 肠　　　　D. 肺　　　　E. 肾

10. 休克期的特点是( )。

A. 多灌少流、灌大于流　　　B. 少灌少流、灌小于流　　　　C. 多灌多流、灌大于流

D. 少灌少流,甚至不灌不流　　E. 不灌不流

11. 脾、肾梗死灶肉眼检查的主要特点是( )。

A. 多呈地图状、灰白色、界限清楚　　　　　　B. 多呈不规则形、暗红色、界限不清

C. 多呈楔形、暗红色、界限不清　　　　　　　D. 多呈地图形、暗红色、界限不清

E. 多呈楔形、灰白色、界限清楚

12. 大脑中动脉分支血栓形成可导致脑组织发生( )。

A. 凝固性坏死　　B. 液化性坏死　　C. 干酪样坏死　　D. 脂肪坏死　　E. 干性坏疽

13. 心力衰竭细胞见于( )。

A. 左心衰竭时肺泡腔内　　　B. 右心衰竭时肺泡腔内　　　　C. 肺水肿时肺泡腔内

D. 肝淤血时肝脏内　　　　　E. 脾淤血时脾脏内

14. 右心衰竭可导致( )。

A. 肝细胞透明变性　　　　　B. 槟榔肝　　　　　　　　　　C. 肝出血性梗死

D. 肝贫血性梗死　　　　　　E. 坏死后性肝硬化

15. 局部组织或器官内动脉血输入量增多的现象称( )。

A. 急性充血　　B. 慢性充血　　C. 主动性充血　　D. 被动性充血　　E. 淤血

16. 慢性淤血引起的后果应排除( )。

A. 实质细胞增生　　　　　　B. 含铁血黄素沉积　　　　　　C. 漏出性出血

D. 实质细胞变性　　　　　　E. 并发血栓形成

17. 下列有关出血性梗死的叙述,错误的是( )。

A. 易发生在静脉淤血时　　　B. 多见于组织疏松的器官　　　C. 梗死由动脉阻塞引起

D. 梗死区呈暗红色　　　　　　　E. 梗死区液化性坏死

18. 脂肪栓塞动物一般死亡原因是(　　)。

A. 动脉系统栓塞　　　　　　B. 脂肪分解产物引起中毒　　　　C. 肺水肿和心功能不全

D. 肾小动脉栓塞　　　　　　E. 脑小动脉栓塞

19. 右心衰竭时不会发生淤血、水肿的组织或器官是(　　)。

A. 下肢　　　　　B. 肝　　　　　C. 脾　　　　　D. 肺　　　　　E. 肠

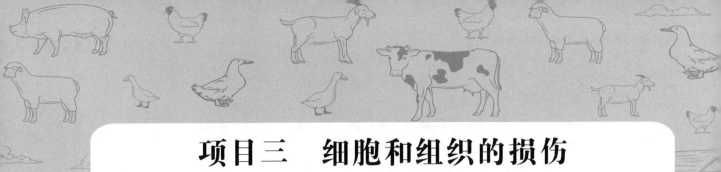

# 项目三  细胞和组织的损伤

### 项目导入

　　本项目主要介绍细胞和组织损伤的相关知识,包括萎缩、变性、坏死和病理性物质沉着四个任务。通过本项目的学习,要求能够辨别各类细胞和组织损伤的病理变化,具备初步诊断疾病的能力,能分析临床实践中常见细胞和组织损伤所引发的各类病例,并且能够判断各类损伤的类型和描述相应的病理变化。

### 项目目标

　　▲知识目标

1.了解各种细胞和组织损伤的发生原因与机制。

2.掌握萎缩、变性、坏死的概念。

3.掌握细胞肿胀、脂肪变性和透明变性的病理变化。

4.掌握坏死的原因、类型和病理变化。

　　▲能力目标

1.能够识别和诊断常见组织或器官萎缩、变性和坏死的病理变化。

2.能区分临床上常见的坏死和梗死两种病理现象。

3.能阐述各种病理变化产生的原因和机制。

　　▲思政与素质目标

1.能够树立正确的世界观、人生观、价值观,能够抵制错误思潮和腐朽思想的侵蚀。

2.注重动物福利,敬畏生命,爱护生命,树立良好的职业品德和职业道德。

3.秉承科学精神和自主创新精神,在实践中不断探索动物疾病的发生机制,始终保持精益求精的工作态度。

### 案例导学

　　某养殖场受感染的小猪出现鼻炎症状,打喷嚏,呈连续性或断续性发生,呼吸有鼾声。患猪表现不安定,用前肢搔抓鼻部,或鼻端拱地,或在猪圈墙壁、食槽边缘摩擦鼻部,并可留下血迹;从鼻部流出分泌物,分泌物先是透明黏液样,继之为黏液或脓性物,甚至流出血样分泌物,或有不同程度的鼻出血。在出现鼻炎症状的同时,患猪的眼结膜常发炎,从眼角不断流泪。由于泪水与尘土沾积,常在眼眶下部的皮肤上出现一个半月形的泪痕湿润区,呈褐色或黑色斑痕。大多数患猪进一步发展,出现鼻甲骨萎缩,可见患猪的鼻缩短,向上翘起,而且鼻背皮肤出现皱褶,下颌伸长,上、下门齿错开,不能正常咬合。当一侧鼻腔病变较严重时,可造成鼻子歪向另一侧,甚至成45°角歪斜。由于鼻甲骨萎缩,额窦不能以正常速度发育,导致两眼之间的宽度变小,头的外形发生改变(图3-1)。请用本项目知识分析该案例。

扫码看彩图

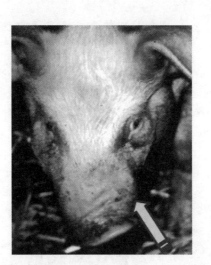

**图 3-1 鼻萎缩**

细胞和组织的损伤，从广义上讲，是指致病因素作用所引起的细胞、组织物质代谢和功能活动的障碍，以及形态结构的破坏。细胞损伤时，首先发生细胞生物化学反应和生物分子结构的改变，可出现不同程度的代谢和功能的变化，而其形态结构的变化通常不能见到。当致病因素继续作用或损伤较强时，才可导致细胞形态结构的变化，后者又可进一步加剧细胞代谢和功能的改变。因此，细胞和组织的损伤一般有代谢、功能和形态三个方面相互联系的变化。本项目着重阐述细胞和组织损伤的形态结构的三种变化形式：萎缩、变性和坏死。

# 任务一 萎 缩

## 一、萎缩的概念

发育成熟的器官、组织或细胞由于物质代谢障碍发生体积缩小和功能减退的过程，称为萎缩。主要是因该器官、组织的实质细胞的体积缩小或数量减少所致，同时伴有功能降低，表现为器官体积变小，质地较坚硬，边缘锐薄，色泽变深，如肝和心的褐变。但萎缩与发育不全、不发育截然不同，发育不全是指器官、组织不能发育为正常结构，体积一般较小，其发生原因可以是血液供应不良、缺乏特殊营养成分或先天性的缺陷；不发育是指一个器官不能发育、器官完全缺乏或只有一个结缔组织构成的痕迹性结构，其发生原因往往和遗传因素、激素有关。

## 二、病因和类型

根据引起萎缩的原因不同，萎缩可分为生理性萎缩和病理性萎缩两种。

**1.生理性萎缩** 又称退化，是指在生理状态下，动物机体某些组织或器官随年龄增长发生自然生理功能减退的现象。如幼龄动物脐带血管萎缩退化为膀胱圆韧带，家畜成年后胸腺的萎缩，老龄动物皮肤变薄、脂肪组织减少或消失等全身各器官不同程度的萎缩。

**2.病理性萎缩** 在某些致病因素作用下组织、器官发生萎缩的一种现象，根据病因和病变范围的不同可分为全身性萎缩和局部性萎缩。

（1）全身性萎缩：由于动物机体出现全身性物质代谢障碍，分解代谢大于合成代谢，全身各器官、组织均出现不同程度萎缩的现象。长期饲料不足、慢性消化道疾病（如慢性肠炎）和严重消耗性疾病（如结核病、寄生虫病和恶性肿瘤等）均可引起营养物质的供应和吸收不足，或体内营养物质（特别是蛋白质）过度消耗而导致全身性萎缩。各器官、组织的萎缩过程具有一定规律性，脂肪组织发生最早，其次是肌肉，再次是肝、肾、脾、淋巴结、胃肠等，最后是心、脑、肾上腺、垂体等对生命活动非常重

Note

55

要的组织、器官,症状也较轻微。这一现象与机体在疾病过程中发生适应性调节、功能和代谢改变有关。

(2)局部性萎缩:由局部原因引起的器官和组织的萎缩。按其发生原因可分为以下几种。

①失用性萎缩:器官或组织因长期不活动,功能减弱所致的萎缩。如动物因骨折或关节性疾病而长期不能运动或受限活动,导致相关的肌肉或关节软骨发生萎缩。

②压迫性萎缩:器官或组织长期受到压迫而引起的萎缩。如:肿瘤、寄生虫(棘球蚴、囊尾蚴)压迫相邻组织、器官,导致血液循环障碍,引起肝压迫性萎缩(图3-2);输尿管阻塞,尿液潴留于肾盂,使其扩张并压迫肾实质而引起肾萎缩;肝淤血时,肝窦扩张压迫周围肝索,导致肝细胞萎缩。

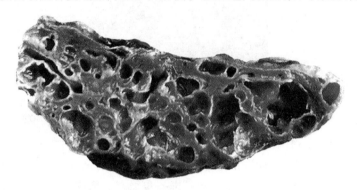

图3-2　棘球蚴寄生引起肝压迫性萎缩

③缺血性萎缩:动脉不全阻塞,血液供应不足所致的萎缩。多见于动脉硬化、动脉管腔狭窄。

④神经性萎缩:神经系统受损,发生功能障碍,引起受其支配的器官、组织因失去神经的调节作用而发生的萎缩。例如,脊髓灰质炎时,脊髓运动神经元坏死,可引起相应肌肉麻痹和萎缩;鸡马立克病时,肿瘤侵害坐骨神经和臂神经,可造成腿部肌肉的萎缩和瘫痪。

⑤内分泌性萎缩:由于内分泌功能低下而引起相应组织、器官发生萎缩。如去势动物性器官萎缩、黄体的退化等。

### 三、萎缩的病理变化

**1.全身性萎缩的病理变化**　发生全身性萎缩的患病动物都表现出严重衰竭征象,它们的被毛粗乱无光,精神委顿,严重消瘦,贫血和全身水肿,即呈恶病质状态,称为恶病质性萎缩。

(1)肉眼观:剖检见脂肪组织消耗殆尽,皮下、腹膜下、肠系膜和网膜的脂肪完全消失。心脏冠状沟和肾脏周围的脂肪组织呈灰白色或灰黄色、半透明的胶冻样,称为浆液性萎缩。全身骨骼肌萎缩变薄,重量减轻,质脆,色泽变淡易断,红髓减少,黄髓呈浆液性萎缩。肝脏体积缩小,变薄,重量减轻,边缘薄锐,呈灰褐色。肾脏体积略缩小,切面可见皮质变薄而色泽稍深。胃、肠壁变薄。脾脏显著缩小,被膜皱缩增厚,切面含血量少,红髓减少,白髓形象不清,脾小梁相对增多。血液稀薄,色淡,红细胞计数和血红蛋白含量降低,即呈明显贫血。

(2)镜下观:骨骼肌肌纤维变细,肌质减少,胞核呈密集状态,肌纤维排列稀松,其间有水肿液蓄积(图3-3)。肝脏各肝小叶的肝细胞明显减少,肝小叶缩小,肝细胞胞质内出现大量棕褐色的脂褐素颗粒。脂褐素在肝细胞内大量出现使萎缩的肝脏肉眼观呈灰褐色,故又称为褐色萎缩(图3-4)。心肌纤维变细,胞核两端的胞质内有脂褐素沉着(图3-5)。皮质肾小管上皮细胞体积缩小、变扁,呈低立方状,其胞质中有脂褐素沉着,管腔增大,间质有水肿液蓄积。肠绒毛减少,且变细、变低,黏膜上皮细胞多已消失。脾脏红髓中细胞成分减少,白髓明显缩小、数量减少,甚至消失,或仅见散在的和少量集聚成堆的淋巴细胞。脂肪细胞内脂滴分解消失,其空隙充满组织液。

**2.局部性萎缩**　局部性萎缩的变化表现为局部组织和器官的萎缩变小,同时可以见到邻近健康的相同组织或器官发生代偿性肥大,间质增多,呈凹凸不平的外观。

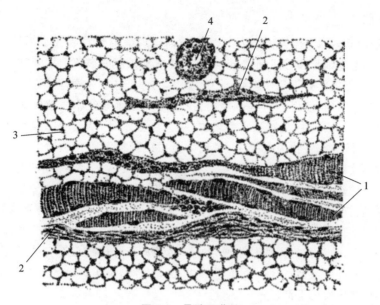

图 3-3 骨骼肌萎缩

1.正常肌纤维;2.萎缩的肌纤维;3.脂肪组织;4.小动脉

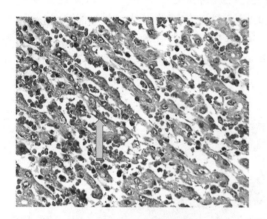

图 3-4 肝萎缩(褐色萎缩)

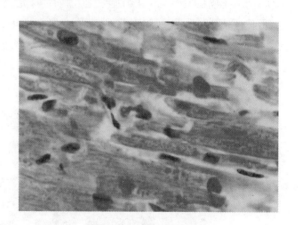

图 3-5 心肌萎缩(脂褐素)

扫码看彩图

扫码看彩图

## 四、结局和对机体的影响

萎缩一般是可复性过程,当病因消除后,萎缩的器官、组织、细胞均可恢复其形态和功能。但若病因持续作用而病变继续发展,萎缩的细胞最后可消失。萎缩对机体的影响随萎缩发生的部位、范围及严重程度不同而不同,严重的萎缩导致器官或组织的功能降低,如得不到及时改善,则可加速病情的恶化,甚至死亡。

局部性萎缩的影响取决于发生的部位和萎缩的程度。发生于生命重要器官(如脑)的局部性萎缩可引起严重后果,发生于一般器官的萎缩,通常可由健康部分的功能代偿而不产生明显的影响。

# 任务二 变 性

变性是指由于物质代谢障碍而使得细胞或间质内出现异常物质或正常物质增多的一种现象。变性是细胞和组织损伤的一种常见应答反应,可出现变性的细胞和组织的功能降低,通常情况下,只要病因消除,变性是可复的,但严重的变性可发展为坏死。

根据发生的特点不同,变性可分为两大类:细胞含水量异常(细胞肿胀、脂肪变性)和细胞间质内物质的异常沉积(黏液样变性、淀粉样变性等)。

*Note*

## 一、细胞肿胀

细胞肿胀是指细胞内水分增多,体积增大,胞质内出现微细颗粒或大小不等的水泡的现象。常见于肝细胞、肾小管上皮细胞和心肌细胞,也可见于皮肤和黏膜的被覆上皮细胞。

**1.原因与机制** 当机体处于急性感染、发热、缺氧、中毒、过敏等病理状态时,一方面可直接损伤细胞膜,引起钠泵发生障碍,使得 $Na^+$ 在细胞内蓄积;另一方面可破坏线粒体的氧化酶系统,使三羧酸循环和氧化磷酸化发生障碍,细胞嗜水性增强,摄入大量水分,从而引起线粒体吸水肿大,此时胞质中的蛋白质开始由溶胶态转化为凝胶态,表现为蛋白质颗粒沉着在胞质内和细胞器内,形成光镜下可见的红染颗粒物。

**2.病理变化** 根据病变特点的不同,细胞肿胀可分为颗粒变性和水泡变性。

(1)颗粒变性:颗粒变性是以细胞体积肿大,胞质内出现许多细微的蛋白质颗粒为特征的一种变性,苏木精-伊红(HE)染色呈淡红色,是最易发生的最轻微的细胞变性。由于变性器官肿胀浑浊,失去原有光泽,呈水煮样,故又称为浑浊肿胀或“浊胀”。常见于肝、肾、心等实质器官。

肉眼观:器官体积肿胀,边缘钝圆,色泽苍白,浑浊无光泽,呈灰黄色或土黄色,似沸水煮过,质地脆,切面隆起、外翻,结构模糊不清。

镜下观:细胞体积肿大,胞质模糊,胞质内出现大量微细的淡红色颗粒,胞核有时染色变淡,隐约不明。肝脏颗粒变性时,肝细胞肿胀,胞质内充满淡红色颗粒状物,胞核常被颗粒状物掩盖而不清楚,肝窦受压闭锁,肝细胞索排列紊乱。肾脏颗粒变性时肾小管上皮细胞肿大,凸入管腔,边缘不整齐,胞质浑浊,充满淡红色蛋白质颗粒状物,胞核模糊不清,肿胀肾小管管腔狭窄或完全阻塞。心肌发生颗粒变性时,心肌纤维肿胀变粗,横纹消失,肌原纤维模糊不清,肌原纤维之间出现微细的串状蛋白质颗粒(图 3-6)。

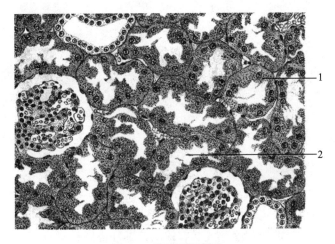

**图 3-6 肾脏颗粒变性**
1.肾小管上皮细胞肿胀,胞质充满蛋白质颗粒;2.肾小管腔变窄

(2)水泡变性:水泡变性是指细胞内水分增多,在胞质和胞核内形成大小不等的水泡,使整个细胞呈蜂窝状的变性。多见于皮肤和黏膜部位,如烧伤、冻伤、口蹄疫、痘疹、猪传染性水疱病以及中毒等急性病理过程。

肉眼观:轻微的水泡变性,肉眼不易辨认,多在显微镜下才被发现。只有当严重水泡变性时,变性细胞极度肿大、破裂,胞质内水滴积聚于角质层下时,才能被肉眼观察到。

镜下观:变性细胞肿大,胞质内含有大小不等的水泡,水泡之间由残留的胞质分隔,形成蜂窝状或网状,随后小水泡相互融合成大水泡,形似气球,又称为气球样变。

**3.结局和对机体的影响** 细胞肿胀是一种轻微的可复性损伤,细胞肿胀可引起器官、组织和细胞出现不同程度的功能降低的表现,如心肌发生颗粒变性时,心肌收缩力减弱,心功能减退。待病因消除后,细胞的结构和功能随之恢复;如病因持续存在,变性将继续发展,可引起坏死。

## 二、脂肪变性

脂肪变性是指实质细胞的胞质内出现大小不等的游离脂滴或脂滴增多的现象,简称脂变。脂肪是细胞的重要组成成分,通常情况下与蛋白质结合形成脂蛋白,在光镜下是看不到的。在病理状态下,发生脂肪代谢障碍时,细胞质内脂肪蓄积,染色后在光镜下便可显现。

**1.原因与机制** 脂肪变性常见于急性传染病、中毒(如磷、砷、四氯化碳、真菌等中毒)、缺氧、饥饿或某些必需的营养物质缺乏时。此外,脂肪变性还好发于代谢旺盛、耗氧量多的器官(如肝脏),但发生机制各不相同,归纳起来主要如下。

(1)脂蛋白合成发生障碍:动物机体合成脂蛋白所必需的磷脂或组成磷脂的物质(如胆碱等)缺乏,或因缺氧、中毒破坏内质网结构,或某些酶的活性受到抑制时,磷脂、蛋白质的合成发生障碍,导致肝脏不能及时将甘油三酯合成脂蛋白运输出去,大量脂肪在肝细胞内蓄积。

(2)中性脂肪合成过多:动物处于饥饿或某些疾病状态时,需要利用脂肪提供能量,于是机体动用脂库,大量分解脂肪提供能量,所释放出来的脂肪酸进入肝脏,在肝细胞内合成过多的甘油三酯,超过了肝细胞将其氧化利用和酯化合成脂蛋白输出的能力,导致脂肪在肝细胞内蓄积。如动物饲料中脂肪过多,同样也会引发肝脏脂肪变性。

(3)脂肪酸的氧化障碍:如中毒、缺氧等使线粒体功能受损,细胞内能量供给不足,影响肝细胞内脂肪酸的氧化过程,造成脂肪在细胞内蓄积。

(4)结构脂肪破坏:见于感染、中毒和缺氧时,细胞结构遭到破坏,细胞的结构脂蛋白崩解,脂肪析出形成脂滴。

**2.病理变化** 肉眼观:轻度脂肪变性时,病变不明显,仅见器官的色泽稍黄;严重时,器官体积肿大,边缘钝圆,表面光滑,质地松软易碎,切面微微隆起,呈黄褐色或土黄色,触之有油腻感,重量减轻。若肝脏发生脂肪变性的同时伴有淤血,则肝脏切面由暗红色的淤血部分和黄褐色的脂变部分相互交织成网格状结构,形似槟榔切面的花纹,故称之为"槟榔肝"(参见项目二"血液循环障碍"中任务一"充血")。若心脏发生脂肪变性,则在心外膜下和心室乳头肌及肉柱的静脉血管周围,可见灰黄色的条纹或斑点分布在正常色彩的心肌之间,外观呈黄红相间的虎皮状斑纹,故称为"虎斑心"(图3-7)。

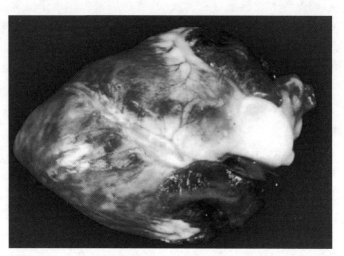

**图3-7 虎斑心**

扫码看彩图

镜下观:脂肪变性的细胞肿胀,胞质内出现大小不一的圆球状脂滴,严重时细胞质内出现大的脂肪空泡,细胞核被挤到一侧。当肝脏发生脂肪变性时,由于病因不一样,脂肪变性的部位也有差别,如有机磷中毒时,脂肪变性主要发生于肝小叶的边缘区,称为周边脂肪化;慢性肝淤血、缺氧时,脂肪变性发生于肝小叶的中央区,称为中心脂肪化;当发生严重的脂肪变性时,脂肪变性的肝细胞弥漫至整个肝小叶,肝小叶正常结构消失,似脂肪组织,称为脂肪肝(图3-8)。心肌脂肪变性时,脂肪空泡呈

*Note*

串珠状排列在肌原纤维之间(图3-9)。肾脏脂肪变性时,近曲小管上皮细胞的胞质内出现大小不一的脂肪空泡。

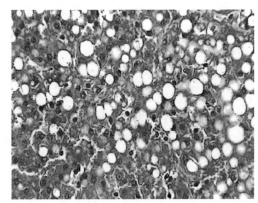

图3-8　肝脏脂肪变性　　　　　　　　　　图3-9　心肌脂肪变性

**3. 结局和对机体的影响**　脂肪变性是一种可复性病理过程,但损伤较颗粒变性重,发生脂肪变性的组织和器官功能减退。如肝脏脂肪变性可导致肝功能减弱;心肌脂肪变性则可导致心肌收缩力减弱,引起心力衰竭;肾脏脂肪变性可引起泌尿功能下降。消除病因后,细胞功能和形态可恢复正常。如果病因持续作用,则可能进一步加重病情,发展为坏死。

### 三、透明变性

透明变性又称玻璃样变,是指组织间或细胞内出现一种均质、半透明、无结构的蛋白质样物质,可被伊红或酸性复红染料染成鲜红色。透明变性包括多种性质的病变,它们只是在形态上出现相似的均质、玻璃样物质,但病因、发生机制、功能意义和玻璃样物的化学成分各不相同,是一个比较笼统的病理形态概念。

**1. 病因、类型与机制**

(1)血管壁透明变性:常发生于脾、心、肾等器官的小动脉管壁。血管透明变性的原因很多,如牛恶性卡他热、鸡新城疫、鸭瘟等有动脉炎存在的疾病,致病因素可作用于血管内皮使管壁增厚、弹性降低、管腔变窄或闭塞。镜检可见中膜结构破坏,平滑肌纤维变性,胶原纤维结构消失,出现均质、无结构、半透明的红染物。

(2)纤维结缔组织透明变性:常见于瘢痕组织、纤维化肾小球、动脉粥样硬化的纤维性斑块等。组织呈灰白色半透明,质地坚实,缺乏弹性;镜检可见纤维细胞明显减少,胶原纤维增粗并相互融合成带状或片状无结构、红色半透明物质。

(3)细胞内透明滴状变:常发于慢性肾小球肾炎时,肾小管上皮细胞肿胀,胞质内常出现一种大小不一的均质红染的圆球状颗粒,形似水滴。有两方面的原因:一是由肾小管细胞本身变性所致;二是由肾小管上皮细胞吸收原尿中的蛋白质所形成。

**2. 结局和对机体的影响**　轻度的透明变性可以恢复,但发生严重透明变性的组织易发生钙盐沉积,引起组织硬化。小动脉透明变性时,管壁变厚、变硬,管腔狭窄,甚至闭塞,即动脉硬化症,造成组织缺血、缺氧,甚至坏死。血管硬化如果发生在脑、心,可引起严重后果。结缔组织发生透明变性,可使组织变硬,弹性降低,功能发生障碍。肾小管上皮细胞透明滴状变一般无细胞功能障碍。玻璃滴状物可被溶酶体溶解。

### 四、淀粉样变性

淀粉样变性又称淀粉样变,是在某些组织内出现淀粉样蛋白质沉着物的一种病变。沉着物属糖蛋白,HE染色为无定形淡红色均质物,具有淀粉遇碘的显色反应(加碘溶液呈红褐色,再滴加1%硫酸溶液又转变成蓝色或紫色),故称淀粉样物质。

**1. 原因与机制**　淀粉样变多发生于长期伴有组织破坏的慢性消耗性疾病和慢性抗原刺激的病

理过程中,如慢性化脓性炎、结核病、鼻疽以及制造高免血清的动物等。淀粉样变的发生机制尚不清楚。

**2.病理变化** 淀粉样变常发生于脾脏、肝脏、肾脏和淋巴结等器官,肉眼观不易辨认,在光镜下才能被发现。

(1)脾脏:肉眼观,脾脏体积增大,质地稍硬,切面干燥。淀粉样物质沉着在淋巴滤泡部位时,呈半透明灰白色颗粒状,外观如煮熟的西米,俗称"西米脾"。如淀粉样物质弥漫地沉积在红髓部分,则呈不规则的灰白色,非沉着的部位仍保留脾髓的暗红色,红白交织成火腿样花纹,所以俗称"火腿脾"。镜下观,淀粉样物质呈均质淡红色团块状,沉着部位淋巴细胞减少或消失。

(2)肾脏:肉眼观,肾脏体积肿大,色变黄,表面光滑,被膜易剥离,质脆。镜下观,淀粉样物质主要沉着在肾小球毛细血管基底膜上,在肾小球内出现粉红色的团块状物质,严重时肾小球完全被淀粉样物质所取代。

(3)肝脏:肉眼观,肝脏肿大,呈灰黄色或棕黄色,质软易脆,切面结构模糊似脂肪变性的肝脏。镜下观,淀粉样物质主要沉着在肝细胞索和窦状隙之间的网状纤维上,呈粗细不等的条纹或毛刷状,HE染色呈红色。严重时,肝细胞受压萎缩消失,甚至整个肝小叶全部被淀粉样物质取代(图3-10)。

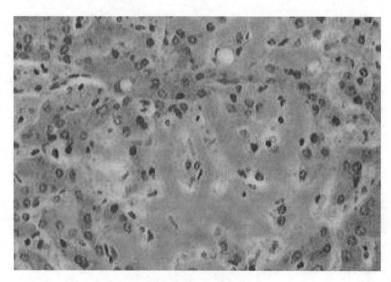

**图 3-10　肝脏淀粉样变**

**3.结局和对机体的影响** 病变初期,病因消除后,淀粉样物质可被吸收,但淀粉样变经常是一种进行性过程。淀粉样物质分子较大,机体难以通过吞噬作用或蛋白质分解作用将其清除,发生淀粉样变的组织、器官,往往会出现功能障碍。

### 五、黏液样变性

黏液样变性是指结缔组织内出现类黏液积聚的一种病理变化。类黏液是体内一种黏液物质,由结缔组织细胞产生,与黏膜分泌的黏液在外观上非常相似,只是化学成分稍有不同。正常情况下,类黏液见于关节囊、腱鞘的滑囊、胎儿脐带。

**1.原因与机制** 纤维组织黏液样变性常见于间叶性肿瘤、急性风湿病时的心血管壁及动脉粥样硬化的血管壁。大的乳腺混合瘤时,肿瘤的间质也呈黏液样变性。甲状腺功能低下时,全身皮肤的真皮及皮下组织的基质中有大量的类黏液及水分积聚,形成所谓的黏液水肿。发生原因可能是甲状腺功能低下时,甲状腺素分泌减少,以致透明质酸酶的活性降低,结果导致类黏液的主要成分之一透明质酸的降解减弱,进而大量潴留于组织内。

**2.病理变化** 肉眼观,病变部位失去原来的组织形象,变成透明、黏稠的黏液样结构。镜下观,病变组织疏松,原有结构消失,填充以淡蓝色的胶状液体,其中散在一些星形、多角形的黏液细胞,细胞间有突起相互连接,与间叶组织的黏液瘤很相似,所以,又称结缔组织的黏液样变性为黏液瘤样变性。

**3.结局和对机体的影响** 黏液样变性是可复性病理过程,当病因消除后黏液样变性可以逐渐消退,但如果长期存在,则可引起纤维组织增生,从而引起组织硬化。

### 六、纤维素样变性

纤维素样变性是指发生于间质胶原纤维及小血管壁,其固有结构被破坏,成为界限不清,颗粒状、条索状或团块状的无结构物质的一种病理变化。因 HE 染色呈红色,类似于纤维素(也称纤维蛋白)而得名。实质是组织坏死的一种表现,又称纤维素样坏死。

**1.原因与机制** 纤维素样变性主要见于急性风湿病、变态反应性疾病,某些病毒感染。牛的恶性卡他热等引起的结节性动脉周围炎即是典型的纤维素样变性。

**2.病理变化** 纤维素样变性主要发生于血管壁,胶原纤维的变性、膨胀是纤维素样变性的主体,常伴有血浆蛋白的渗出。在病变早期,结缔组织基质中呈阳性的黏多糖增多,以后纤维崩解为碎片,失去原来的组织结构而变为纤维素样物质,此外,病变部位还有免疫球蛋白沉着,有时可见纤维蛋白增多。这种变化可能是由抗原与抗体反应时形成的生物活性物质使间质受损、胶原纤维崩解所致。同时附近小血管也可受损,通透性增高,血浆蛋白渗出,并在组织凝血酶的作用下,血浆纤维蛋白原转化为纤维蛋白。

# 任务三 坏 死

在活体内,局部组织和细胞的病理性死亡,称为坏死。发生坏死的组织、细胞内的物质代谢停止,功能完全丧失。坏死和机体死亡的概念不同。坏死是一种不可逆的病理变化,除少数是由强烈致病因素(如强酸、强碱)作用而造成组织的立即死亡外,大多数坏死是由萎缩、变性逐渐发展而来的,是一个由量变到质变的发展过程,故称为渐进性坏死。这就决定了变性与坏死的不可分割性,在病理组织检查中,往往发现两者同时存在。

### 一、原因和机制

引起细胞、组织坏死的原因很多,在疾病过程中,致病因素只要损伤作用达到一定强度或持续一定的时间,就能使细胞、组织代谢完全停止而引起坏死。常见的原因有生物性因素、物理性因素、化学性因素等。

**1.生物性因素** 各种病原微生物、寄生虫及其毒素能直接破坏细胞内酶系统、代谢过程和细胞膜结构,或通过变态反应等引起组织、细胞坏死。

**2.物理性因素** 高温、低湿、射线等物理性因素,以及挫伤、创伤、压迫等机械性因素,均可直接损伤细胞引起坏死。其中:机械性因素可使组织断裂和细胞破裂;高温可使细胞内蛋白质(包括酶)变性、凝固;低温能破坏胞质内胶体结构和酶的活性,造成细胞死亡;射线能破坏细胞的 DNA 或与DNA 有关的酶系统,从而导致细胞死亡。

**3.化学性因素** 强酸、强碱、某些重金属盐类、有毒化合物、有毒植物等均能引起细胞坏死。其中:强酸、强碱、重金属盐等可使细胞蛋白质及酶的性质发生改变;氰化物可以灭活细胞色素氧化酶,使细胞有氧氧化发生障碍;四氯化碳能破坏肝脏脂蛋白结构,使细胞坏死。

**4.变态反应因素** 能引起变态反应的各种抗原(包括外源性和内源性抗原)也可导致细胞、组织坏死。例如,弥漫性肾小球肾炎是由外源性抗原引起的变态反应,此时抗原与抗体结合形成免疫复合物并沉积于肾小球,通过激活补体、吸引中性粒细胞、释放溶酶体酶,可导致基底膜破坏、细胞坏死和炎症反应。

**5.血管源性因素** 动脉受压、长时间的痉挛、血栓形成和栓塞等可导致局部缺血,细胞缺氧,使细胞的有氧呼吸、氧化磷酸化及 ATP 酶生成障碍,导致细胞代谢发生障碍,引起细胞坏死。

**6.神经损伤因素** 当中枢神经和周围神经系统损伤时,相应部位的细胞、组织因缺乏神经的兴奋性冲动而萎缩、变性及坏死。

## 二、病理变化

**1.肉眼观** 组织坏死的初期外观往往与原组织相似,不仅肉眼不易辨认,即使用光镜和电镜也难确定。时间稍长可发现坏死组织失去正常光泽或变为苍白色、浑浊,失去正常组织的弹性,局部温度降低,捏起组织回缩不良,切割无血液流出,感觉及运动功能消失。在坏死发生后2~3天,坏死组织周围出现一条明显的分界性炎症反应带。

**2.镜下观** 细胞坏死的组织学特征变化表现如下。

(1)细胞核的变化:细胞核的变化是判断细胞坏死的主要形态学标志。镜检可见核浓缩(染色质浓缩,染色加深,核体积缩小)、核碎裂(核染色质碎片随核膜破裂而分散在胞质中)、核溶解(核染色变淡,进而仅见核的轮廓或残存的核影,最后完全消失)(图3-11)。

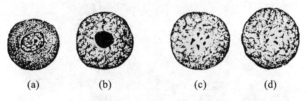

(a) (b) (c) (d)

**图3-11 细胞核坏死模式**
(a)正常细胞;(b)核浓缩;(c)核碎裂;(d)核溶解

(2)细胞质的变化:胞质内的微细结构破坏,胞质呈颗粒状。由于胞质内嗜碱性染色的核蛋白体解体,胞质染色更红(即嗜酸性)。胞质溶解液化,水分逐渐丧失而固缩为圆形小体,呈强嗜酸性深红色,形成所谓嗜酸性小体,此时胞核也浓缩而后消失。

(3)细胞间质的变化:间质结缔组织基质解聚,胶原纤维肿胀、崩解或断裂,相互融合,失去原有的纤维性结构,被伊红染成深红色,形成一片颗粒状或均质无结构的纤维素样物质,即纤维素样坏死或纤维素样变性。最后,坏死细胞与崩解的间质融合成一片无结构的颗粒状红染物质,这种现象最常见于凝固性坏死组织。

## 三、类型和特点

坏死的原因、条件以及坏死本身的性质、结构和坏死过程中的经历不同,坏死组织的形态变化也不相同。坏死可分为以下几种类型。

**1.凝固性坏死** 组织坏死后,以发生组织凝固为特征。在蛋白凝固酶的作用下,坏死组织变为灰白色或灰黄色、干燥而无光泽的凝固物质,坏死区周围有暗红色的充血和出血带,与健康组织分界。典型的凝固性坏死有肾、心、脾等器官的贫血性梗死。

(1)贫血性梗死:参见项目二"血液循环障碍"中的任务六"梗死"。

(2)干酪样坏死:动物结核病时器官发生的干酪样坏死是一种特殊类型的凝固性坏死。肉眼观,坏死灶为呈灰白色或黄白色的无结构物质,质较松软易碎,似干酪或豆腐渣,故名干酪样坏死。镜下观,坏死组织的细胞结构消失,但组织结构的轮廓能保留,如肾贫血性梗死时,肾小球和肾小管的形态仍然隐约可见,但实质细胞的结构已破坏消失。坏死细胞的核完全溶解消失,或有部分碎片残留,胞质崩解融合成为一片淡红色均匀无结构的颗粒状物质(图3-12)。

(3)蜡样坏死:肌肉组织发生的蜡样坏死也是一种凝固性坏死。肉眼观,坏死的肌肉组织浑浊、无光泽、干燥而坚实,呈灰黄色或灰白色,如同石蜡,见于白肌病。镜下观,肌纤维肿胀、断裂、横纹消失,最后胞质变为均匀红染无结构的玻璃样物质(图3-13)。

(4)脂肪坏死:脂肪组织的一种分解变质性变化,常见的有胰性脂肪坏死和营养性脂肪坏死。

①胰性脂肪坏死:又称为酶解性脂肪坏死,是指由于胰酶外溢并被激活而引起的脂肪组织坏死,常见于胰腺炎或胰腺导管损伤。肉眼观,脂肪坏死部位为不透明的白色斑块或结节;镜下观,脂肪细胞只留下模糊的轮廓,内含粉红色颗粒状物质,并见脂肪酸与钙结合形成深蓝色的小球(HE染色)。

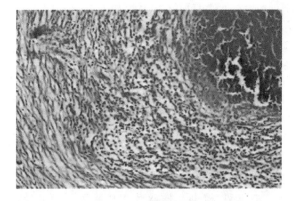

图 3-12　干酪样坏死

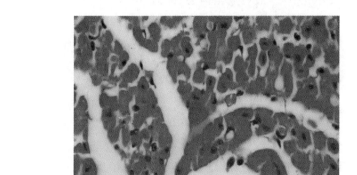

图 3-13　蜡样坏死

②营养性脂肪坏死：多见于慢性消耗性疾病而呈恶病质状态的动物，全身各处脂肪，尤其是肠系膜、网膜和肾周围脂肪等腹部脂肪发生坏死。肉眼观，脂肪坏死部位初期为散在的白色细小病灶，以后逐渐增大为白色坚硬的结节或斑块，并可相互融合。有些时间较久的坏死灶周围有结缔组织包囊。

**2. 液化性坏死**　液化性坏死是指坏死组织在蛋白水解酶的作用下，崩解液化。主要发生于含磷脂和水分多而蛋白质较少的组织。例如，脑组织的坏死常为液化性坏死，因为脑组织蛋白质含量低，不易凝固，而磷脂及水分含量高，容易分解液化，故常把脑组织的坏死称为脑软化。光镜下神经组织液化形成镂空筛网状软化灶，或进一步分解为液体（图 3-14）。常见于镰刀菌毒素中毒、鸡维生素 E 和硒的缺乏。

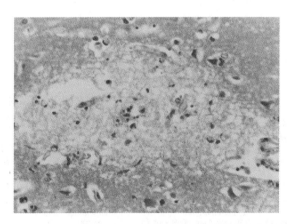

图 3-14　脑液化性坏死

**3. 坏疽**　坏疽是组织坏死后受到外界环境影响和不同程度的腐败菌感染而出现的特殊病理变化。由于腐败菌分解坏死组织产生的硫化氢与血红蛋白分解所产生的铁结合，形成黑色硫化铁，坏疽部位外观呈灰褐色或黑色。坏疽常发生于容易受腐败菌感染的部位,如四肢、尾根、肺、肠、子宫等。坏疽可以分为以下三种类型。

(1)干性坏疽:多发生于体表,尤其是四肢末端、耳壳和尾尖。坏疽部位干涸皱缩,变硬,呈黑褐色。坏死区与健康组织之间由明显的炎症反应带分隔,边界清楚。动物中常见的干性坏疽有慢性猪丹毒的皮肤坏疽和牛冻伤所致的耳壳和尾尖皮肤坏疽,以及动物长期躺卧发生的压疮。

(2)湿性坏疽:坏死组织继发腐败菌感染,引起腐败分解,发生液化所致,多发生于肠、肺、子宫等。肉眼观,坏疽区柔软,含大量水分,呈污灰色、暗绿色或黑色的糊粥状,有恶臭,与健康组织之间的分界不明显。坏死组织腐败分解后产生大量毒性产物或毒素,被机体吸收时可引起全身中毒。

(3)气性坏疽:湿性坏疽的一种特殊形式,主要见于深部创伤感染了厌氧产气菌(恶性水肿梭菌、产气荚膜杆菌等)。组织分解的同时产生大量气体,坏死区呈蜂窝状,污棕黑色,按压有捻发音,切开流出大量混有气泡的浑浊液体(图 3-15)。气性坏疽发展迅速,毒性产物被吸收可引起全身中毒,导致动物死亡。

**图 3-15　气性坏疽(肌肉切面似海绵)**

扫码看彩图

### 四、结局和对机体的影响

**1.结局**

(1)吸收再生:小范围的坏死灶,被来自坏死组织本身或中性粒细胞释放的蛋白水解酶分解、液化,随后由淋巴管、血管吸收,不能吸收的碎片由巨噬细胞吞噬和消化。缺损的组织由邻近健康组织再生而修复。

(2)分离脱落:在体表或与外界相通的器官,由于坏死组织与健康组织之间出现炎症反应,坏死组织与周围健康组织分离脱落。皮肤或黏膜的坏死组织脱落后,局部留下缺损,浅的缺损称为糜烂,深的称为溃疡。肺的坏死组织脱落排出后留下的较大空腔,称为空洞。最后,均可由周围健康组织的再生而修复。

(3)机化、包囊形成和钙化:见于坏死范围较大的组织,坏死组织不能完全吸收再生和分离脱落,可被肉芽组织取代或将其包裹起来,形成包囊,其中的坏死组织可以进一步发生钙盐沉着,即发生钙化。

**2.对机体的影响**　坏死对机体的影响主要取决于坏死范围的大小和发生部位。若坏死发生在脑、心等生命重要器官,可导致严重后果,甚至危及生命。一般组织或器官,小范围的坏死对机体影响并不大;若坏死范围较大,可引起器官或组织的功能障碍;坏死组织中分解的有毒产物可引起自体中毒,对机体影响较大。

# 任务四　病理性物质沉着

病理性物质沉着是指某些病理性物质沉积在器官、组织或细胞内的变化。病理性物质沉着的发生机制较为复杂,有些目前还不十分清楚。机体细胞具有摄食、消化和储存等功能。这些功能的正常发挥,需要溶酶体的参与,溶酶体内含多种水解酶,能够溶解、消化多种大分子物质,如蛋白质、核酸与糖类,但细胞的摄食和消化作用是有一定限度的,如果上述物质过多,不能被溶酶体酶所消化,便会在细胞内沉积。因此,病理性物质沉着往往发生在细胞溶酶体超负荷的情况下,外源性物质如色素、无机粉尘和某些重金属等也可积聚在细胞质中。

## 一、病理性钙化

钙是动物机体必需的重要矿物质之一,体内的钙主要有两种形式,一部分是游离的钙离子,另一部分是与蛋白质结合的结合钙。钙盐沉积在骨、牙以外的非骨组织内的现象,称为病理性钙化,包括营养不良性钙化和转移性钙化。

**1.病理性钙化的类型、发生原因和机制**

(1)营养不良性钙化:营养不良性钙化是指钙盐沉积在变性、坏死组织或病理性产物等部位,在结核灶中的干酪样坏死、脂肪坏死、各种梗死、血栓、脓肿中干涸的脓汁、动脉血管壁变性坏死的平滑肌、死亡的寄生虫、寄生虫卵和体内其他异物中均可发生。它无全身性钙、磷代谢障碍,血液中钙磷比正常,血钙浓度不升高,仅仅是钙盐在局部组织中的析出和沉积。

(2)转移性钙化:转移性钙化是指在全身性钙、磷代谢障碍时,血钙或血磷浓度升高、局部组织酸碱度发生改变,钙盐沉积于多处未受损的组织内。它是全身性钙、磷代谢障碍,机体骨组织出现病理过程的一种表现形式。多见于肺脏、肾脏、胃黏膜和动脉血管壁等组织、器官内。

**2.病理性钙化的病理变化** 钙化的表现程度与钙盐沉积量的多少直接相关,因此,它是一种慢性病理过程。钙化早期,由于钙盐沉积少,一般无肉眼观病理变化,只能借助显微镜辨别。随着钙化时间的延长和钙盐沉积的增多,沉积范围增大,肉眼观钙化组织呈白色、灰白色石头样坚硬的颗粒或团块样结构,用刀切割时发出磨刀声。干涸样钙化沉积严重的组织,非常坚硬,很难切开。切片组织经 HE 染色,钙盐呈蓝色颗粒状,严重时呈蓝色不规则的大颗粒或团块状。

**3.结局和对机体的影响** 病理性钙化的结局和对机体的影响,取决于病理性钙化的性质、部位和范围。一般情况下,少量的钙化可被机体溶解吸收而消失。较大钙化灶或钙化物较多时,溶解吸收困难,则增生形成包囊。

营养不良性钙化是机体的一种防御适应性反应,通过钙化,可以修补损伤组织,防止病变坏死灶继续对机体的损害和致病菌的繁殖。转移性钙化的组织、器官出现明显的功能减退或功能丧失。如动脉血管壁钙化,使血管壁的弹性降低,血管内壁粗糙或缺损,易形成血栓,导致血压升高,严重时引起死亡或瘫痪。

## 二、尿酸盐沉着

痛风又称尿酸盐沉着,是指血液中尿酸盐浓度过高,在体内一些组织、器官内尿酸盐沉积所引起的疾病。痛风可发生于多种动物体内,但以鸡最多见。尿酸盐结晶常沉积于肾脏、输尿管、关节间隙、软骨及内脏器官的浆膜上。

**1.原因和机制** 尿酸来自动物体内的嘌呤类物质代谢过程,尿酸的排泄主要经过肾脏。正常情况下,体内大部分尿酸以尿酸盐的形式存在,它的生成和排泄相对平衡,在血液中的含量始终保持一定水平。当体内组织、细胞核酸分解,释放过多或摄入含嘌呤食物过多时,都会导致尿酸生成过多,或因肾脏病变而影响肾血流量或抑制肾小管尿酸分泌等因素而使尿酸排出受阻,均可导致高尿酸血症,引起痛风。

(1)高蛋白饲料:给动物饲喂大量高蛋白饲料,特别是鱼粉、肉粉、动物内脏等动物性饲料和豆类,是引发痛风的主要原因之一。它们在体内分解代谢产生大量的戊糖、嘌呤和嘧啶类化合物,嘌呤类化合物在体内代谢后形成尿酸,使体内尿酸含量升高而形成高尿酸血症。禽类不但能将黄嘌呤合成为尿酸,还可将蛋白质代谢过程中产生的氨合成尿酸,因此,鸡痛风的发生率较其他动物高。

(2)感染性疾病和恶性肿瘤:肾型传染性支气管炎、鸡白痢、大肠杆菌病、减蛋综合征等传染性疾病导致肾脏损伤或肾功能不全,使尿酸的排出困难,引发痛风。一些恶性肿瘤可导致尿酸的生成增多而引起高尿酸血症。

(3)中毒性因素：滥用噻嗪类、乙胺丁醇、碳酸氢钠、磺胺类药物，可造成肾脏损伤，核蛋白生成增多、尿酸的排出减少而蓄积于体内，引发痛风。

(4)维生素 A 缺乏：饲料中维生素 A、维生素 D 缺乏，尤其是维生素 A 缺乏，可引起食管、肾小管、输尿管等黏膜上皮细胞角化甚至脱落，使尿酸盐易沉积而排出困难。特别是鸡缺乏维生素 A 时，输尿管和肾小管尿酸盐沉积尤为严重。

(5)遗传因素：禽类(主要指鸡)的原发性痛风与遗传有关。

**2.病理变化** 根据体内尿酸盐沉积的部位，痛风分为内脏型和关节型，有时两者也可同时发生。

(1)内脏型：尿酸盐主要沉积在肾脏，其次是心脏、胸腔、腹腔的浆膜面和肝、脾、肠系膜，以鸡最为多见。肉眼观，肾脏肿大，色淡，切面可见白色尿酸盐小点和小条。输尿管扩张，管内含有大量灰白色沉积物，表面有白色或白褐色花纹。胸腔、腹腔和心脏表面有白色粉末状物。严重时，心、肝、肾和肠系膜表面完全被白色粉末状物覆盖，可见尿酸盐沉积呈干硬结石状。镜下观，可见呈针尖状或菱形结晶的尿酸盐，被尿酸盐沉积的组织、器官局部出现变性、坏死，巨噬细胞和其他炎症细胞浸润，慢性痛风还可见增生的纤维结缔组织。经 HE 染色，可见致密、均匀、粉红色、大小不等呈结节状结构的痛风结石。

(2)关节型：尿酸盐沉积在关节及其周围组织中，足趾和腿关节肿大，关节软骨、关节周围结缔组织、滑膜、腱鞘、韧带及骨骺均有灰白色的尿酸盐沉积，尤其以趾关节多见而严重，常形成致密而坚硬的痛风结石，使关节变形而行走异常。镜检与内脏型相同，尿酸盐沉积部位组织、细胞变性坏死，炎性浸润，严重时结缔组织增生，尿酸盐晶体形成痛风结石。

**3.结局和对机体的影响** 痛风的结局和对机体的影响与痛风的性质、原因、程度和发生的部位有关。一般情况下，轻度外源性痛风可随原发病好转或饲料变更而好转，重度痛风可造成组织、细胞变性、坏死，器官功能障碍，甚至因继发肾功能衰竭而导致死亡。

## 三、病理性色素沉着

病理性色素沉着是指组织中的色素增多或原无色素的组织有色素异常沉着的病理现象。根据色素的来源，病理性色素沉着可分为内源性色素沉着和外源性色素沉着两种。

**1.内源性色素沉着** 内源性色素是指机体自身产生的色素。其种类较多，包括亚铁血红素、胆红素、含铁血黄素、卟啉、黑色素、脂褐素等。

(1)黑色素沉着：黑色素沉着是指正常不含黑色素的组织出现黑色素或正常存在黑色素的组织、器官中黑色素含量增高的现象。常见的黑色素沉着有黑变病和黑色素瘤。

黑变病是指在动物胚胎发育过程中，平时不存在黑色素的组织、器官中异常沉积黑色素的现象。如胸膜、脑膜、肾或心脏等在胚胎时期出现局灶性黑色素沉着，多见于幼畜，通常随动物年龄增长而自行消失，但如不消失或消失不完全则发生黑变病。肉眼观，黑变病组织、器官呈黑色或褐色。镜下观，黑色素颗粒为单个球状的棕色小体，大小相等。

黑色素瘤是由黑色素细胞所形成的良性肿瘤。多见于马和骡，也见于猪。多种组织可发生，多见于黑色素细胞较多的皮肤、黏膜等组织。肉眼观，黑色素瘤呈黑色，圆形或椭圆形，切面呈烟灰色或黑色。镜下观，肿瘤细胞呈圆形、椭圆形或不规则。肿瘤组织主要由黑色素瘤细胞团块构成，肿瘤细胞内含有大量分布不均的黑色素颗粒或黄褐色颗粒。肿瘤细胞核与黑色素颗粒混杂，不易区别。

(2)含铁血黄素沉着：含铁血黄素是一种血红蛋白源性色素，是网状内皮系统的巨噬细胞吞噬红细胞后，由血红蛋白衍生而来的，为金黄色或黄棕色、大小不等、形状不一的颗粒，因含有铁，而被称为含铁血黄素。正常时肝、脾和骨组织内有少量存在，但若出现量过大则为病理过程。

全身性含铁血黄素沉着称为含铁血黄素病，主要是由循环血液中红细胞被大量破坏的溶血性疾病所致。局灶性含铁血黄素沉着主要见于局部性出血,是巨噬细胞吞噬局部组织中的红细胞所致。如慢性心力衰竭或纤维素性肺炎时,肺泡中的红细胞被肺尘埃细胞吞噬后,在尘埃细胞内形成黄色或金黄色颗粒的心衰细胞,呼吸道分泌物呈淡棕色或铁锈色。肉眼观,沉着器官或组织均呈不同程度的黄棕色或金黄色;镜下观,病变组织或器官内有黄色或棕色色素颗粒沉着,用亚铁氰化钾法(普鲁士蓝反应),可见吞噬含铁血黄素的巨噬细胞胞质内有蓝色颗粒,细胞核呈红色。

(3)卟啉症:卟啉又称为无铁血红素,是血红素中不含铁的部分,属动物体内的一种正常色素。但当该色素在全身组织中沉着时,则称为卟啉症。

卟啉症多为先天性,以猪、牛较为多见。其病理特征是尿液、粪便和血液中含有卟啉,呈红棕色;患病动物因含过多卟啉的红细胞破裂而发生溶血性贫血,在日光暴露下,很容易出现光敏性皮炎、红肿甚至形成水疱、坏死、结痂和大片脱落,其中以牛和鸭较为明显,猪不敏感。肉眼观,病变骨骼、牙齿因大量卟啉沉着而呈棕色或棕褐色,软骨呈浅蓝色,骨膜、韧带及腱均不着色,骨的结构无变化,因此,有"红牙病"之称。肝、脾、肾呈棕色或棕褐色,淋巴结肿大,切面中央呈棕褐色。光镜检查发现许多组织、器官,如骨髓、肝、肾、脾等的网状内皮细胞的胞质中含有棕褐色颗粒状的卟啉,大小不等,形状不一。肝细胞、肾小管上皮细胞以及肾小管管腔内也有卟啉颗粒或团块。肾实质萎缩,间质增生,淋巴细胞和单核细胞浸润。

(4)脂褐素沉着:脂褐素是位于实质细胞胞质内呈棕褐色颗粒状的一种不溶性脂类色素,是不饱和脂类由于过氧化作用而衍生形成的复杂色素。慢性消耗病和老龄动物的肝、肾、心肌细胞的胞质中也有较多脂褐素出现,故其有"消耗性色素"或"萎缩性色素"之称。

发生脂褐素沉着的器官常常发生萎缩和衰退,呈深棕色。镜检见胞质内有棕褐色颗粒。发生这类色素沉着,一般认为是一种衰老的表现。

(5)胆红素沉着:见项目九"黄疸"。

**2. 外源性色素沉着**  外源性色素沉着是指矿物质、有机粉尘化合物经呼吸道进入体内,在呼吸器官及其局部淋巴结沉积的现象。这类物质包括炭末、硅末、铁末、铅末以及其他有色物质,往往与职业高度相关,如硅肺病、炭末沉着病、铁末沉着病、石末沉着病及石棉沉着病均是这些物质被机体长期吸入在肺脏沉积而引起的肺功能障碍,甚至诱发肿瘤。

炭末沉着是家畜常见的一种外源性色素沉着病,多见于长期生活在被粉尘污染的工矿区和城市的牛和犬,在组织、器官中肺和有关淋巴结多发。空气中微小(直径小于 5 $\mu$m)的炭末或尘埃通过上呼吸道的防御屏障进入肺泡内,被肺尘埃细胞吞噬并沉积于细支气管周围和肺泡隔等肺间质中,部分被转运至肺门淋巴结。沉着轻微时,肺呈黑褐色斑驳状条纹,严重时,肉眼观肺的大片区域或全部呈黑色。光镜下可见细支气管周围和肺泡隔中大量积聚黑色颗粒,这些颗粒位于巨噬细胞内或游离于肺间质内。淋巴结炭末沉着常发生于髓质和皮质淋巴窦的巨噬细胞内,严重时可引起纤维化;肺淋巴结炭末沉着严重时可引起组织纤维化。

### 四、结石

动物体液中的有机成分或无机盐类在囊腔状器官、排泄管内形成固体物质的过程,称为结石形成,所形成的固体物质称为结石。动物结石常发于消化道、胆囊、胆管、肾盂、膀胱等。

**1. 原因和机制**

(1)胶体状态的改变:结石形成是溶解状态的盐类逐渐析出沉淀的结果。在正常生理状况下,分泌排泄物中的盐类成分受到胶体物质保护,即使呈过饱和状态,也不会析出沉淀。但这种保护作用是非常局限的,容易被破坏,一旦这种平衡被破坏,便会发生盐类结晶析出。发生盐类结晶析出的根本原因是溶液中盐类浓度增高或胶体浓度降低。感染、异物刺激引起囊腔或排泄管壁炎症时,局部胶体浓度降低,对盐类的保护作用减弱,同时炎性渗出物可形成结石的核,促使结石形成。

(2)有机核的形成:炎性渗出物、变性坏死脱落细胞、细菌团块或异物,因胶体状态紊乱使溶胶变成凝胶,形成胶体性凝胶,这些都易成为结石的核。它们的表面可吸附矿物盐类和凝胶状态的胶体,结石本身又是一种异物,刺激管腔或囊腔壁发生炎症,炎性渗出物又在结石的表面形成一层有机质,再吸附矿物盐类沉积,如此循环,结石逐渐增大,形成同心轮层状。

(3)排泄通道阻塞:排泄管阻塞,内容物滞留,水分被吸收,分泌物浓缩,盐类浓度升高,胶体的保护作用降低或被破坏,促进盐类结晶析出。当动物运动不足或粗饲料缺乏时,胃肠蠕动减弱,肠内容物在肠道内滞留、浓缩、盐类浓度升高而易于析出。肿瘤、寄生虫压迫或炎性增生等使胆管变窄或阻塞,胆汁排出困难而滞留、浓缩,也是胆结石形成的重要因素。

(4)矿物质代谢障碍:在一些致病因素的作用下,体内钙、磷代谢紊乱,导致钙盐浓度升高而析出结晶形成结石。常见于甲状旁腺功能亢进、饲料中磷含量过高、维生素 D 中毒等。

(5)药物作用:pH 值的变化对肾结石形成具有重要影响。药物(如磺胺类药物)使用不当时,尿液 pH 值升高或降低而使钙、磷或药物在肾脏析出结晶,形成结石阻塞肾小管,引起炎症。尿液 pH 值降低,可促使尿酸结石、胱氨酸结石和磺胺类药物结石形成。尿液 pH 值升高,可促使磷酸钙结石(pH>6.6)和磷酸铵镁结石(pH>7.2)形成。

**2. 病理变化**

(1)肠结石:又称为肠石,主要发生于马的大肠,为一种有核的轮层状结构的坚硬物,主要成分为磷酸铵镁。肉眼观,结石呈深灰色,圆形、卵圆形、多面形或不规则,表面光滑。因病例不同而重量、大小和数量差异较大,质地坚硬,切面为轮层状结构,中心为石片、木棒等异物和浸透钙盐的胶体结构物,包围其的是数层(有的多达几百层)轮层状矿物盐,多见于大肠内。

另外,在胃肠内还可形成毛结石和植物粪石两种假结石。毛结石主要见于反刍动物前胃,也见于猪的结肠以及单蹄动物的大肠。当饲料缺乏矿物质或矿物质不平衡时,羔羊可出现异食现象,舔食母羊被毛而在前胃形成毛结石。植物粪石见于马的结肠,这种结石主要由植物纤维和少量矿物质构成。毛结石和植物粪石外观多呈黑色或灰黄色,似干牛粪,质地松软、质轻。

(2)尿石:在肾盂、膀胱和尿道中形成的结石,多见于反刍动物和马,杂食动物和肉食动物中极少见。尿石生成的数量和大小差异较大,小的常为球状,大的则与所在囊腔器官一致,呈多种形状。维生素 A 缺乏、尿路感染、饮水中矿物质含量过高,均可促进尿石生成。

(3)胆石:在胆囊和胆管中形成的结石。多因胆囊和胆管炎而发生,见于牛和猪,绵羊、犬和猫等很少见。牛的胆石又称为牛黄,属名贵中药。肉眼观,胆囊内的胆石呈梨形、球形或卵圆形,胆管内的则可呈柱状,其长度从几毫米到几厘米,数量从几个到几千个不等,形状不一。

(4)唾石:唾石是腮腺、舌下腺和颌下腺的排泄管中的结石,多见于马、驴、牛,其次为绵羊,其他动物少见。唾石色白,表面光滑,常单个存在,质地坚硬。肉眼观呈圆柱状,切面为轮层状结构,常有异物作为结石的核,多位于排泄管出口处。重量大小不等,从零点几克到两千克以上,主要成分为碳酸钙。

(5)胰腺结石:胰腺结石较少见,常发生于牛。色泽纯白或黄白,呈球形、立方形或柱状,质地坚硬,断面呈轮层状;大小不等,数量不定。

**3. 结石对机体的影响** 结石对机体的影响因结石的性质、大小、数量、形状和结石形成的原因和部位不同而异。一般体积小、数量少、表面光滑、邻近排泄口的结石易排出,对机体影响较小。如较小的输尿管结石,可通过药物、大量饮水将其排出。体积过大的结石,压迫周围组织或其他囊腔器官,引起变性坏死、炎症、功能障碍。如肠结石可压迫肠壁,引起肠壁坏死、溃疡甚至肠穿孔,也可使肠腔狭窄,引起肠梗阻。肾盂结石可引起肾盂肾炎、肾萎缩甚至尿毒症。胆结石可使胆管阻塞,胆汁排泄障碍,引起消化不良、黄疸、肝功能障碍等。细菌团块或恶性肿瘤引起的结石一般危害较大,易造成继发性感染、全身衰弱性综合征。

(陈张华)

知识链接与拓展

## 细胞凋亡(程序性细胞死亡)

### 一、细胞凋亡的概念

细胞凋亡也称程序性细胞死亡,在生物体发育过程中普遍存在,是一个由基因决定的细胞主动有序死亡的方式。具体地讲,细胞凋亡是指细胞遇到内、外环境因素刺激时,受基因调控启动的自杀性保护措施。通过这种方式去除体内非必需细胞或即将发生特化的细胞。

当细胞发生程序性死亡时,就像树叶或花的自然凋落一样,凋亡的细胞散在于正常组织细胞中,无炎症反应,不遗留瘢痕。死亡的细胞碎片很快被巨噬细胞或邻近细胞清除,不影响其他细胞的正常功能。

### 二、细胞凋亡的形态学及生物化学特征

#### (一)细胞凋亡与细胞坏死的区别

细胞凋亡与细胞坏死是两种截然不同的细胞死亡过程。凋亡细胞是细胞自我破坏的主动过程。细胞凋亡过程中,细胞膜反折,包裹断裂的染色质片段或细胞器,然后逐渐分离,形成膜性结构包裹的凋亡小体,最后被邻近的细胞识别、吞噬;细胞凋亡过程中线粒体没有水肿和破裂等病理变化,同时不伴有细胞膜和溶酶体的破裂及内容物外泄,因此没有炎症反应。细胞坏死时细胞膜发生渗漏,细胞内容物释放到细胞外环境中,引起炎症反应。

#### (二)细胞凋亡的形态学特征

形态学上可将细胞凋亡分为三个阶段:①凋亡开始;②凋亡小体形成;③凋亡小体被附近的细胞吞噬、消化。研究表明,从细胞凋亡开始到凋亡小体出现仅需几分钟,而整个细胞凋亡过程可持续 4~9 h。

#### (三)细胞凋亡的生物化学特征

人们已经认识到细胞凋亡的最重要特征是DNA发生核小体间断裂,产生不同数量的核小体片段,在进行琼脂糖凝胶电泳时,形成特征性的梯状条带。其大小为 180~200 bp 的整数倍。故检测梯状条带是鉴定细胞凋亡的可靠方法。

### 三、诱导细胞凋亡的因素

诱导细胞凋亡的因素可分为两大类。

1. 化学性及生物性因素　活性氧基团和分子(超氧自由基、羟自由基、过氧化氢)、钙离子载体、维生素K、视黄酸、DNA和蛋白质的抑制剂、正常生理因子(如糖皮质激素、细胞生长因子、干扰素、白介素)、肿瘤坏死因子以及某些病毒(如流感病毒、艾滋病病毒等)、细菌毒素等均可诱导细胞凋亡。

2. 物理性因素　各种射线(如紫外线、X射线、γ射线等)、温度刺激(如热刺激、冷刺激)等。

### 四、细胞凋亡的发生机制

细胞凋亡是细胞生长发育过程中一个非常复杂的生理或病理调节过程。研究表明,在细胞凋亡过程中有多种基因的表达及表达产物的参与。这些基因包括细胞生存基因和细胞死亡基因两大类。生存基因又分为促进细胞增殖基因(如 c-myc、γ-ras、V-src 等)和促进细胞存活基因(如 bcl-2、ras 等),死亡基因也分为细胞增殖抑制基因(如野生型 P53)和促进细胞死亡基因(如 bax、fas 等)。这些诱导凋亡的因素与参与凋亡的基因及其表达产物共同构成了细胞凋亡的信号转导系统,导致细胞凋亡的发生。

### 五、细胞凋亡的生物学意义

细胞凋亡在生物发育和维持正常生理活动过程中非常重要。在发育过程中,细胞不但要恰当地诞生,而且要恰当地死亡。例如,人在胚胎阶段是有尾巴的,正因为组成尾巴的细胞

恰当地死亡,人类在出生后才没有尾巴。从胚胎、新生个体到幼年时期,在这一系列个体发育成熟之前的阶段,总体来说细胞诞生得多、死亡得少,所以身体才能发育。发育成熟后,体内细胞的诞生和死亡处于一个动态平衡阶段,使体内器官维持合适的细胞数量。

如果调节细胞"自杀"的基因出现问题,应该死亡的细胞没有死亡,反而继续分裂繁殖,便会导致细胞不受控制地增长,引起癌症、自身免疫性疾病等;如果基因错向不该死亡的细胞发出"自杀令",不让其分裂繁殖,使不该死亡的细胞大批死亡,便破坏了组织或免疫系统。细胞凋亡与疾病关系的研究已取得很大的进展,有关细胞凋亡的研究成果,将为动物某些重大疾病的治疗和控制提供有力的帮助。

→ **执考真题**

扫码看答案

1.(2021年)动物发生全身性萎缩时,最先萎缩的组织或器官是(　　)。

A.心脏　　　　B.肝脏　　　　C.肾脏　　　　D.脂肪　　　　E.垂体

2.(2021年)动物发生转移性钙化时(　　)。

A.血磷浓度不变　　　　　　B.血钙浓度不变　　　　　　C.血钙浓度升高

D.血钙浓度降低　　　　　　E.血磷浓度降低

3.(2020年)属于液化性坏死的是(　　)。

A.肺干酪样坏死　　　　　　B.子宫气性坏疽　　　　　　C.肾贫血性梗死

D.脑软化　　　　　　　　　E.心肌蜡样坏死

4.(2019年)细胞内水分增多,胞体增大,胞质内出现微细颗粒或大小不等的水泡,称为(　　)。

A.脂肪变性　　B.黏液样变性　　C.淀粉样变　　D.透明变性　　E.细胞肿胀

5.(2019年)在动物肺门淋巴结中常见的外源性色素沉着是(　　)。

A.脂色素　　B.含铁血黄素　　C.卟啉　　D.炭末　　E.黑色素

6.(2018年)细胞坏死是(　　)。

A.能形成凋亡小体的病理过程　　B.由基因决定的细胞自我死亡过程

C.不可逆的过程　　　　　　　　D.可逆的过程

E.细胞器萎缩的过程

7.(2017年)心脏发生脂肪浸润时,脂肪细胞出现于(　　)。

A.心内膜内　　　　　　　　B.心肌原纤维内　　　　　　C.心肌细胞内

D.心肌细胞之间　　　　　　E.心脏血管内

8.(2016年)坏死组织由新生肉芽组织吸收、取代的过程称为(　　)。

A.瘢痕　　　　B.机化　　　　C.包囊形成　　　　D.钙化　　　　E.吸收

9.(2016年)转移性钙化病灶常见于(　　)。

A.心脏　　　　B.肝脏　　　　C.脑　　　　D.脾脏　　　　E.肺脏

10.(2016年)在下列疾病中,鸡痛风常见于(　　)。

A.鸡肾型传染性支气管炎　　　　B.鸡新城疫　　　　　　　C.鸡流感

D.雏鸡脑软化　　　　　　　　　E.鸡传染性脑脊髓炎

→ **自测训练**

扫码看答案

*Note*

1.虎斑心形成主要是因为(　　)。

A.颗粒变性　　　　　　B.脂肪变性　　　　　　C.坏死　　　　　　D.水泡变性

2.气球样变属于以下哪种损伤?(    )

A.萎缩　　　　　　B.变性　　　　　　C.出血　　　　　　D.坏死

3.颗粒变性又称(    )。

A.水泡变性　　　　B.淀粉样变性　　　C.实质变性　　　　D.脂肪变性

4.在细胞或间质内出现异常物质或正常物质数量过多的变化为(    )。

A.坏死　　　　　　B.变性　　　　　　C.再生　　　　　　D.机化

5.关于脂肪变性的叙述,下列正确的是(    )。

A.细胞内有较多脂滴　　　　　　　　　B.肉眼观病变呈暗红色,体积增大

C.肉眼观病变呈苍白色,体积增大　　　D.不可逆的变化

6.淀粉样变性常见于(    )。

A.肺脏　　　　　　B.肝脏　　　　　　C.心肌　　　　　　D.脑

7."火腿脾"是(    )。

A.颗粒变性　　　　B.脂肪变性　　　　C.淀粉样变性　　　D.玻璃样变

8.机体内物质代谢发生障碍,在细胞内出现大小不等的空泡,细胞核被挤向一边是(    )。

A.脂肪变性　　　　B.颗粒变性　　　　C.水泡变性　　　　D.淀粉样变性

9.属于凝固性坏死的是(    )。

A.肌肉蜡样坏死、心肌梗死　　　　　　B.化脓性炎

C.慢性猪丹毒皮肤坏死　　　　　　　　D.腐败性子宫内膜炎

10.属于液化性坏死的是(    )。

A.肌肉蜡样坏死、心肌梗死　　　　　　B.化脓性炎

C.慢性猪丹毒皮肤坏死　　　　　　　　D.腐败性子宫内膜炎

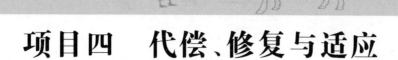

# 项目四 代偿、修复与适应

## 项目导入

　　本项目主要介绍代偿、修复与适应的相关知识,包括代偿、修复和适应三个任务。通过本项目的学习,要求了解代偿、修复、适应的发生过程及其抗损伤作用;掌握代偿、修复、适应的基本概念,肉芽组织的结构和功能,创伤愈合的过程,具备初步诊断疾病的能力,能分析临床实践中所见病例,并且能够判断代偿、修复与适应的类型及其意义。

## 项目目标

　　▲知识目标

1.掌握代偿、修复、适应的基本概念。

2.掌握肉芽组织的结构和功能,创伤愈合的过程。

3.了解代偿、修复、适应的发生过程及其抗损伤作用。

　　▲能力目标

能够识别和诊断适应与修复常见的病理过程。

　　▲思政与素质目标

1.具有良好的思想政治素质、行为规范和职业道德,具有法制观念。

2.具有互助协作的团队精神、较强的责任感和认真的工作态度。

3.热爱畜牧兽医行业,具有科学求实的态度、严谨的学风和开拓创新的精神。

## 案例导学

　　某宠物医院接诊一病例,主诉患猫最近出现食欲减退甚至拒食,气喘,呼吸困难。经视诊发现患猫营养不良,消瘦,眼结膜、耳朵、腹部皮肤、生殖器黄染,脱水,嗜睡,低温。采集患猫血液进行血气分析和血液生化电解质检测,发现患猫肌酸激酶水平高达 5000 U/L,丙氨酸转氨酶水平为 393 U/L,初步怀疑患有心肌损伤,需要进一步检查。结合临床症状和血液生化电解质检测结果,推测患猫发生的呼吸困难是由心力衰竭所致。对患猫胸部进行正侧位 X 线拍照,结果发现患猫左心室增大。对患猫进行进一步超声心动图检查,发现患猫左心室明显增厚,二尖瓣严重反流,因此确诊该患猫为肥厚性心肌病。

　　根据病例情况,如何在临床实践中正确识别心肌病?引起猫肥厚性心肌病的原因有哪些?让我们带着问题走进代偿、修复与适应的课堂。

　　机体内部组织、细胞不断衰老、坏死和更新,不断适应机体内、外环境的变化,以维持正常的生命活动。当机体受到致病因素作用时,某些组织、器官的结构遭受破坏,功能发生障碍,一方面造成机体的损伤(如血液循环发生障碍,组织、器官萎缩、变性、坏死等),另一方面机体通过抗损伤过程(如发热、炎症、适应、修复等)消除或减少有害因子的损伤作用。本项目重点阐述代偿、修复与适应。

*Note*

# 任务一　代　　偿

在致病因素作用下,当某器官、组织的结构遭受破坏,代谢和功能发生障碍时,由该器官、组织的正常部分或相应的器官、组织来代替、补偿的过程,称为代偿。这种代偿过程主要是通过神经体液调节来实现的,是机体对不同损伤产生的抗损伤反应。

代偿可分为代谢性代偿、功能性代偿和结构性代偿三种形式,三者之间往往是相互联系的。

## 一、代谢性代偿

代谢性代偿是指在疾病过程中,体内出现以物质代谢改变为主要表现形式的一种代偿方式。如缺氧时,糖的有氧代谢过程受阻,能量供应不足,此时糖酵解加强,以补充一部分能量。再如慢性饥饿时,能量供应不足,靠糖异生消耗储存的脂肪来供应能量。

## 二、功能性代偿

功能性代偿是指机体通过功能增强来补偿器官的功能障碍和损伤的一种代偿方式。例如,大失血时,有效循环血量减少和血压下降,这时,主动脉弓和颈动脉窦处压力感受器受到的刺激减弱,反射性引起交感神经兴奋,使儿茶酚胺分泌增多,从而引起心跳加快,使体表和腹腔脏器的小血管收缩,但脑部血管和心冠状动脉扩张,这样可增加心输出量及有效循环血量,使血压得以维持正常,心、脑等重要器官的供血量得以保障,生命活动得以维持。如一侧肾脏发生损伤丧失功能时,健侧的肾脏通过功能加强来补偿。

## 三、结构性代偿

结构性代偿是指在功能性代偿的基础上,伴发形态结构改变的一种代偿方式。主要表现为器官、组织的实质细胞体积增大或数量增多,或二者同时发生。

代偿是机体极为重要的抗损伤反应。它通过物质代谢的改变、功能的加强和组织、器官的形态结构改变来补偿病因所造成的损伤、功能障碍,使机体得以建立新的动态平衡,从而使生命活动在不利的条件下继续进行。功能、结构及代谢的代偿常同时存在,互相影响。一般来讲,功能性代偿发生得早,长期功能性代偿会引起结构的变化,因此结构性代偿出现比较晚。结构性代偿能使功能持久增强,而代谢性代偿则是功能性代偿与结构性代偿的基础。例如机体在缺血、缺氧时,首先通过心肌纤维的代谢加强,来增强心脏收缩功能,长期的代谢、功能的增强会导致心肌纤维的增粗、心肌肥大,肥大的心脏又反过来增强了心脏的功能。但机体代偿能力是有限的,疾病过程持续发展,功能障碍不断加重,并超过了器官的代偿能力时,病情即趋向代偿失调而发生变化。

# 任务二　修　　复

修复是指损伤造成机体部分细胞和组织丧失后,机体对所形成的缺损进行修补恢复的过程。修复可完全或部分恢复原组织的结构和功能。修复过程始于炎症,炎症渗出处理坏死的细胞、组织碎片,然后由损伤局部周围的健康细胞分裂增生来完成修复过程。修复的表现形式多种多样,包括再生、创伤愈合、机化和包囊形成、钙化等。

## 一、再生

组织、器官的一部分遭受损伤后,由损伤部位周围健康组织或细胞分裂、增生来修复损伤组织的过程称为再生。它是机体修复损伤组织的基础,亦是机体重要的抗损伤手段。

### （一）再生的分类

再生通常有生理性再生和病理性再生两种。

**1. 生理性再生**　生理性再生是指在生理过程中,有些细胞和组织不断老化、消耗,由新生的同种细胞不断补充,始终保持着原有的结构和功能,维持着机体的完整与稳定。例如:表皮的表层角化细胞经常脱落,而表皮的基底细胞不断地增生、分化,予以补充;消化道黏膜上皮 1~2 天就更新一次;子宫内膜周期性脱落,又由基底部细胞增生加以恢复;犬红细胞平均寿命为 120 天,猫红细胞平均寿命为 70 天;白细胞的寿命长短不一,短的如中性粒细胞,只存活 1~3 天,因此不断地从淋巴造血器官输出大量新生的细胞进行补充。

**2. 病理性再生**　组织和器官因受致病因素作用所发生的缺损,经组织再生而修复的过程,称为病理性再生。病理性再生有以下三种形式。

(1)完全再生:新生的组织在结构和功能上均与原来的损伤组织完全相同的再生。多见于组织损伤轻微或再生能力较强的组织,如少数实质细胞的变性、坏死,黏膜糜烂或浅表的溃疡等,均可完全再生。

(2)不完全再生:新生的组织与原来的不完全相同,主要由结缔组织再生来修补缺损的一种再生。此种再生不能完全恢复原来的组织结构和功能,仅起填补损伤的作用。它常见于损伤部位面积较大或损伤组织的再生能力较弱等情况,如中枢神经系统或心肌损伤后,其修复多取这种方式。

(3)过度再生:再生的组织多于原损伤组织。例如,黏膜溃疡部位高度再生形成息肉,皮肤的结缔组织过度增生可形成瘢痕疙瘩等。

### (二)组织、细胞的再生能力

按再生能力的强弱,可将动物体内的组织、细胞分为以下三种。

**1. 再生能力强的组织、细胞**　结缔组织、小血管、淋巴造血组织、表皮、肝细胞及某些腺上皮等再生能力强的组织、细胞,它们损伤后一般可完全再生。如损伤很严重,则常不完全再生。

**2. 再生能力较弱的组织、细胞**　平滑肌、横纹肌等再生能力较弱,心肌的再生能力更弱,这些组织损伤后,基本上由结缔组织再生而修复。

**3. 无再生能力的组织、细胞**　一般认为神经细胞在出生后缺乏再生能力,受损时主要通过神经胶质细胞的增生来修复。

### (三)影响再生的因素

影响再生的因素包括全身因素及局部因素。

**1. 全身因素**

(1)年龄:幼龄动物的组织再生能力强,愈合快,老龄动物则相反。

(2)营养:机体的营养状态对再生有明显的影响。严重的蛋白质缺乏,尤其是含硫氨基酸(如甲硫氨酸、胱氨酸)缺乏时,肉芽组织及胶原形成不良,伤口愈合延缓。维生素中以维生素 C 对愈合最重要,维生素 C 缺乏时前胶原分子难以形成,从而影响胶原纤维的形成。在微量元素中,锌对创伤愈合有重要作用,手术后伤口愈合迟缓的患病动物,皮肤中锌的含量大多比愈合良好的患病动物低。此外已证明,手术刺激、外伤及烧伤患者尿中锌的排出量增加,补给锌能促进愈合。锌的作用机制不是很清楚,可能与锌是细胞内一些氧化酶的成分有关。

(3)激素:在创伤、骨折、烧伤后的组织再生过程中,垂体、性腺、甲状腺及肾上腺等分泌的激素起着重要的作用。如临床上应用肾上腺素治疗烧伤,肾上腺素具有促进愈合的作用,而可的松则具有阻碍修复过程的作用等。

(4)神经系统的功能状态:神经系统对组织、细胞有调节营养的作用。因此,当神经系统受损时,神经营养功能的失调可使组织的再生过程受到抑制。

**2. 局部因素**

(1)局部血液循环状况:局部血液循环一方面保证组织再生所需的氧和营养,另一方面对坏死物质的吸收及控制局部感染也起重要作用。因此,局部血流供应良好时,再生修复好;若发生淤血、血栓或缺血等血液循环障碍,则病变局部组织的再生修复能力降低,甚至使病变进一步扩大、恶化。临床上用某些药物湿敷、热敷以及贴敷中药和服用活血化瘀中药等,都有改善局部血液循环的作用。

(2)局部组织神经支配的状态:组织的再生也依赖于完整的神经支配和调节,若局部的神经纤维受到损伤,则其所支配的组织再生过程亦发生障碍。自主神经的损伤使局部血液供应发生变化,对再生的影响更为明显。

(3)感染和异物:若损伤部位伴发严重的感染或有缝线、坏死的组织碎片等异物存在,则会延缓再生过程。而无菌的外科伤口,组织的再生愈合较快。因此,有效地控制感染和及时清除异物,有利于组织的再生,加速创伤的愈合。

(4)电离辐射:电离辐射能破坏细胞,损伤小血管,抑制组织再生。

### (四)各种组织的再生

根据动物体内各种细胞再生能力的强弱,再生可分为三种类型。

**1. 不稳定细胞的再生** 不稳定细胞是指在机体的生命活动过程中不断再生更新的一类细胞。这类细胞的再生能力很强,如皮肤和黏膜的被覆上皮细胞、浆膜的间皮细胞和造血细胞等。

(1)鳞状上皮的再生:单纯的鳞状上皮再生只见于生理状态及糜烂等浅表的损伤。若溃疡等损伤达深部组织时,则上皮增生的同时又有结缔组织、血管及神经纤维的新生。鳞状上皮再生的过程如下:皮肤、黏膜损伤时,首先由创缘部及残存的上皮基底层细胞或附属腺的输出管上皮分裂、增生,形成单层细胞并逐渐向缺损中心伸展移动。当移动的上皮细胞互相接触时,即发生接触抑制而停止增殖。新生的单层上皮细胞肉眼观呈青灰色半透明状。以后上皮逐渐分化,形成棘细胞层、颗粒层、透明层和角化层等,恢复原有上皮的结构和色泽,当伤及汗腺、毛囊、皮脂腺组织时,常由皮下结缔组织增生而形成瘢痕,这些结构不能再生。

(2)黏膜柱状上皮的再生:黏膜表面被覆的柱状上皮受损时,损伤周围残留的正常上皮细胞分裂再生。再生细胞初期是立方形或低矮的幼稚型细胞,以后逐渐分化成为柱状上皮细胞,并构成管状腺。但再生腺体不一定都能恢复原有功能,如子宫内膜再生的腺体完全具有正常的分泌功能,而胃黏膜等处新生的腺体则不能恢复分泌功能。

(3)柱状纤毛上皮的再生:当气管和支气管等被覆柱状纤毛上皮受到轻度损伤时,首先黏膜创面边缘的柱状纤毛上皮细胞的纤毛脱失,细胞分裂、增生并向受损中心移动。继之,创面边缘发生异常活跃的细胞增殖,若创面间质内弹性纤维和基底膜仍保存完好,则再生的上皮细胞就能迅速覆盖创面。否则,上皮细胞增生和向创面中心移动的速度就很缓慢。当创面完全被覆一层新生的上皮细胞时,上皮细胞增生停止。同时,新生的细胞不断由扁平的上皮转变为立方形上皮和柱状上皮,并进一步分化为柱状纤毛上皮和杯状细胞。

(4)间皮的再生:腹膜、胸膜和心包膜等处受损伤时,由周围完整的间皮细胞分裂增殖来修补。新生的细胞最初呈立方形,最后变为扁平的间皮细胞。如果受损范围较大,间皮细胞常不能完全再生,此时多由结缔组织再生来修复,最后遗留瘢痕,甚至引起两层浆膜粘连。

(5)血细胞的再生:血细胞具有很强的再生能力,当其严重受损时,不仅可从骨髓中得到补充,还可使胚胎时期的造血器官恢复造血功能。如马患传染性贫血症时,由于红细胞大量丧失,机体处于严重的贫血状态。此时,一方面机体原有造血组织红髓中成血细胞的分裂增殖能力增强,加速红细胞的生成及释放;另一方面机体管状骨的黄髓转变为红髓,恢复其造血功能;同时机体胚胎时期的造血组织(如肝、脾等组织)恢复部分造血功能,出现髓外造血灶。在这种情况下,外周血中常可见到有核红细胞、网织红细胞、巨幼红细胞及含核残迹红细胞等异常红细胞。

**2. 稳定细胞的再生** 稳定细胞是指具有潜在再生能力的一类细胞。如肝细胞、肾小管上皮细胞、平滑肌细胞、骨及软骨细胞、内分泌腺细胞等,这类细胞在动物成年后再生能力很低,无明显的生理再生现象,但当细胞遭受到病理性破坏时,就会表现出极强的再生潜能,邻近的细胞迅速增生以补充受损的细胞。

(1)腺上皮的再生:腺上皮如胰腺、唾液腺以及内分泌腺等上皮的再生能力较黏膜柱状上皮弱。但当其发生损伤时,仍有再生能力。腺上皮的再生可分为完全再生和不完全再生两类。完全再生:

受损腺体的结构尚保存完整,经周围腺上皮再生,腺体的结构及功能得到完全修复。不完全再生:当腺体及其支持组织一起遭受严重破坏时,其结构及功能不能通过再生完全恢复,常由残留的腺细胞肥大来代偿功能及由结缔组织增生来填补缺损,最终瘢痕化。

(2)肝细胞的再生:肝细胞的再生能力很强,可分为三种情况。①肝大部分切除后,剩余的肝细胞分裂增生十分活跃,短期内就能使肝恢复原来的大小。例如大鼠的肝切除 90% 后,只需 2 周就可恢复原肝的重量,不过要经过较长时间的结构改建,形成新的肝小叶,才能恢复原结构。②肝细胞坏死时,不论范围大小,只要肝小叶网状支架完整,从肝小叶周边区再生的肝细胞就可沿支架延伸,恢复正常结构。③肝细胞坏死较广泛,肝小叶网状支架塌陷,网状纤维转换为胶原纤维(网状纤维胶原化),或者由于肝细胞反复坏死及炎症刺激,纤维组织大量增生,形成肝小叶内间隔,此时再生肝细胞难以恢复原有小叶结构,成为结构紊乱的肝细胞团,如肝硬化时的再生结节。再生的肝细胞体积较大,深染,常含双核或多核。

(3)肾小管上皮的再生:肾小管上皮也有较强的再生能力,在肾小管上皮细胞轻度坏死时,可由残留的上皮完全再生,使损伤完全修复。如升汞中毒所引起的肾小管上皮坏死,可见残留的肾小管上皮,其染色质增多,着色较深,随之分裂增殖,形成大量扁平状细胞并呈单层被覆于受损的肾小管内面,填补坏死的肾小管上皮所遗留的缺损,使其结构得到完全恢复。若整个肾单位坏死,特别是肾小球被破坏,则由病灶周围结缔组织增生来填补缺损组织。故慢性肾炎等病变时,弥漫性结缔组织会增生及瘢痕化形成固缩肾。

(4)平滑肌的再生:平滑肌也有一定的分裂和再生能力。范围不大的损伤可以由残存的平滑肌细胞或从未分化的间叶细胞分化增殖来修复。较大范围的破坏,如肠管或较大血管经手术吻合后,断端处的平滑肌主要通过纤维瘢痕连接。另有报道,平滑肌在某些激素的作用下,增生过程会加快,如妊娠时的子宫,其增生较迅速。

(5)软骨组织的再生:软骨组织再生能力较弱。当软骨受损较轻时,可由软骨膜分化和残存软骨细胞分裂增殖为成软骨细胞并分泌大量软骨基质。随着软骨组织的成熟,一部分成软骨细胞萎缩消失,而另一部分则被软骨基质埋在软骨陷窝内变为静止的软骨细胞,使受损组织得以修复。若受损严重,则主要靠结缔组织来修复。

(6)骨组织的再生:骨组织的再生能力很强,但其再生程度取决于损伤的大小、固定的状态和骨膜的存在。当其受损时,可由骨内外膜及哈弗管腔壁的细胞分裂、增生,形成祖代骨细胞对其进行修复。这种细胞在形态学上与成纤维细胞相似,此后逐渐分化为成骨细胞,并产生骨基质和胶原纤维,形成类骨组织。成骨细胞埋藏在类骨组织中并分泌碱性磷酸酶,使类骨组织的外环境变为碱性。这时,钙盐开始沉着,使类骨组织逐渐转变为骨组织。

(7)脂肪组织的再生:脂肪组织的再生能力较弱,当其轻度受损时,残存的脂肪细胞或由间叶分化而来的脂肪母细胞增生,修复损伤。新生的脂肪细胞,其细胞质内不含脂肪,以后逐渐出现小脂滴,继之融合成大脂滴,最后变为典型的脂肪细胞。若损伤严重或受损面较大,则由结缔组织来修复。

(8)结缔组织的再生:结缔组织的再生能力特别强,在炎症和坏死灶的修复、创伤愈合、组织移植、机化和包围等过程中,结缔组织的再生均很活跃。结缔组织再生的过程如下:首先由病变部位原有的结缔组织细胞或由未分化的间叶细胞生成成纤维细胞。在无明显的结缔组织处,则可由血管外膜细胞或毛细血管内皮细胞增生分化为成纤维细胞。这些细胞最初呈圆形,很小,类似于小淋巴细胞。继而细胞体膨大成椭圆形或星芒状,细胞质丰盈、淡染,细胞核大而疏松,类似于上皮细胞。随着成纤维细胞的成熟和衰老,其细胞质逐渐延长变窄、细胞核的染色质也逐渐变粗大而浓染,最后变为成熟的纤维细胞。成纤维细胞在增生、分化和成熟的过程中,不断分泌出胶原物质,在一些酶的影响下逐渐形成较细的嗜银性网状纤维,称为胶原纤维。最后大量胶原纤维及狭长的纤维细胞共同构成纤维性结缔组织(图 4-1)。

(9)血管的再生:组织的再生大多伴有血管的新生。血管的再生主要有以下两种方式。①芽生

（图 4-2）：又称发芽性生长，是指原有血管内皮分裂增生以发芽状态进行再生，多见于小血管和毛细血管的再生过程。其生长的过程：首先毛细血管的内皮肿大、分裂、增殖形成向外突起的幼芽，即成血管细胞。随着这些细胞芽不断伸展，其胞体逐渐呈平行排列，新生端的细胞略斜向、互相靠拢为尖端状。之后细胞继续分裂新生，进而幼芽细胞伸长成实质条索状，随后在血流的冲击下出现管腔，并有血液流入，成为新生的毛细血管。许多新生的毛细血管芽枝互相联络，构成毛细血管网。为了适应功能的需要，这些毛细血管又不断改建，有的可重新关闭，形成实心条索，其中的内皮细胞逐渐消失。有的管壁则逐渐增厚，发展成为小动脉或小静脉。构成小血管壁的平滑肌、胶原纤维、弹性纤维及血管外膜细胞等成分，主要由毛细血管壁外的间叶细胞分化而来。②自生性生长：直接由与原血管无关的结缔组织中的间叶细胞分化而形成毛细血管或小血管。它的发生大致与胚胎时期的血管发生相似。初期由类似的幼稚成纤维细胞平行排列，逐渐在细胞间出现小裂隙，并与附近的毛细血管相连，遂有血液流入。被覆在裂隙内的细胞，随即变为内皮细胞，构成新生的毛细血管。其后，亦可根据需要而发育成为小动脉或小静脉。

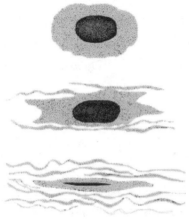

**图 4-1　成纤维细胞产生胶原纤维后转化为纤维细胞的模式图**

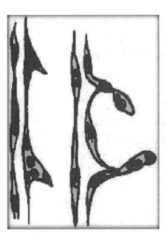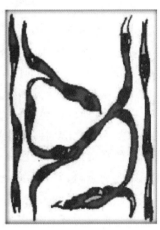

**图 4-2　毛细血管以出芽方式再生**

此外，大血管离断后实施手术吻合两端，吻合处内膜可由内皮细胞分裂增殖、互相连接而恢复其原有结构及光滑性，而平滑肌层则主要由结缔组织增生，即以瘢痕形式进行连接。

**3. 永久性细胞的再生**　永久性细胞的再生即专门化细胞的再生，是指一些分化程度较高、功能专一的细胞的再生，如骨骼肌细胞、心肌细胞和神经细胞的再生。不论是中枢神经细胞还是周围神经的神经节细胞，它们在出生后都不能分裂增生；一旦遭受破坏则成为永久性缺失。但这不包括神经纤维，在神经细胞存活的前提下，受损的神经纤维有着活跃的再生能力。心肌和横纹肌细胞虽然有微弱的再生能力，但对于损伤后的修复几乎没有意义，基本上通过瘢痕修复。

（1）骨骼肌的再生：骨骼肌纤维是一种多核的长细胞，可长达 4 cm，核可多达数百个。轻微损伤（如变性、轻度中毒性伤害等）时，其肌纤维仍保持走向的连续性，肌纤维膜未被破坏者，有中性粒细胞和巨噬细胞侵入，吞噬清除变性坏死的物质，以后残存的肌细胞核分裂增殖，并产生新的肌质，形成具有细颗粒性细胞质的类圆形细胞，称为成肌细胞。后者逐渐伸长，细胞核继续分裂而形成多核的原浆条索。它们沿肌纤维膜排列成行继而融合成带状。其后由于功能负荷的作用，细胞质逐渐分化形成肌原纤维，接着再生横纹和纵纹，恢复正常的骨骼肌结构和功能。若肌纤维完全断裂，例如外科手术、外伤等破坏时，多数由结缔组织增生进行修复。以上两种再生方式在肌纤维的修复过程中多同时发生。

（2）心肌的再生：心肌的再生能力极弱，受损后虽也可形成肌蕾，但此后又自行死亡。故心肌坏死后常由结缔组织修复。若损伤范围较大，则结缔组织瘢痕会妨碍心脏的活动。

（3）神经组织的再生：在中枢神经系统中，主要是神经胶质细胞再生，而高度分化、功能专一的神经细胞在一般情况下不会再生。因此，脑和脊髓发生损伤时，神经细胞一旦坏死，它所属的神经轴突和树突也随之消失,它们遗留的空缺则由胶质细胞及其纤维新生来填补,构成神经胶质瘢痕。交感神经节细胞坏死后,在幼畜中可见再生现象。

周围神经纤维损伤断裂后,必须在与它联系的神经节细胞或神经细胞尚健存时方可再生。再生的过程如下:首先远侧和近侧断端的一小段髓鞘及神经轴突发生变性、崩解,当变性的物质被溶解吸收时,两侧的鞘细胞(施万细胞)分裂新生,形成带状合体细胞,将断端连接。近端轴突以每天约 1 mm 的速度逐渐向远端生长,穿过神经鞘细胞带,最后到达末梢鞘细胞,鞘细胞再生髓磷脂将轴索包绕形成髓鞘(图 4-3)。两断端髓鞘相连,使受损的神经完全修复。但这种再生过程非常缓慢,一般需数月乃至 12 个月左右方能愈合。若鞘细胞破坏,即失去再生能力。如果神经纤维的断端相距超过 2.5 cm,或两断端之间有瘢痕组织,由胞体长出的轴突就不能到达远端,而与增生的结缔组织一起卷曲成团,形成创伤性神经瘤(截肢神经瘤),引起顽固性疼痛。在手术过程中,对较为粗大的神经纤维施行神经吻合术,保证神经纤维的再生,即可防止形成神经瘤。

扫码看彩图

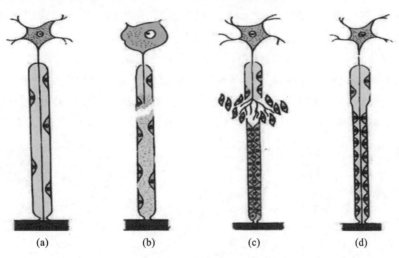

**图 4-3 神经纤维再生模式图**

(a)正常神经纤维;(b)神经纤维断开,远端及近端的一部分髓鞘及轴突崩解;
(c)神经膜细胞增生,轴突生长;(d)神经达末梢,多余部分消失

## 二、创伤愈合

创伤愈合是指机体遭受外力作用,皮肤等组织出现离断或缺损后的愈合过程,包括各种组织的再生、肉芽组织的增生和瘢痕形成的复杂组合,表现出各种组织的协同作用。

最轻度的创伤仅限于皮肤表皮层,稍重者有皮肤和皮下组织断裂,并出现伤口;严重的创伤可有肌肉、肌腱、神经的断裂及骨折。

### (一)皮肤及软组织创伤愈合

#### 1. 创伤愈合的基本过程

(1)出血和渗出:各种因子引起局部组织创伤时,均会导致局部组织的变性、坏死和血管损伤而发生出血,严重的创伤还可见到肌肉、肌腱、筋膜和神经等组织的断裂。初期出血及血液凝固对黏合创口及保护创面有一定作用。继之,由于坏死的组织和血凝块分解物的刺激,局部发生炎症过程。镜检可见创口周围小血管扩张充血,血浆液体成分和白细胞(主要为中性粒细胞和巨噬细胞)渗出。以后渗出液中出现纤维蛋白,并联结成网,使创腔内的血液和渗出液凝固。数日后创面凝固,水分蒸发,形成痂皮。

(2)创口收缩:创口边缘的整层皮肤及皮下组织向创腔中心移动的现象。创口收缩是创伤部位肉芽组织迅速增生以及创口边缘肉芽组织中新生的成肌纤维细胞牵拉所致。成肌纤维细胞在结构和功能上与平滑肌细胞相似,除能合成胶原纤维外,还具有收缩能力。光镜下观察,紧密排列的成肌纤维细胞呈长梭形,两端有肌质突起,细胞质染成淡红色,核呈卵圆形,着色浅淡而透亮,有一个或两

*Note*

个小核仁;排列疏松的成肌纤维细胞多呈星形,具有较多的细胞质突起。电镜下观察,成肌纤维细胞具有发达的高尔基复合体、丰富的粗面内质网、中等量散在的线粒体、少量溶酶体和微管。细胞质中还可见到与细胞长轴平行的肌微丝。后者多集中排列在细胞膜下的细胞质中,成为细胞收缩的动力器官。

成肌纤维细胞可能来自成纤维细胞、平滑肌细胞和原始的间叶干细胞,它通常伴随愈合过程的进展而逐渐减少。在完全愈合的创口中仅有少量的成肌纤维细胞。成肌纤维细胞可能随着结缔组织的成熟而死亡或转化为成纤维细胞,有人发现它可转变为成熟的平滑肌细胞。

(3)肉芽组织:由毛细血管内皮细胞和成纤维细胞分裂增殖所形成的富有新生毛细血管的幼稚型结缔组织(图4-4)。一般于创伤发生后2～3天形成,由创口周围或底部的健康组织发起。其形成过程:在创伤口部或周围健康组织内的毛细血管内皮细胞肿胀、分裂、发芽,逐渐形成新生的毛细血管。与此同时,创口底部和周围的纤维细胞与未分化的间叶细胞也发生肿大而转化为成纤维细胞。成纤维细胞向前生长的速度每天约为0.2 mm。创口底部及周围的新生肉芽组织逐渐长入创腔中的血凝块内,机化血凝块,并填平创腔。镜下可见大量由内皮细胞增生形成的实性细胞索及扩张的毛细血管,向创面垂直生长,并以小动脉为轴心,在周围形成毛细血管网。在毛细血管周围有许多新生的成纤维细胞,此外常有大量渗出液及炎症细胞。炎症细胞中常以巨噬细胞为主,也有一些中性粒细胞及淋巴细胞,因此,肉芽组织具有抗感染功能。肉芽组织有以下重要作用:①抗感染及保护创面;②机化血凝块、坏死组织及其他异物;③填补伤口及其他组织缺损。

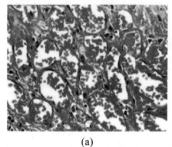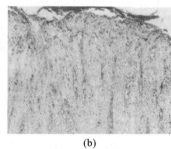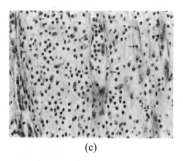

(a)　　　　　　　　　(b)　　　　　　　　　(c)

图4-4　肉芽组织

(a)早期肉芽组织;(b)低倍镜下肉芽组织;(c)高倍镜下肉芽组织

(4)瘢痕的形成:随着肉芽组织内成纤维细胞逐渐成熟,胶原纤维不断增多,最后肉芽组织变成瘢痕组织。从创伤后5～6天起,成纤维细胞便开始产生胶原纤维,其后1周内胶原纤维形成最活跃。创伤发生3周后胶原纤维增长的速度便逐渐减慢直到停止。新生的胶原纤维随着功能负荷的需要逐渐排列成束,成纤维细胞减少并变为体积瘦小而细长的纤维细胞,相互平行排列于胶原纤维之间。渗出的浆液及炎症细胞逐渐消失。多数新生的毛细血管因胶原纤维收缩的挤压及瘢痕组织对营养的需要减少而逐渐闭塞、退化、消失,一些幼稚型内皮细胞变为纤维性细胞。这时肉芽组织变为血管少、胶原纤维成分多的纤维性结缔组织,外观苍白,质地坚实,又称为瘢痕。一般情况下,瘢痕中的胶原会由于胶原酶的作用逐渐被分解、吸收,因此瘢痕会缓慢地变小变软。但偶尔有的瘢痕胶原形成过多,成为大而不规则的隆起硬块,称为瘢痕疙瘩。具有这种状况的体质,称瘢痕体质。瘢痕形成使创伤组织断裂处牢固接合,即增加了创口局部组织的强度,但由于瘢痕组织缺乏弹性,故当有大片瘢痕的组织受外力作用时,常引发无收缩力的伸展。例如,腹内压升高常使腹壁瘢痕形成腹壁疝;动脉壁较大的瘢痕受血管内压的作用,则形成动脉瘤。此外,瘢痕收缩也可引起器官变形及功能障碍,如在消化道、尿道等腔室器官则引起管腔狭窄,在关节附近则引起运动障碍。

(5)表皮及其他组织的再生:创伤发生24 h以内,创口边缘的表皮基底层增生,并在血凝块下向创口中心移动,形成单层上皮,覆盖于肉芽组织的表面,当这些细胞彼此相遇时,则停止前进,并增生、分化成为鳞状上皮。健康的肉芽组织对表皮再生十分重要,因为它可提供上皮再生所需的营养及生长因子,如果肉芽组织长时间不能将创口填平,并形成瘢痕,则上皮再生将延缓;在另一种情况下,由于异物及感染等刺激而过度生长的肉芽高出于皮肤表面,也会阻止表皮再生。因此,临诊常需将其切除。若创口过大(一般认为直径超过 20 cm 时),则再生表皮很难将创口完全覆盖,常在瘢痕表面形成一层透明表皮,称为油皮,这时往往需要植皮。

皮肤附属器(毛囊、汗腺及皮脂腺)如遭到完全破坏,则不能完全再生而出现瘢痕修复。肌腱断裂后,初期也是瘢痕修复,但随着功能锻炼而不断改建,胶原纤维可按原来肌腱纤维方向排列,达到完全再生。

**2. 创伤愈合的类型**

(1)一期愈合:一期愈合又称直接愈合,多见于组织损伤小,创缘整齐、无感染的新鲜创口,以及经黏合或缝合后创面对合严密的伤口。它的特点是愈合时间短,形成的瘢痕小、无功能障碍。手术切口多趋于一期愈合,多数手术切口在手术后的 24 h 内,周围组织开始发生轻度炎症反应,在第 2 天末,创缘周围的结缔组织和毛细血管内皮细胞开始分裂、增殖;第 3 天出现毛细血管的幼芽,并由新生的肉芽组织将创口联合起来。与此同时,创缘的被覆上皮细胞也分裂增殖,并覆盖于创口,此时愈合口呈淡红色,稍隆起。一般外科的无菌切口,7～10 天纤维性结缔组织形成,就可拆除缝线,再经1～2 周形成狭窄的线状瘢痕而痊愈(图 4-5)。

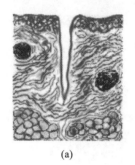 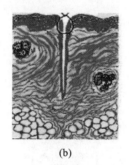  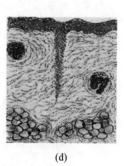

(a)　　　　　　　(b)　　　　　　　(c)　　　　　　　(d)

**图 4-5　创伤一期愈合示意图**

(a)创缘整齐,组织破坏少;(b)经缝合,创缘密接,炎症反应轻;

(c)表皮再生,新生肉芽组织将创口修复;(d)愈合后少量瘢痕形成

(2)二期愈合:二期愈合又叫间接愈合,常见于组织缺损大、创腔内坏死组织较多、创缘不整齐,以致无法对合而呈哆开状或伴有细菌感染的创伤。它的特点是愈合时间较长,形成的瘢痕大。愈合后常造成器官功能障碍。此期愈合的基本过程如下:在创伤形成后 2～3 天内,创腔周围组织发生明显的炎症反应。由于炎性渗出,创腔内可见到大量淡红色、微浊和富有蛋白质且混有纤维素的黏稠分泌物,并可形成纤维素性薄膜被覆于创面。1 周后,创口底部就可见粉红色颗粒状肉芽组织生成,肉芽组织在不断向上生长的同时,创缘的被覆上皮则开始由周围向中心生长,最后将创口覆盖(图4-6)。上皮覆盖完成后,变成瘢痕组织。瘢痕部位新生的表皮较薄,没有真皮乳头、被毛、皮脂腺和汗腺等。如果创口过大,则瘢痕稍隆突,以后由于瘢痕收缩而变形。愈合所需时间视创伤大小、感染程度不同而异。

一期愈合和二期愈合只是程度的不同,而无本质上的差别,而且二者可以相互转化:一期愈合的创伤,如发生了感染或处置不当可转化为二期愈合;大面积感染创伤如果做到及时处理、积极清创,亦可缩短愈合时间,并减少瘢痕形成。

(3)痂下愈合:创口表面的血液、渗出液及坏死物质干燥后形成黑褐色硬痂,在痂下进行上述愈合过程,称为痂下愈合。待上皮再生完成后,痂皮即脱落。痂下愈合所需时间通常较无痂者长,因此时的表皮再生必须首先将痂皮溶解,然后才能向前生长。痂皮由于干燥而不利于细菌生长,故对创口有一定的保护作用。但如果痂下渗出物较多,尤其是已有细菌感染时,痂皮反而成了渗出物引流排出的障碍,使感染加重,不利于愈合。

扫码看彩图

*Note*

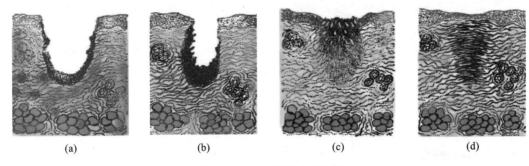

（a）　　　　　（b）　　　　　（c）　　　　　（d）

**图 4-6　创伤二期愈合示意图**

（a）创缘不整，创口哆开，组织破坏多；（b）炎症反应加剧；

（c）大量新生肉芽组织将伤口填补，表皮再生；（d）愈合后形成的瘢痕大

### （二）骨折愈合

骨折愈合是指骨折后所发生的一系列结构修复和功能恢复的过程。骨折的修复主要是由骨外膜和骨内膜细胞再生而完成的，在少数情况下也可由结缔组织直接化生为骨组织。一般骨折需经过以下几个修复阶段（图 4-7）。

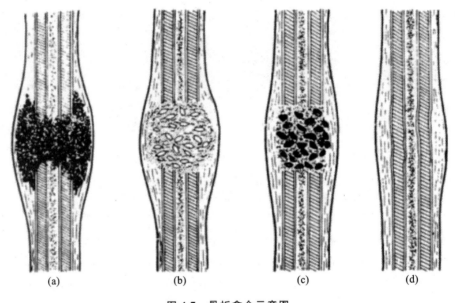

（a）　　　　　（b）　　　　　（c）　　　　　（d）

**图 4-7　骨折愈合示意图**

（a）骨折断端血肿形成；（b）纤维性骨痂形成；（c）骨性骨痂形成；（d）新生骨组织改建，骨折愈合完成

**1. 血肿形成**　骨折发生后，骨折处血管破裂出血，血液充满两断端及其周围，在此形成血肿，随后发生凝固，将两断端形成初步连接，血凝块中的纤维蛋白网如同支架，有利于肉芽组织的长入。因此，如果出血不凝固，则影响愈合。

**2. 坏死组织及死骨的吸收（创腔净化）**　骨折局部的坏死组织、损伤骨片以及血凝块，逐渐由骨膜新生的大量破骨细胞及骨折处周围组织发生炎症反应分泌出的吞噬细胞以及组织内巨噬细胞吞噬、溶解而清除。

**3. 纤维性骨痂形成**　在创腔得到净化的同时，逐渐由骨外膜、骨内膜以及血管等处长出由成骨细胞、成纤维细胞和血管芽组成的成骨性肉芽组织伸入血凝块，经 2～3 周，在血凝块被溶解吸收的同时，新生的成骨细胞性肉芽组织取代血凝块的位置，构成骨痂。其将两断端进一步连接，局部形成梭形肿胀，称为纤维性骨痂或临时性骨痂。此时的连接并不牢固。

**4. 骨性骨痂形成**　纤维性骨痂形成后，成骨细胞则由梭形变成多角形，它们的突起互相连接，并分泌出半液状的骨基质，聚集于细胞之间，成骨细胞本身则成熟为骨细胞，它与其所分泌的基质一起

构成类骨组织。这种骨组织被称为骨性骨痂或终期骨痂。这一过程可持续几周。骨性骨痂虽然可使断骨比较牢固地连接起来，但由于其结构不够致密，骨小梁排列比较紊乱，故比正常骨质脆弱。

在管状骨的骨折愈合过程中，若骨折断端错位，或两断端相距较远而不易衔接，在此情况下，增生形成的成骨性肉芽组织中，有相当数量的成骨细胞分化为软骨细胞，并分泌软骨基质，变成软骨样组织，同时沉着钙盐。以后钙化的软骨组织再被破骨细胞破坏吸收，被类骨组织所取代，再钙化为骨组织。此过程称为软骨化骨，使愈合过程相应延长。

**5. 改建** 新形成的骨性骨痂适应功能需要的过程。它包括多余的骨组织被溶解吸收和缺乏的骨组织进行再生，并使骨组织变得更加致密，骨小梁排列逐渐适应力学方向。改建的过程如下：在骨性骨痂形成的同时，从骨髓内新生的血管长入已钙化的骨组织并由血管外膜细胞分化形成成骨细胞，其中一部分融合成多核破骨细胞，将已经钙化而多余的骨质溶解吸收，另一部分则紧紧地围绕着血管，按照功能的需要形成新的骨组织或骨小梁，并在骨小梁之间形成骨髓腔，后者与骨折断端的骨髓腔相通。这时骨折处的梭形肿胀逐渐消失，形成在结构与功能上完全符合生理要求的骨组织。此过程一般需几个月到几年才能完成。

骨组织愈合的另一种方式是由结缔组织直接化生为骨组织，多见于头骨受伤后的修复过程。此时，由骨膜增生的纤维性结缔组织先变为均质致密的骨样组织，之后钙盐沉着而转变为骨组织。

骨折后虽能愈合，但如果骨组织损伤过重（粉碎性骨折）、骨膜毁损过多、断端复位不良，或断端之间有软组织嵌塞，或断端活动等，常影响新骨形成，或不能形成骨性骨痂，甚至发生断端间裂腔，致使两断端呈活动状，形成所谓假关节；若在骨折断端有新生软骨被覆，则形成新关节。若新生骨组织过多，形成赘生骨痂，愈合后则有明显的骨变形。

### 三、机化和包囊形成

在疾病过程中出现的各种病理产物或异物（如坏死组织、炎性渗出物、血栓、血凝块、寄生虫、缝线等），被新生肉芽组织取代或包囊的过程，前者称机化，后者称为包囊形成（图4-8）。值得注意的是脑组织坏死后，机化不被肉芽组织所取代，而是由神经胶质细胞来改造的。

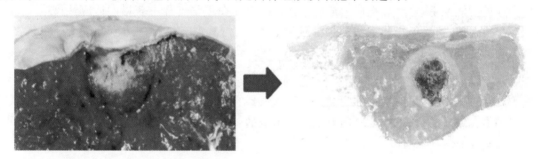

扫码看彩图

**图4-8 结核结节——包囊形成**

机化与包囊形成可以消除或限制各种病理产物或异物的致病作用，是机体抵御疾病的重要内容之一。但机化能造成永久性病理状态，故在一定条件下或在某些部位，会给机体带来严重的不良后果。如心肌梗死后机化形成瘢痕，伴有心脏功能障碍；心瓣膜赘生物机化导致心瓣膜增厚、粘连、变硬、变形，造成瓣膜口狭窄或闭锁不全，严重影响瓣膜功能；浆膜面纤维素性渗出物发生机化，可使浆膜增厚、不平，形成一层灰白色、半透明绒毛状或斑块状的结缔组织，有时造成内脏之间或内脏与胸、腹膜间的结缔组织性粘连；肺泡内纤维素性渗出物发生机化，可使肺组织形成红褐色、质地如肉的组织，称其为肺肉变，使肺组织呼吸功能丧失。

### 四、钙化

在正常的机体内，只有骨和牙齿有固体的钙盐，如果在骨和牙齿以外的组织内有固体的钙盐沉着，则称为病理性钙化。沉着的钙盐主要是磷酸钙，其次为碳酸钙。病理性钙化可分为营养不良性钙化和转移性钙化两类，由于后者少见，故不在此讨论。

（一）病因和发生机制

营养不良性钙化是指继发于组织变性、坏死的钙盐沉着，钙盐常沉积在结核坏死灶、鼻疽结节、脂肪坏死灶、梗死灶、干固的脓液、血栓、细菌团块、死亡寄生虫（如棘球蚴、囊尾蚴、旋毛虫等）与虫卵（如血吸虫卵）以及其他异物上。此型钙化并无血钙浓度的升高，即没有全身性钙、磷代谢障碍，而仅是钙盐在局部组织的析出和沉积。发生钙化的基本机制是组织液中呈解离状态的钙离子（$Ca^{2+}$）和磷酸根离子（$PO_4^{3-}$）结合而发生沉淀，当钙离子和磷酸根离子在组织液的浓度的乘积超过其溶度积（即超过$[Ca^{2+}]\times[PO_4^{3-}]$的常值）时，形成磷酸钙沉淀。

（二）病理变化

组织中沉着少量钙盐时，肉眼不能辨认，量多时，则表现为白色石灰样的坚硬颗粒或团块，刀切时发出沙沙声。如宰后常见牛和马肝脏表面形成大量钙化的寄生虫小结节，称为砂粒肝。在苏木精-伊红染色的组织切片中，钙盐呈蓝色粉末、颗粒或斑块状。

（三）结局

少量的钙化有时可被溶解吸收，若钙化量多时，则难以溶解吸收而成为机体内长期存在的异物，可刺激周围结缔组织增生，将其包裹。一般来说，钙化是机体的一种防御适应性反应，可使病变局限化，固定和杀灭病原微生物，消除其致病作用。但是，钙化也有不利的一面，即不能使病变部位的功能恢复，有时甚至给局部功能带来障碍。如：血管壁发生钙化时，血管壁失去弹性，变脆，容易破裂出血；胆管寄生虫损伤的钙化，可导致胆道狭窄。

# 任务三　适　　应

机体内的细胞、组织或器官在受到刺激或环境改变时，能改变其功能与形态结构以适应新的环境条件和新的功能要求，这个过程称为适应。适应是机体在进化过程中获得的适应性反应。适应性改变一般是可逆的，只要组织和细胞的局部环境恢复正常，其形态结构的适应性改变即可恢复。常见形态结构的适应性改变有下列几种。

## 一、肥大

细胞、组织或器官体积的增大称为肥大。组织或器官的肥大主要是由于组成该组织或器官的实质细胞体积增大或数目增多，或二者同时发生而形成的。肥大包括生理性肥大和病理性肥大。

（一）生理性肥大

正常机体由于激素的刺激和生理功能的加强而导致的组织、器官的增大。其特点是肥大的组织、器官不仅体积增大，功能增强，而且具有更大的储备力，如泌乳期的乳腺、妊娠期的子宫肥大。

（二）病理性肥大

在疾病过程中，为了实现某种功能代偿而引起相应组织、器官的肥大，称为病理性肥大，包括真性肥大和假性肥大两种。

**1. 真性肥大**　真性肥大是指组织、器官的实质细胞体积增大，或数量增多，同时伴有功能增强。如主动脉瓣闭锁不全时，左心室不能完全排空，故舒张末期左心室血容量增多，可反射性引起心肌收缩力增强，同时心肌的血液循环和物质代谢也旺盛，从而使心肌得到较多的氧气、营养物质，导致心脏肥大。成对肾，一侧被切除时，另一侧肾发生肥大。

**2. 假性肥大**　假性肥大是指组织、器官的结缔组织增生引起的体积增大，此时，组织、器官的实质组织发生萎缩，使组织、器官的功能降低。长期休闲的役畜常出现这种肥大，大量的脂肪蓄积在心脏的心肌间，导致心肌纤维萎缩，虽然外观上心脏体积增大，但功能却降低，易发生急性心力衰竭而死亡。

## 二、改建

当组织、器官的功能负荷发生改变时，为适应新的功能需要，其形态结构会发生的相应变化，称为改建。组织改建的种类一般有以下三种。

### （一）血管的改建

动脉内压长期升高，使小动脉管壁弹性纤维和平滑肌增生，管壁增厚，毛细血管可转变成小动脉、小静脉；反之，当血管由于器官的功能减退时，原有的一部分血管将发生闭塞，如胎儿的脐动脉在它出生后由于血流停止而转变为膀胱圆韧带。

### （二）骨组织的改建

患关节性疾病或骨折愈合后，由于骨的负重方向发生改变，骨组织结构形式就会发生相应的改变。此时，骨小梁将按力学负荷赋予的新要求改变其结构与排列，不符合重力负荷需要的骨小梁逐渐萎缩，而符合重力负荷需要的则逐渐肥大，经一定时间后，骨组织内形成适应新的功能要求的新结构。

### （三）结缔组织的改建

创伤愈合过程中，肉芽组织内胶原纤维的排列也能适应皮肤张力增加的需要而变得与表皮方向平行。

## 三、化生

化生是指已分化成熟的组织，在环境条件改变的情况下，在形态和功能上完全转变为另一组织的过程。化生一般是在类型相近的组织之间进行的，如结缔组织可转化为黏液组织、软骨组织，但不能转化为上皮组织；在上皮组织中柱状上皮可以转化为复层上皮，但不能转化为肌肉组织。

### （一）化生的原因

**1. 维生素 A 的缺乏**　维生素 A 缺乏可引起咽、食管的腺体及气管和支气管黏膜上皮等的鳞状化生。如维生素 A 缺乏时，鸡的食管腺由单层上皮转化为复层鳞状上皮，因此在食管的黏膜可见 1～2 mm 大的灰白色结节，突起于黏膜表面。

**2. 激素的作用**　如果给鼠持续注射雌激素，则会引起子宫黏膜上皮的鳞状化生。

**3. 化学物质作用**　在生化实验中，胰弹性硬蛋白酶可引起支气管上皮的杯状细胞的化生。

**4. 机械刺激**　长期骑马者臀肌的骨化生。

**5. 慢性炎症刺激**　口腔、食管、膀胱等组织、器官，因慢性炎症的长期刺激，黏膜上皮的一部分发生角质样化生。

**6. 组织内代谢障碍**　软组织出血变性、坏死后，在肉芽组织形成过程中，常出现结缔组织的骨化生，可见骨组织和骨样组织的形成，有时可见软骨组织。

### （二）化生的类型

**1. 根据发生机制和过程划分**　根据化生所发生的机制和过程不同，常将其分为直接化生和间接化生两类。

（1）直接化生：某种组织不经过细胞的增殖而直接转变为另一种类型的组织。这种化生方式极少出现。在结缔组织中可有结缔组织细胞直接转变成为骨细胞，胶原纤维融合而变为骨基质，从而直接化生为骨组织。除此之外，很难看到这种方式的化生。

（2）间接化生：通过细胞增生来完成，是病理过程中最常见的化生形式。即在病理情况下，新生的细胞受神经、体液的影响变为其他组织的过程。例如，慢性气管炎、支气管扩张症、维生素 A 缺乏、呼吸道的柱状上皮脱落后，再生的不是假复层柱状上皮，而是角化性复层鳞状上皮（鳞状上皮样化生）。在慢性萎缩性胃炎时，可见胃腺的上皮细胞转化为类似肠黏膜的黏液分泌细胞（胃腺的肠上皮化）。在马传染性贫血时，由于骨髓受到严重侵害，在淋巴结和胸腺中均可见到由内皮细胞和血管外膜细胞增生而形成的造血组织（即发生髓外化生）。

*Note*

**2. 根据发生部位划分**　根据化生所发生的部位不同,常将其分为三类。

(1)鳞状上皮化生:常见于气管和支气管黏膜。当此处上皮受化学性刺激气体或慢性炎症损伤而反复再生时,就可能出现化生,即由原来的纤毛柱状上皮转化为鳞状上皮。这是一种适应性表现,通常仍为可复性的。但若持续存在,则有可能使气管和肺泡发生感染而诱发支气管肺炎或成为常见的支气管鳞状细胞癌的基础。这可能是纤毛上皮消失、黏膜失去其净化功能,削弱了支气管的防御功能,及致癌物质不能被及时排出的缘故。鳞状上皮化生尚可见于其他器官,如慢性胆囊炎及胆结石时胆囊黏膜上皮的鳞状上皮化生;慢性宫颈炎时的宫颈黏膜上皮的鳞状上皮化生等。

(2)肠上皮化生:这种特殊类型的化生常见于胃。此时,胃体和(或)胃实部的黏膜腺体消失,表面上皮的增生带由胃小凹移位于乳膜基底部,并改变其分化方向而分化出小肠或大肠型黏膜上皮。这种情况常见于慢性萎缩性胃炎伴黏膜腺体消失或胃溃疡及胃糜烂后黏膜再生时。这种肠上皮化生也可成为肠型胃癌的发生基础。

(3)结缔组织和支持组织化生:许多间叶性细胞常无严格固定的分化方向。故常可由一种间叶性组织分化出另一种间叶性组织。这种情况也多为适应性改变的结果,例如,间叶组织在压力作用下可转化为透明软骨组织,有时可发展出骨组织,如骨骼肌反复外伤(如骑士的缝匠肌损伤)后可在肌组织内形成骨组织,在骨化性肌炎时也是如此。这是新生的结缔组织细胞转化为成骨细胞的结果。

由上可知,化生的结果虽可使局部组织对某些刺激的抵抗性能增强,有积极的功能适应作用,但由于发生部位不同,也常引起一定的功能障碍,有些化生则完全没有适应意义,如维生素 A 缺乏时引起的支气管黏膜上皮的鳞状上皮化生等。

(陈　霞)

**知识链接与拓展**

### 肉 芽 组 织

肉芽组织是由新生的毛细血管和成纤维细胞构成,并伴有炎症细胞浸润的幼稚结缔组织。在创口愈合过程中,肉芽组织填充创口的缺损,使创面得以修复,因而它是创伤愈合的物质基础,可参与各种修复过程。

肉眼观,鲜红色,颗粒状,柔软湿润,形似鲜嫩的肉芽,故而得名。

镜下观,肉芽组织主要由大量成纤维细胞和新生的毛细血管构成,毛细血管对着创面垂直生长,并以小动脉为轴心,在周围形成襟状弯曲的毛细血管网,此外,可见多少不等的炎症细胞,主要为巨噬细胞和中性粒细胞。

一、肉芽组织的形成过程

肉芽组织来自损伤灶周围的毛细血管和结缔组织,在损伤后3~5天即可形成。最初是成纤维细胞和血管内皮细胞的增殖,随着时间的推移,逐渐形成纤维性瘢痕,这一过程包括血管新生、成纤维细胞的增殖和迁移、细胞外基质积聚和纤维组织重建。

1. 血管新生　肉芽组织中血管的新生包括血管生成和血管形成两种方式。血管生成是指组织中成熟的血管内皮细胞发生增殖和游走,逐渐形成小血管的过程。血管形成是指内皮细胞(存在于血液中)或成血管细胞形成新血管的过程。血管新生是以出芽方式来完成的。血管新生的过程由生长因子、细胞、细胞外基质间的相互作用来调控。

2. 成纤维细胞的增殖和迁移　在毛细血管内皮细胞分裂增殖的同时,该部位未分化的间叶细胞肿大,逐渐转变为成纤维细胞并分裂增殖。在肉芽组织形成过程中,血管内皮生长因子不仅促进血管生成,还能增加血管的通透性。血管壁通透性的增高导致血浆蛋白在细胞外基质中积聚,为生长中的成纤维细胞和内皮细胞提供临时基质。多种生长因子可启动成纤维细胞向损伤部位的迁移及随之发生的增殖。这些生长因子来源于血小板和各种炎症细胞以及活化的内皮细胞。

幼稚的成纤维细胞胞体大,有突起,细胞呈椭圆形,淡染,泡沫状,可见1~2个核仁。电镜下可见成纤维细胞胞质中有丰富的粗面内质网、核糖体和发达的高尔基复合体,表明它有活跃的蛋白质合成功能。成纤维细胞不断分裂增殖,并伴随新生的毛细血管一同向创面迁移。肉芽组织中不仅含有丰富的液体,而且有数量不等的中性粒细胞、巨噬细胞、淋巴细胞等炎症细胞。这些细胞不仅在清除细胞碎片、纤维蛋白和其他外源性物质中发挥重要作用,而且可促进成纤维细胞的迁移和增殖。

3.细胞外基质积聚 当肉芽组织吸收清除了创口内的坏死物质和填平创口时,即开始其成熟过程。增生的成纤维细胞和内皮细胞数量逐渐减少。成纤维细胞开始合成更多的细胞外基质并在细胞外积聚,尤其是分泌前胶原。前胶原在细胞外基质中经氨基端内切肽酶和羧基端内切肽酶作用,切除两端的肽链伸展部分,形成原胶原。原胶原进一步聚合形成胶原纤维,然后在分子内和分子间进行交联,形成不溶性的胶原。

4.纤维组织重建 随着肉芽组织的成熟,成纤维细胞转变为纤维细胞,呈梭形,胞质越来越少,细胞核缩小,呈棒状,染色加深。肉芽组织的成熟过程通常从底部向表层发展。此时,肉芽组织中液体成分逐渐减少,炎症细胞渗出减少,胶原纤维不断形成和数量增多、变粗,并适应功能负荷的需要按一定方向排列成束。随后成纤维细胞不断转变为纤维细胞,有的毛细血管不断萎缩、闭合、退化和消失,有的毛细血管管壁则增厚而形成小动脉或小静脉。此时,肉芽组织逐渐转变为血管减少、呈灰白色、质地较硬的瘢痕组织。瘢痕组织中的细胞成分和血管可继续减少,胶原纤维相互融合和均质化,进一步可发生玻璃样变,成为均质半透明的组织,有时甚至形成瘤状突起,称为瘢痕疙瘩。

肉芽组织转变为瘢痕的过程也包括细胞外基质的结构改变过程。一些能刺激胶原和其他结缔组织分子合成的生长因子,还具有调节金属蛋白酶的合成与激活的作用。金属蛋白酶是降解细胞外基质的关键酶。胶原和其他细胞外基质成分的降解可由锌离子依赖性基质金属蛋白酶家族来完成。细胞外基质合成与降解的最终结果不仅导致了结缔组织的重构,而且是慢性炎症和创伤愈合的重要特征。

二、肉芽组织和瘢痕组织的功能

肉芽组织的主要功能是保护创面,防止创面发生感染,可以起到修补创伤的作用,填补组织、皮肤等部位的损伤,在损伤组织周围出现异物、坏死部位时,还可以将异物吸收或同化。

瘢痕组织是肉芽组织经改建后成熟的纤维结缔组织。瘢痕组织的形成一方面使损伤的创口或缺损长期填补并连接起来,使组织、器官保持完整;瘢痕组织中有大量胶原纤维,使修补及连接相对牢固,使组织、器官保持其坚固性。另一方面瘢痕收缩,尤其是发生在关节和重要器官(如气管)的瘢痕收缩,常导致关节活动受限制或器官功能受损(如通气障碍);瘢痕性粘连,尤其是在器官之间或器官与体腔壁之间发生的纤维性粘连,会不同程度地影响其功能。

**执考真题**

1.(2019年)关于骨折修复延迟愈合表述错误的是(    )。

A.骨折愈合速度比正常缓慢　　　　B.局部无肿痛及异常活动　　　　C.整复不良延迟愈合

D.局部感染化脓延迟愈合　　　　E.局部血肿和神经损伤延迟愈合

2.(2019年)肉芽组织是一种幼稚结缔组织,其中富含(　　)。

A.炎症细胞和胶原纤维　　　　B.新生毛细血管和成纤维细胞　　C.网状纤维和胶原纤维

D.胶原纤维和纤维细胞　　　　E.成纤维细胞和纤维细胞

3.(2021年)肺结核时,结核分枝杆菌引起肺部损伤的结局不包括(　　)。

A.机化包围　　　B.不完全修复　　　C.完全修复　　　D.钙化　　　E.空洞形成

4.(2021年)球虫寄生肠道导致肠黏膜上皮细胞数量增多的病变是(　　)。

A.化生　　　　B.再生　　　　C.增生　　　　D.真性肥大　　　　E.假性肥大

 自测训练

一、选择题

1.病理产物被新生肉芽组织取代称为(　　)。

A.增生　　　　　　B.化生　　　　　　C.变性　　　　　　D.机化

2.代谢性代偿是通过下列哪个因素实现的?(　　)

A.增生　　　　　　B.化生　　　　　　C.变性　　　　　　D.机化

3.由周围健康细胞分裂增生修补损伤的形式称为(　　)。

A.增生　　　　　　B.化生　　　　　　C.变性　　　　　　D.机化

4.左心室肥大属于(　　)。

A.结构性代偿　　　　B.代谢性代偿　　　　C.功能性代偿　　　　D.机化

二、思考题

1.代偿的形式有哪些?

2.肉芽组织的形成过程有哪些?

3.创伤愈合的类型有哪些?

# 项目五　炎　症

扫码学课件

## 项目导入

　　本项目主要介绍炎症的相关知识,分为炎症概述、炎症的基本病理变化、炎症介质及其作用、炎症局部表现和全身反应、炎症的类型、炎症的经过与结局、败血症七个任务。通过本项目的学习,要求了解炎症的临床意义,掌握炎症的局部表现与全身反应、炎症的基本病变与分类,具备初步诊断疾病的能力,能分析临床实践中所见炎症病例,并且能够判断炎症的类型及进行其病变的描述。

## 项目目标

　　▲知识目标

　　1.掌握炎症的局部表现与全身反应。

　　2.掌握炎症的基本病变与分类。

　　3.了解炎症的发生原因、经过和结局以及临床意义。

　　4.了解炎症介质及其意义。

　　▲能力目标

　　1.能够识别炎症的基本病变。

　　2.能够判断炎症的类型。

　　▲思政与素质目标

　　1.具有良好的思想政治素质、行为规范和职业道德,具有法制观念。

　　2.具有互助协作的团队精神、较强的责任感和认真的工作态度。

　　3.热爱畜牧兽医行业,具有科学求实的态度、严谨的学风和开拓创新的精神。

## 案例导学

　　某猪场存栏 1200 头,其中 400 头育肥猪,近日出现猪体温升高至 41～42 ℃,精神沉郁,早期无明显的呼吸道症状,废食,鼻、耳、眼及后躯皮肤发绀,严重呼吸困难,咳嗽,常呆立或呈犬坐式,张口伸舌,咳喘,并有腹式呼吸。患猪于出现临诊症状后 24～36 h 内死亡。7 天内,发病 120 头,病死 90 头。死猪剖检可见气管和支气管内充满泡沫状带血的分泌物,肺充血、出血和血管内有纤维素性血栓形成,肺泡与间质水肿,肺的前下部有炎症出现。双侧性肺炎,心叶、尖叶和膈叶出现病灶,病灶区呈紫红色,坚实,轮廓清晰。纤维素性胸膜肺炎蔓延至整个肺脏。少量死猪出现肺脏和胸骨粘连现象。根据流行病学调查、临床症状、病理变化诊断为猪传染性胸膜肺炎。

　　根据猪场病例情况,如何在临床实践中正确识别炎症?引起猪传染性胸膜肺炎的原因有哪些?让我们带着问题走进炎症课堂。

*Note*

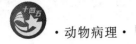

俗话说"十病九炎",炎症是常见的病理过程,临床上许多疾病如传染病、寄生虫病、内科病及外科病等,尽管病因不同,疾病性质和症状各异,但它们都以不同的组织或器官的炎症作为共同的发病学基础。因此正确认识炎症的本质,掌握炎症的概念及其发生、发展、转归的基本规律,可以帮助我们了解疾病发生和发展的机制,更好地防治疾病。

# 任务一 炎症概述

## 一、炎症的概念和特征

炎症是动物机体对各种致炎因素引起的局部损伤所产生的以防御反应为主的应答性反应。其基本病理变化表现为局部组织的变质、渗出和增生;局部病理反应的症状为红、肿、热、痛、功能障碍;炎症过程中还会出现不同程度的全身性病理反应,主要表现为发热和白细胞增多。从炎症的本质上看,炎症是清除与消灭各种致炎因素和促进损伤修复的反应,是机体的一种防御适应性反应,但是在抗损伤过程中还会出现血液循环障碍、炎症介质的释放以及组织的变性、坏死等,因此,对炎症过程必须辩证看待。

## 二、炎症的发生原因

凡是能够引起组织损伤的致病因素都可成为炎症的发生原因,即致炎因素。虽然致炎因素种类很多,但可以归纳为以下几类。

### (一)生物性因素

这是最常见的致炎因素,主要包括细菌、病毒、支原体等病原微生物和寄生虫等。生物性致炎因素通过其产生的内毒素、外毒素对细胞内增殖造成的破坏或作为抗原性物质引起机体超敏反应等导致炎症的发生。

### (二)化学性因素

化学性因素包括内、外源性化学物质。外源性化学物质如强酸、强碱、刺激性药物、腐败饲料等,内源性化学物质如机体组织坏死崩解产物、病理条件下体内堆积的代谢产物(尿素、尿酸)等,可在蓄积部位造成组织不同程度的损伤而引起炎症。

### (三)物理性因素

高温、低温、机械力、放射线及紫外线等均可造成组织损伤,引起炎症。

### (四)免疫反应

各种变态反应均能造成组织、细胞损伤而导致炎症,如过敏性皮肤炎、变态反应性甲状腺炎。

上述致炎因素作用于机体后,能否引起炎症及炎症反应的强弱,除与致炎因素的种类、性质、数量、强度和作用时间等有关外,还与机体的免疫状态、营养状况、神经内分泌系统功能等因素密切相关。例如在麻醉、衰竭等情况下,炎症反应往往减弱,尤其在机体免疫功能低下的情况下,对致炎因素的反应往往降低,出现所谓的"弱反应性炎",常表现为局部损伤久治不愈。相反,某些致敏机体,对一些通常不引起炎症的因素如花粉、药物、异体蛋白质等物质,也会出现强烈的反应。动物的营养状况也会影响机体对致炎因素的反应,特别是对损伤组织的修复有明显影响,如机体营养不良,缺乏某些必需的氨基酸和维生素 C 时,引起蛋白质合成障碍,使修复过程缓慢。内分泌系统的功能状态对炎症的发生、发展等也有一定的影响,激素中盐皮质激素、生长激素、甲状腺素对炎症有促进作用,糖皮质激素则可抑制炎症反应。

# 任务二 炎症的基本病理变化

各种炎症尽管发生原因、发生部位及其临床表现各不相同,但是,炎症局部彼此联系,相互影响,并按照一定顺序发生三种基本病理变化,即变质、渗出和增生。炎症反应轻时,炎灶局部实质细胞可发生细胞肿胀、脂肪变性,严重时间质和实质可发生不同类型的坏死。例如:实质发生凝固性坏死、液化性坏死、坏疽;间质发生黏液样变性和纤维素样坏死,如变质性心肌炎。一般炎症早期以变质、渗出变化为主,后期以增生变化为主,三者相互联系、相互影响,构成炎症局部的基本病理变化。一般来说,变质属于损伤过程,而渗出和增生属于抗损伤过程。

## 一、变质

变质是指炎症局部组织的变性和坏死。

**1.组织损伤的类型** 炎症局部组织的物质代谢障碍和在此基础上引起的局部组织、细胞发生的变性和坏死,称为组织损伤。

(1)原发性组织损伤:创伤、中毒、缺血、缺氧等引起的炎症,其组织损伤在炎症初期就已出现,这是致炎因素干扰、破坏细胞代谢,直接损害组织的结果,称为原发性组织损伤。

(2)继发性损伤:有些损伤性改变是在炎症过程中逐渐形成的,如化脓性炎症、病毒性肝炎等,致炎因素可进一步引起局部血液循环障碍,组织、细胞崩解形成多种病理性分解产物或释放一些酶类物质,在它们的共同作用下继续引起的炎症局部组织的损伤,称为继发性损伤。

**2.变质时的病理变化**

(1)组织和细胞的变性、坏死:炎症时组织的损伤在形态结构上可表现为各种变性(颗粒变性、脂肪变性)和坏死。

(2)组织代谢紊乱和理化性质变化:炎症初期,分解代谢亢进,组织耗氧量增加,氧化过程增强。之后由于局部循环障碍引起缺氧,致使糖、脂肪、蛋白质的代谢产物大多不能完全氧化,堆积于炎症组织,导致组织理化性质发生一系列改变,其中以酸中毒最为常见。

在炎症发生、发展过程中,变质既可作为炎症组织遭受损伤的结果,同时又是炎症应答的诱因。由于代谢不全和组织、细胞的坏死与崩解,可产生一些具有生物活性的物质(即炎症介质)堆积在炎区内,促进血管渗出、白细胞游出和周围组织细胞增生,使得炎症呈现出一环套一环的链式发展过程。

## 二、渗出

渗出是指炎区血管内血浆和白细胞进入组织间隙的现象。炎症过程中机体的应答十分复杂,是一个多细胞、多系统作用的多环节的过程,而渗出则是整个炎症应答的核心。综观起来,渗出可分为血管反应和细胞反应两部分。

### (一)血管反应

在致炎因素的作用下和组织损伤的基础上,炎区组织血流动力学改变,出现充血、淤血甚至淤滞,同时血管壁通透性明显升高,血液中液体成分和细胞成分渗出,白细胞吞噬作用加强以清除病原体或有害病理产物,这些变化共同构成了作为炎症发生中心环节的血管反应。血管反应是急性炎症的主要变化,其中包括血流动力学改变、血管壁通透性升高、白细胞游出和吞噬作用等。发生部位主要在微循环血管,特别是微静脉和毛细血管中。

**1.血流动力学改变** 首先表现为微动脉短暂收缩使局部组织缺血,持续几秒至几分钟不等。其后微循环血管扩张,血流加速,局部血容量增多(充血),是急性炎症血流动力学变化的标志,持续时间不等,长的可达几小时。随着炎症的发展,由于炎症介质的作用,血管进一步扩张,血管壁通透性升高,血管内血浆渗出,造成血液浓缩,血流变慢(淤血)。此时轴流加宽,白细胞进入边流并贴壁,阻

扫码看彩图

碍血液流动;同时由于渗出液对血管壁的压迫,血流进一步减慢,最终发展为血流停滞(淤滞)(图5-1)。

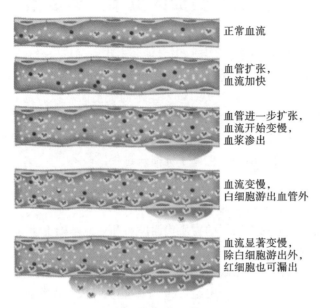

正常血流

血管扩张,
血流加快

血管进一步扩张,
血流开始变慢,
血浆渗出

血流变慢,
白细胞游出血管外

血流显著变慢,
除白细胞游出外,
红细胞也可漏出

**图 5-1　急性炎症时血流动力学变化模式图**

**2.血管壁通透性升高**　在炎症过程中,由于小血管受损和炎症介质的作用,局部组织淤血、酸中毒,使血管壁通透性升高。这是炎症应答的主要特征之一,在炎症早期即可明显地表现出来,是造成炎性水肿的主要机制。血液的液体成分通过血管壁渗出到血管外而进入组织内称为渗出,渗出的液体成分称为渗出液。

**3.炎性水肿**　微循环血管壁通透性升高的结果是血浆成分的渗出并形成炎性水肿。炎性水肿与非炎性水肿有所不同,其主要区别体现在水肿液上。炎性水肿液为渗出液,非炎性水肿液为漏出液。临床上鉴别渗出液和漏出液,对于疾病的诊断有一定帮助(表5-1)。

**表 5-1　渗出液与漏出液的比较**

| 项　　目 | 渗　出　液 | 漏　出　液 |
|---|---|---|
| 外观 | 浑浊,白色、红色或黄色 | 澄清,同正常血浆颜色 |
| 性状 | 浓厚,含有组织碎片 | 稀薄,不含组织碎片 |
| 相对密度 | >1.018 | <1.015 |
| 蛋白质含量 | 高,超过4% | 低于3% |
| 凝固性 | 在活体内外均易发生凝固 | 不凝固,只含少量纤维蛋白质 |
| 细胞含量 | 高,>$0.5×10^9$/L | 低,<$0.5×10^9$/L |
| 原因 | 与炎症有关 | 与炎症无关 |

炎性水肿的发生是血管壁通透性升高的结果,但在其发展过程中,血液中大分子物质渗出和炎区组织、细胞裂解所引起的管壁两侧渗透压的改变也起到了推波助澜的作用。

炎性渗出液中含有盐类和小分子白蛋白、球蛋白、纤维蛋白,具有重要的防御作用。它可稀释局部毒素和炎症病理产物,以减轻对局部组织的损伤作用;可带来抗体、补体、葡萄糖、氧等物质,有利于局部浸润的炎症细胞杀灭病原微生物。渗出液中的纤维蛋白原在凝血酶的作用下形成纤维素,它交织成网可限制病原微生物扩散;有利于吞噬细胞发挥吞噬作用。在炎症后期,纤维素网架还可成为修复的支架,并有利于成纤维细胞产生胶原。

渗出液对机体也可产生不利作用,如影响邻近组织和器官的功能,纤维素被肉芽组织机化引起组织粘连等。例如,肺泡内渗出液可影响气体交换;脑膜炎时渗出液使颅内压升高,引起头痛等神经症状。

### (二)细胞反应

对于致炎因素的作用,机体在炎灶中所出现的细胞反应主要是白细胞渗出,它们构成了炎症细胞的主要来源。炎症过程中,白细胞穿过血管壁进入组织间隙并发挥吞噬作用,称为炎症细胞浸润。

**1. 白细胞渗出** 在炎症过程中,伴随着局部组织血流缓慢及血浆成分的不断渗出,白细胞也主动通过微血管壁游出到血管外的炎区,这一现象称为白细胞渗出。渗出的白细胞在炎区聚集的过程称为白细胞浸润,炎区浸润的白细胞称为炎症细胞。白细胞渗出并吞噬和降解病原微生物、免疫复合物及坏死组织碎片,构成炎症反应的主要防御环节,同时白细胞释放的酶类、炎症介质等可加剧组织损伤。白细胞渗出是一个复杂的过程,包括边移、贴壁、游出、浸润等阶段,受趋化作用的影响才能到达炎区中心,发挥其吞噬作用(图 5-2)。

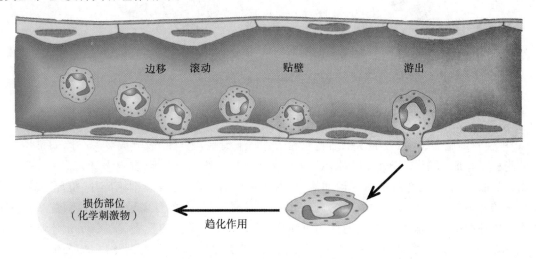

**图 5-2 急性炎症时白细胞的游出和聚集过程模式图**

(1)边移:随着动脉性充血转向炎性淤血,血流减慢时,血浆成分渗出,血液浓缩,轴流加宽,血浆层变薄或消失,这时白细胞从血液的轴流进入边流,似滚动状前进并靠近血管壁,称为边移。白细胞边移是由选择素介导的。致炎因素特别是病原微生物感染导致炎症介质释放,它们可刺激血管内皮细胞上选择素的表达,引起白细胞滚动、流速变慢并向血管内皮细胞靠近。

(2)贴壁:继边移之后,大量的白细胞与血管内皮细胞发生紧密黏附,逐渐黏附在血管内膜上,称为贴壁。白细胞贴壁是由整合素介导的。白细胞滚动中产生的信号将整合素激活。整合素的表达阻止了白细胞的滚动,并引起白细胞与内皮细胞间的紧密黏附。

(3)游出:贴壁的白细胞沿内皮细胞表面缓慢移动,在内皮细胞连接处伸出伪足插入其中,然后整个白细胞体逐渐挤到内皮细胞与基底膜之间停留片刻,借助本身的阿米巴运动穿过内皮交界处,最后穿过基底膜与血管外膜到达血管外,称为游出。

(4)浸润:游出的白细胞最初围绕在血管周围,由于趋化作用沿组织间隙做阿米巴运动,逐渐向炎区移动、集中,发挥其吞噬作用和免疫作用,这种现象称为浸润。

**2. 趋化作用** 白细胞在某些化学刺激物的作用下所做的单一定向运动,称为趋化作用。能诱导白细胞做定向运动的化学刺激物称为趋化因子,趋化因子保证白细胞渗出后能朝向炎区移动。

研究证明,趋化因子有特异性,即有些趋化因子只能吸引中性粒细胞,另一些趋化因子则能吸引单核细胞或嗜酸性粒细胞等。此外,不同细胞对趋化因子的反应能力也不同,粒细胞和单核细胞对趋化因子反应较显著,而淋巴细胞反应较弱。

**3. 炎症细胞的种类和功能** 炎区渗出的白细胞统称为炎症细胞,主要包括中性粒细胞、嗜酸性粒细胞、嗜碱性粒细胞、单核巨噬细胞、淋巴细胞等(图 5-3)。这些细胞可经内皮细胞间隙到达血管

*Note*

外,是一个主动过程。不同性质的炎症及炎症发展的不同阶段,游出的炎症细胞的种类及数量有所差异。检查炎症细胞的种类与数量对于了解炎症原因,控制炎症的发展具有一定参考价值。

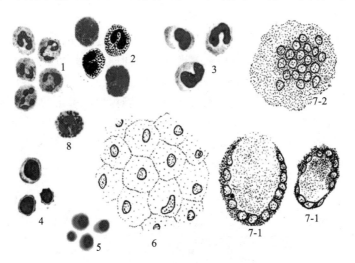

**图 5-3　主要的炎症细胞**
1.中性粒细胞;2.嗜酸性粒细胞;3.巨噬细胞;4.淋巴细胞;5.浆细胞;6.上皮样细胞;
7.多核巨细胞(7-1.朗汉斯巨细胞;7-2.异物巨细胞);8.嗜碱性粒细胞

　　(1)中性粒细胞。①形态:中性粒细胞起源于骨髓干细胞,胞核一般分成 2~5 叶,幼稚型中性粒细胞的胞核呈弯曲的带状、杆状或锯齿状而不分叶。HE 染色可见胞质内含淡红色中性粒颗粒。②作用:中性粒细胞具有很强的游走运动能力,主要吞噬细菌,也能吞噬细胞碎片、抗原-抗体复合物以及细小的异物颗粒。其胞质中所含的颗粒相当于溶酶体,其内含有多种酶,这种颗粒在炎症时可见增多。中性粒细胞还能释放血管活性物质和趋化因子,促进炎症的发生、发展,是机体防御作用的主要成分之一。③诊断意义:中性粒细胞多在化脓性炎症和急性炎症初期渗出,如葡萄球菌和链球菌感染。在病原微生物引起的急性炎症中,外周血中的中性粒细胞也增多;在一些病毒性疾病中,中性粒细胞可能减少。中性粒细胞减少或幼稚型中性粒细胞增多,往往是病情严重的表现。

　　(2)嗜酸性粒细胞。①形态:嗜酸性粒细胞也起源于骨髓干细胞,细胞核一般分为 2 叶,各自呈卵圆形。胞质丰富,内含粗大的强嗜酸性颗粒。②作用:嗜酸性粒细胞具有游走运动能力,主要作用是吞噬抗原-抗体复合物、抑制变态反应,同时对寄生虫有直接杀伤作用。嗜酸性颗粒主要含有碱性蛋白、阳离子蛋白、过氧化物酶、组胺酶、活性氧等,对组胺等变态反应中的化学介质有降解灭活作用。③诊断意义:嗜酸性粒细胞主要在寄生虫感染和变态反应引起的炎症时渗出。如反复感染或重度感染时不仅局部组织内嗜酸性粒细胞增多,循环血液中也显著增多。发生变态反应时,嗜酸性粒细胞可占白细胞总数的 20%~25%。

　　(3)单核细胞和巨噬细胞。①形态:单核细胞和巨噬细胞均来源于骨髓干细胞,单核细胞占血液中白细胞总数的 3%~6%,血液中的单核细胞受刺激后,离开血液到结缔组织或其他器官后转变为组织巨噬细胞。这类细胞体积较大,圆形或椭圆形,常有钝圆的伪足样突起,核呈卵圆形或马蹄形,染色质细粒状,胞质丰富,内含许多溶酶体及少数空泡,空泡中常含有一些消化的吞噬物。②作用:巨噬细胞具有趋化能力,其游走速度慢于中性粒细胞,但有较强的吞噬能力,能吞噬非化脓菌、原虫、衰老细胞、肿瘤细胞、组织碎片和体积较大的异物,特别是对于慢性细胞内感染的细菌如结核分枝杆菌、布鲁氏菌和李氏杆菌的消除有重要意义。巨噬细胞还能产生许多可以识别抗原的信息并传递给免疫活性细胞,从而参与特异性免疫反应,巨噬细胞还能产生许多炎症介质,促进调整炎症反应。巨噬细胞可转变为上皮样细胞和多核巨细胞。③诊断意义:巨噬细胞主要出现于急性炎症的后期,慢性炎症和非化脓性炎症(结核分枝杆菌、布鲁氏菌感染)、病毒性感染和原虫病。

　　(4)单核巨噬细胞。①形态:单核细胞直径 15 μm,胞质丰富,微嗜碱性,内含细小的嗜天青颗粒,胞核呈肾形或马蹄形,扭曲折叠。单核细胞由血液进入组织后,其胞体增大,细胞器更丰富,酶解能力更强,称为巨噬细胞。巨噬细胞也可来源于组织(库普弗细胞、组织细胞、肺泡巨噬细胞和淋巴组织的网状细胞)。②作用:单核巨噬细胞可吞噬中性粒细胞所不能吞噬的病原体、异物和组织碎片,甚至整个细胞。主要见于急性炎症后期和慢性炎症过程中,在一些特异性(结核病、副结核病、鼻疽、布鲁氏菌病)炎灶内,单核巨噬细胞在吞噬消化病原体的过程中,细胞形态发生改变,转变为上皮样细胞和多核巨细胞。

(5)淋巴细胞。①形态:淋巴细胞产生于淋巴结及其他淋巴组织,经胸导管进入血液循环。淋巴细胞占血液中白细胞的比例因动物不同而不同,体积大小不一,多数为小型的成熟淋巴细胞,直径为$6\sim9~\mu m$,核呈圆形、浓染,胞质极少。大淋巴细胞数量较少,是未成熟的,胞质较多。淋巴细胞分为T淋巴细胞和B淋巴细胞。②作用:淋巴细胞主要产生特异性免疫反应,在炎症过程中,被抗原致敏的T淋巴细胞产生和释放IL-6、淋巴因子等多种炎症介质,具有抗病毒、杀伤靶细胞、激活巨噬细胞等多种重要作用,B淋巴细胞可转化为浆细胞分泌抗体,参与体液免疫。③诊断意义:主要见于慢性炎症、炎症恢复期及病毒性炎症和迟发性变态反应过程中。

(6)上皮样细胞。炎灶内存在某些病原体(如结核分枝杆菌、鼻疽杆菌等)或异物(如缝线、芒刺等)时,巨噬细胞可转变为上皮样细胞或多个巨噬细胞融合成多核巨细胞。①形态:外形与巨噬细胞相似,呈梭形或多角形,胞质丰富,内含大量内质网和许多溶酶体。包膜不清晰,胞核呈圆形、卵圆形或两端粗细不等的杆状,核内染色质较少,着色淡。此类细胞的形态与复层扁平细胞中的棘皮细胞相似,故称上皮样细胞。②作用:上皮样细胞具有强大的吞噬能力,它的胞质内含有丰富的酯酶,主要见于肉芽肿性炎症。

(7)多核巨细胞。①形态:由多个巨噬细胞融合而成。细胞体积巨大,胞质丰富,在一个细胞体内含有许多个大小相似的细胞核。细胞核的排列形式不一,有的细胞核沿着细胞体的外周排列,呈马蹄形,这种细胞又称朗汉斯巨细胞;有的细胞核聚集在细胞一端或两极;还有的细胞核散布在整个巨细胞的胞质中。②作用:多核巨细胞可见于结核病、放线菌病、曲霉菌病或坏死组织的边缘,具有强大的吞噬能力,有时可见它包围着嵌进组织的异物,如缝线等。

(8)浆细胞。①形态:浆细胞是B淋巴细胞受抗原刺激后演变而成的。浆细胞形状特殊,核呈圆形,偏于细胞一侧,染色质呈轮状排列,其中含有大量内质网及核蛋白体,能产生抗体,参与免疫反应。②作用:浆细胞主要具有合成免疫球蛋白的能力,参与体液免疫。③诊断意义:主要见于慢性炎症和病毒感染。

**4. 吞噬作用**　白细胞渗出并在趋化因子的作用下到达炎区,吞噬和消化病原体、抗原-抗体复合物、各种异物以及组织坏死崩解产物的过程,称为吞噬作用。机体具有吞噬作用的细胞称为吞噬细胞,主要有中性粒细胞、嗜酸性粒细胞和单核巨噬细胞等。吞噬过程基本相同,大体可分为黏附、摄入和消化三个阶段(图5-4)。

(1)黏附:被吞噬的物质首先黏附在吞噬细胞的细胞膜上。细菌在黏附前必须先经调理素(一类能增强吞噬细胞作用的血清蛋白)处理。

(2)摄入:细菌等异物黏附在吞噬细胞表面,吞噬细胞伸出伪足将异物包围,进而将异物包入细胞质并形成由吞噬细胞包围异物的泡状小体,称为吞噬体。吞噬体逐渐脱离细胞膜进入细胞内部,并与溶酶体相融合,形成吞噬溶酶体,完成异物的摄入过程。

(3)消化:吞噬溶酶体形成之后,通过溶酶体酶(如溶菌酶、杀菌素、酸性水解酶、乳铁蛋白等)的酶解作用及吞噬细胞代谢产物(如氧代谢活性产物和酸性代谢产物)两条途径来杀伤和降解被吞入的细菌和其他异物。

### 三、增生

从致炎因素作用于组织而出现炎症开始,伴随着组织损伤、血管反应,即可见到炎区内细胞的增生现象。增生的特点是开始于炎症早期,明显于炎症后期。一般来说,增生常常被渗出和变质过程所掩盖,随着机体抵抗力的增强和疾病好转,或由急性炎症转变为慢性炎症时,增生过程则往往成为炎症的主要表现。

扫码看彩图

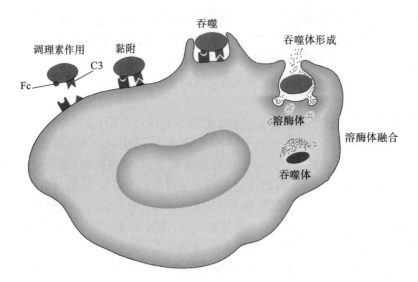

图 5-4　白细胞吞噬过程模式图

炎区内多种类型的细胞成分都可以出现增生,主要是巨噬细胞、成纤维细胞、淋巴细胞和血管内皮细胞。炎症早期即可见血管外膜细胞活化,胞体变圆并分裂增殖,与来自血液的单核细胞及其转化的巨噬细胞一起发挥强大的吞噬作用,清除病原体和局部病理产物。少数炎症早期也有其他细胞增生,如急性肾小球肾炎早期,可见肾小球毛细血管内皮细胞和系膜细胞增生。

炎症后期,以成纤维细胞和毛细血管内皮细胞增生多见。成纤维细胞由纤维细胞和未分化间叶细胞活化、增殖而来,多位于炎区周围,在其成熟过程中产生前胶原,后者释放后转化、聚合成胶原纤维。血管内皮细胞的增殖可构建新的毛细血管。成纤维细胞和新生毛细血管共同构成肉芽组织,修复组织缺损。在炎症后期某些器官、组织的实质细胞也可发生增生。

增生变化是一种防御性反应,细胞增生具有限制、清除病原体和病理产物的作用,可阻止炎症扩散,修复受损伤的组织。但增生也可造成局部组织结构改变,引起组织、器官不同程度的功能障碍。过度增生可影响器官的功能,使健康组织受压,也可使器官硬化和粘连。如肺硬化、肝硬化、心外膜和心包膜粘连等。

炎症的变质、渗出、增生三个基本过程是相互联系的,在任何炎症过程中,都有这三个过程的存在,三者相互依存,相互影响,形成复杂的炎症过程。但在不同类型的炎症或炎症的不同阶段,其表现程度各有差异。例如,在炎症的早期和急性炎症时,常以组织变质和渗出为主,而在炎症的后期和慢性炎症时,则以增生反应为主。

# 任务三　炎症介质及其作用

炎症反应的整个过程,包括血流的变化,血管壁通透性的变化,白细胞附壁、游出、趋化以及白细胞的激活、再生、损伤的修复,乃至全身性反应,无不与一些化学活性物质的参与有关,这些物质就是炎症介质。炎症介质是指在炎症发生、发展过程中,由细胞释放或在体液中产生、参与或引起炎症反应的化学物质。炎症介质按其来源可分为细胞源性炎症介质和血浆源性炎症介质。

## (一)细胞源性炎症介质

### 1. 血管活性胺类

(1)组胺:主要储存于肥大细胞、嗜碱性粒细胞、血小板中,各种致炎因素均可引起组胺释放。组胺的主要作用是使小血管扩张,毛细血管通透性升高,导致渗出增加,引起炎性水肿、血压下降。此外,组胺还可引起支气管、胃肠道、子宫、平滑肌收缩,导致哮喘、腹泻、腹痛等。

(2)5-羟色胺:主要存在于胃肠道黏膜的嗜铬细胞、神经元以及嗜碱性粒细胞、肥大细胞、血小板中。在变态反应中这些细胞受损,使5-羟色胺大量释放。其主要作用类似组胺,可引起多数脏器微血管扩张和血管壁通透性增高,并能促进组胺释放,还能引起痛觉敏感。

**2. 前列腺素(PG)** 前列腺素广泛存在于机体组织和体液中,是花生四烯酸的代谢产物。炎灶内的前列腺素主要来自血小板和白细胞。其主要作用是使血管强烈扩张,能致痛和参与发热过程,并有加强组胺和缓激肽效应的作用。

**3. 细胞因子** 细胞因子主要由激活的淋巴细胞和单核巨噬细胞释放,在免疫和炎症反应中有广泛的生物学活性,包括趋化、激活、促进增殖分化等。参与炎症的细胞因子主要包括白细胞介素、肿瘤坏死因子、造血生长因子、淋巴因子、单核细胞趋化蛋白-1等。

此外,细胞源性炎症介质还包括白细胞产物、血小板活化因子及其他介质。

### (二)血浆源性炎症介质

**1. 激肽** 存在于血浆中,炎症时大量释放,在炎区中,激肽能使血管壁通透性升高、血管扩张、平滑肌收缩,引起疼痛。

**2. 补体** 补体是血清中的一组蛋白质,具有酶活性,平时以非活性状态存在,当受到某些物质激活时,补体各成分便按照一定顺序出现连锁的酶促反应而被激活,参与机体的防御功能,并作为一种炎症介质,促进机体的炎症反应。

此外,血浆源性炎症介质还包括凝血系统和纤溶系统。

综上所述,炎症介质是炎症发生、发展的一个重要物质基础。炎症过程中,组织损伤、血管反应和渗出形成以及炎症的消散和修复都是相当复杂的过程,炎症介质在其中参与启动和推动各个环节。

临床上在治疗炎症时,除针对生物性致炎因素采用相应的药物外,其他的抗炎药物,其作用机制大多数是通过抑制炎症介质的合成与释放,或直接对抗炎症介质,而达到抗炎的效果。类固醇类药物如糖皮质激素可的松等有较好的抗炎效果,是由于它具有降低血管壁通透性,稳定溶酶体膜从而控制溶酶体的释放,抑制白细胞向血管内皮细胞黏附和血管外游出,抑制肥大细胞的组胺合成和蓄积,抑制血小板释放前列腺素等的作用。糖皮质激素对肉芽组织的形成具有抑制作用,这是因为它能抑制毛细血管和成纤维细胞的增生,同时也能抑制成纤维细胞的胶原合成和黏多糖的合成。故局部反复使用极少量的糖皮质激素,对缩小炎灶的瘢痕组织是有好处的。非类固醇类抗炎药物如吲哚美辛、保泰松等能抑制前列腺素合成,同时也有稳定细胞溶酶体膜的作用,从而减轻炎症的发展及缓和炎症的症状。

# 任务四 炎症局部表现和全身反应

## 一、炎症的局部表现

组织炎症,特别是体表组织的急性炎症,炎症部位往往表现出红、肿、热、痛和功能障碍五大症状。

### (一)红

由于炎灶局部充血所致,常是炎症早期的症状。初期呈现鲜红色,这是动脉性充血时局部氧合血红蛋白增多的结果;以后转为暗红色或紫褐色,这是静脉性充血时还原血红蛋白增多的结果。

### (二)肿

主要由于渗出形成炎性水肿所致。在某些慢性炎症中,也可以是细胞增生的结果。

### (三)热

由于动脉性充血所致。一般皮肤温度低于血液温度,当大量动脉血液流入时,可提高炎症局部

的温度。此外,炎区物质代谢增强,局部产热增多,也是一个因素。

**（四）痛**

由于局部组织肿胀,压迫或牵引感觉神经末梢,以及代谢产物和炎症介质刺激感受器所致。感觉神经支配的部位发生急性炎症时,常有疼痛;而自主神经支配的内脏发生炎症时,往往没有明显的疼痛,除非炎症波及内脏的被膜（如胸膜、腹膜）才会发生疼痛。张力过高,在组织紧密的区域,如胫骨前方等处发生炎性水肿及炎性浸润时,疼痛尤为明显。某些化学物质刺激神经感受器,也可产生疼痛。实验证明,5-羟色胺、核酸代谢产物及炎区钾离子浓度升高,都可引起疼痛。

**（五）功能障碍**

局部组织肿胀、疼痛、物质代谢障碍、细胞变性坏死等,均可引起炎症组织或器官的功能障碍。如关节炎时的关节肿胀、疼痛,可影响关节功能,引起跛行。

上述五种症状是炎症局部的共同特点,但并非每一种炎症都会全部表现这些症状,一些慢性炎症红与热的表现就不明显。

## 二、炎症的全身反应

作为一个完整的机体,在炎灶局部出现病理变化的同时,全身也会表现相应变化。在炎症局部病变严重,或机体抵抗力低下而出现炎症全身化时,全身反应表现得更为明显。常见的炎症全身反应主要如下。

**（一）发热**

发热是机体的一种防御反应。炎症性疾病常伴有发热,主要原因在于致炎因素特别是生物性致炎因素均有外源性致热原,以及炎症反应时炎症细胞分泌物、炎症局部坏死组织被吞噬细胞吞噬后产生和释放内源性致热原,引起机体发热。

发生炎症时一定程度的体温升高能加强机体的物质代谢,促进抗体形成和增强单核巨噬细胞的吞噬功能。同时发热还能促进血液循环,提高肝、肾、汗腺等器官和组织的生理功能,加速对炎症有害产物的处理和排泄。因此,适度发热对机体有一定的抗损伤作用。

若有严重而广泛的炎症而无发热,往往提示可能预后不良（表示机体抵抗力低下）;若发热持续过久或体温过高,则引起体内大量营养物质（如糖、脂肪、蛋白质等）分解,能量储备严重消耗,动物消瘦,使机体抵抗力下降。由于体温过高和有害代谢产物的影响,中枢神经系统可能出现抑制,甚至发生昏迷,必须及时处理。

**（二）白细胞增多**

炎症时,外周血中白细胞数量往往发生变化,常出现白细胞增多。在多数急性炎症特别是急性化脓性炎症时,外周血中白细胞总数升高,尤以中性粒细胞增多较为明显,而且有时发生幼稚型中性粒细胞比例升高,即出现白细胞核左移现象。在过敏性炎症和寄生虫性炎症时,外周血中常见嗜酸性粒细胞增多。慢性炎症和病毒感染时则多见淋巴细胞增多。

白细胞增多是机体的一种重要防御反应,是机体防御功能增强的表现。随病程发展,如果外周血中白细胞总数及白细胞分类比例逐渐趋于正常,可看作炎症转向痊愈的一个指标。反之,在炎症过程中,如外周血中白细胞显著减少或突然减少,则表示机体抵抗力降低,往往是预后不良的征兆。

**（三）单核吞噬细胞系统功能加强**

炎症尤其是生物性因素引起的炎症,常见单核吞噬细胞系统功能加强,表现为细胞活化增生,吞噬和杀菌功能加强。例如,急性炎症时,炎灶周围淋巴通路上的淋巴结肿胀、充血,淋巴窦扩张,窦内巨噬细胞活化、增生,吞噬加强。如果炎症发展迅速,特别是发生全身性感染时,则脾脏、全身淋巴结以及其他器官的单核吞噬细胞系统的细胞都发生活化、增生。这些都是机体抗炎反应的表现。

**（四）内脏器官的中毒性变化**

严重炎症向全身播散时,由于发热、细菌及其毒素或体内某些分解产物的作用,重要内脏器官的实质细胞可发生代谢障碍,继而表现为变性或坏死;严重时,内脏功能受损,主要见于心、肝、肾。

### (五)血清急性期反应物形成

病原微生物侵入机体引起炎症时,可导致血清成分的明显改变,这种反应称为急性期反应,血清中增多的非抗体物质统称为血清急性期反应物,如淋巴细胞活化因子、C反应蛋白、纤维蛋白原等。

发生炎症时,血清急性期反应物具有保护炎区组织细胞、促进损伤组织修复、抑制凝血等作用,也可见于手术、创伤等过程,是机体对抗外界强烈刺激的一种非特异性反应。

# 任务五 炎症的类型

炎症按照发病部位可分为脑炎、肺炎、肾炎、肠炎等。

根据病程经过,可将炎症分为以下几种。①急性炎症:病程短,以变质和渗出为主,临床症状明显,浸润的炎症细胞主要是中性粒细胞。②慢性炎症:病程较长,以增生为主,临床症状不明显,浸润的炎症细胞主要为单核巨噬细胞、淋巴细胞和浆细胞。③亚急性炎症:介于两者之间。

根据炎症的基本病理变化——变质、渗出、增生的表现程度,可将炎症分为三大类:变质性炎、渗出性炎、增生性炎。

## 一、变质性炎

变质性炎是指炎灶内组织或细胞出现明显的变性、坏死,而渗出和增生过程很轻微的一类炎症。变质性炎多发于心、肝、肾等实质器官,常在炎症器官表面形成灰白色或灰黄色斑点或病灶,整个器官肿胀不一、红黄相间、质软易脆。炎症器官轻度肿大、水肿、质软易脆、色泽变淡,以坏死为主的变质性炎在炎症器官的表面有大小不一的灰白色或灰黄色坏死灶,现以心肌、肝、肾为例进行简要说明。

**1. 变质性心肌炎** 心脏扩张,在心外膜或心内膜上呈现灰黄色或灰白色条纹或斑块;心肌纤维呈颗粒变性或脂肪变性,甚至断裂呈蜡样坏死,间质有轻度充血、水肿和炎症细胞浸润。口蹄疫,牛恶性卡他热,马传染性贫血,砷、霉菌毒素中毒,羊的白肌病等均能使心肌发生变质性炎。

**2. 变质性肝炎** 急性期明显,肝体积肿大或萎缩,质地脆弱,呈灰黄色或黄褐色;肝颗粒变性、脂肪变性或坏死,间质有轻度炎性充血和炎症细胞浸润,见于鸡副伤寒、禽霍乱、鸡包涵体肝炎、鸭病毒性肝炎、鸡盲肠肝炎等。例如,兔出血症导致的变质性肝炎,肉眼观可见肝体积肿大、变黄、粗糙易碎,严重时肝细胞坏死;犊牛口蹄疫导致的变质性心肌炎,在心肌的表面和切面散布着黄白色、大小不等、形态不规则的斑块与条纹状坏死性炎灶。此时,虽有炎症细胞的浸润和炎性渗出,或同时存在少量细胞的增生,但仍然以变质为主,脏器的功能不同程度地受到损害,严重时可危及生命。

**3. 变质性肾炎** 肾肿大,呈灰黄色或黄褐色,质地脆弱;肾小管上皮呈颗粒变性或坏死。鸡肾型传支、猪弓形虫病、猪瘟等疾病,均能发生变质性肾炎。

## 二、渗出性炎

渗出性炎是指炎症组织以渗出性变化为主,以炎灶内形成大量渗出物为特征,同时伴有不同程度的变质和轻微增生过程的一类炎症。根据渗出物的性质及病变特征,渗出性炎又分为浆液性炎、纤维素性炎、化脓性炎和出血性炎等。

**1. 浆液性炎** 浆液性炎是以渗出大量浆液为特征的炎症。浆液呈淡黄色,含3%~5%的白蛋白和球蛋白,同时因混有白细胞和脱落的上皮细胞成分而呈轻度浑浊。

(1)原因:各种理化因素(机械力、低温、电流、化学毒物等)和生物性因素等都可引起浆液性炎。浆液性炎是渗出性炎的早期表现。如猪巴氏杆菌病可引起浆液性肺炎。

(2)病理变化:浆液性炎常发生于皮肤、黏膜、浆膜或其他疏松结缔组织。发生在皮肤,则形成水疱(如皮肤Ⅱ度烧伤、水痘)(图5-5);发生在浆膜腔(胸腔、心包腔),则可引起浆膜腔积液。

皮下疏松结缔组织发生浆液性炎时,炎症部位肿胀,严重时指压皮肤可出现面团状凹陷,切开时

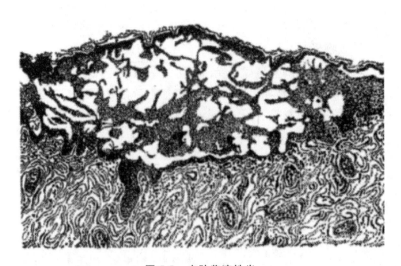

**图 5-5 皮肤浆液性炎**

表皮层内有一大水疱形成,其内含大量浆液

肿胀部可流出淡黄色浆液,疏松结缔组织本身呈淡黄色半透明胶冻状。黏膜发生浆液性炎时,又称为浆液性卡他性炎,常发生于胃肠道黏膜、呼吸道黏膜、子宫黏膜等部位。肉眼观,黏膜表面附有大量稀薄透明的浆液性渗出物,黏膜肿胀、充血增厚。浆膜发生浆液性炎时,浆膜腔内有浆液蓄积,浆膜充血、肿胀,间皮脱落。

(3)结局:浆液性炎一般呈急性过程,随着致炎因素的消除和机体状况的好转,浆液性渗出物可被吸收消散,局部变性、坏死组织通过再生可完全恢复。若病程持久,可引起结缔组织增生,器官和组织发生纤维化,从而导致相应的功能障碍。

**2.纤维素性炎** 纤维素性炎是以渗出液中含有大量纤维素为特征的炎症,常发生在黏膜、浆膜和肺。纤维素即纤维蛋白,来自血浆中的纤维蛋白原。

(1)原因:常见于病原微生物感染,如大肠杆菌病、猪霍乱沙门菌病、牛恶性卡他热、鸡传染性喉气管炎、支原体病等。由于细菌或毒物等引起血管壁通透性显著提高,大分子的纤维蛋白原得以渗出,在组织中发生凝固,转变成为不溶性的纤维蛋白。

(2)病理变化:根据炎症组织受损伤程度的不同,纤维素性炎可分为浮膜性炎和固膜性炎两种。

①浮膜性炎:组织坏死性变化比较轻微的纤维素性炎。常发生于浆膜(胸膜、腹膜、心包膜)、黏膜(气管、肠黏膜)和肺等处。其特征是渗出的纤维蛋白形成一层淡黄色、有弹性的膜状物被覆在炎区表面,易于剥离,剥离后,被覆上皮一般仍保留,组织损伤较轻。

发生在肠黏膜表面的浮膜性炎,可以在黏膜上形成一个管状物,并可随粪便排出。纤维素性肺炎渗出的纤维蛋白聚积在肺泡中,使得肺组织变实,如肝脏样,称之为肝变。心外膜上的纤维素性炎,随心脏跳动,沉着于心包膜上的纤维蛋白可形成无数绒毛状物,称为绒毛心。肝、脾等器官表面渗出的纤维蛋白常形成一层白膜附着于器官的浆膜面。胸膜处发生这种炎症时,纤维蛋白沉积于两层胸膜上,呼吸时两层胸膜相互摩擦,听诊有胸膜摩擦音。

②固膜性炎:伴有比较严重的黏膜组织坏死的纤维素性炎,故又称纤维素性坏死性炎。常见于黏膜,其特征是渗出的纤维蛋白与坏死的黏膜组织牢固地结合在一起,不易剥离,剥离后黏膜组织形成溃疡。固膜性炎常发生于仔猪副伤寒(弥漫性)、猪瘟(局灶性)、鸡新城疫等患畜禽的肠黏膜上(图5-6)。

(3)结局:纤维素性炎一般呈急性或亚急性过程,其结局主要取决于组织坏死的程度。浮膜性炎时,纤维蛋白受白细胞释放的蛋白分解酶的作用,可被溶解、吸收而消散,损伤组织通过再生而修复。有时浆膜面上的纤维蛋白发生机化,使浆膜肥厚或与邻近器官发生粘连,肺泡内纤维蛋白被结缔组织取代可引起肺组织的肉变。固膜性炎因组织损伤严重,不能完全修复,常因局部结缔组织增生而形成瘢痕。

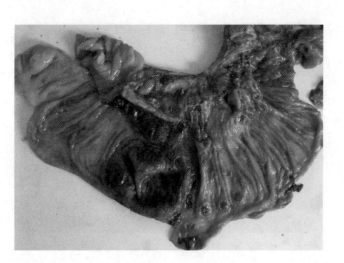

图 5-6 猪瘟——盲肠黏膜扣状肿

**3. 化脓性炎** 化脓性炎是以大量中性粒细胞渗出为特征,并伴有不同程度的组织坏死和脓液形成的炎症。脓液由细胞成分、细菌和液体成分所组成。镜下观,脓液中的细胞成分主要是中性粒细胞,除少数继续保持吞噬能力外,大部分已发生变性、坏死和崩解。这种变性、坏死的中性粒细胞称为脓细胞。脓液的液体成分是坏死组织受到中性粒细胞释放的蛋白分解酶的作用溶解液化而成的。形成脓液的过程称为化脓。

(1)原因:主要由化脓菌如葡萄球菌、链球菌、铜绿假单胞菌、棒状杆菌等感染所引起。某些化学物质如松节油、巴豆油等,或机体自身的坏死组织如坏死骨片,也能引起无菌性化脓性炎。

(2)病理变化:由于病原菌不同和动物种类的不同,脓液在外观上有较大差异。感染葡萄球菌和链球菌生成的脓液,一般呈黄白色或金黄色乳糜状;感染铜绿假单胞菌生成的脓液为青绿色。化脓过程如混有腐败菌感染,则脓液呈污绿色并有恶臭。犬中性粒细胞的蛋白分解酶有极强的分解能力,故形成的脓液稀薄如水;禽类的脓液含抗胰蛋白酶,故常呈干酪样。根据发生原因和部位的不同,化脓性炎又有几种不同的表现形式。

①脓性卡他:黏膜表面的化脓性炎。外观上黏膜表面出现大量黄白色、黏稠、浑浊的脓性渗出物,黏膜充血、出血和肿胀,重症时浅表坏死。镜下观,中性粒细胞主要向黏膜表面渗出,深部组织没有明显的炎症细胞浸润。见于化脓性脑膜炎、化脓性支气管炎等。

②积脓:浆膜发生化脓性炎时,脓性渗出物大量蓄积在浆膜腔内称为积脓。见于牛创伤性心包炎、化脓性胸膜炎、化脓性腹膜炎。

③脓肿:组织内发生的局限性化脓性炎,表现为炎区中心坏死、液化而形成含有脓液的腔(图5-7)。急性过程时,炎灶中心为脓液,其周围组织出现充血、水肿及中性粒细胞浸润组成的炎症反应带。慢性经过时,脓肿周围出现肉芽组织,包围脓腔,并逐渐形成一个界膜,称为脓肿膜。后者具有吸收脓液、限制炎症扩散的作用。

如果病原菌被消灭,则渗出停止,小的脓肿内容物可逐渐被吸收而愈合;大的脓肿通常见包囊形成,脓液干涸、钙化。如果化脓菌继续存在,则从脓肿可向表层发展,使浅层组织坏死溶解,脓肿穿破皮肤或黏膜而向外排脓,局部形成溃疡。深部的脓肿有时可以通过一个管道向体表或自然管腔排脓,在组织内形成的这种有盲端的管道称为瘘道。如慢性化脓性骨髓炎时,可见瘘道形成并向体表皮肤排脓。有时深部脓肿既向体表皮肤穿破排脓,又向自然管腔排脓,此时形成沟通皮肤和自然管腔的排脓管道,称为瘘管。

④蜂窝织炎:皮下和肌间疏松结缔组织的一种弥漫性化脓性炎。蜂窝织炎发生和发展迅速,炎区内大量中性粒细胞弥漫性浸润于细胞成分之间,其范围广泛,与周围正常组织间无明显界限。蜂窝织炎的早期也可称为脓性浸润,主要由溶血性链球菌引起。链球菌能分泌透明质酸酶,降解结缔组织基质中的透明质酸,还能分泌链激酶溶解纤维蛋白。因此,细菌易于通过组织间隙扩散,造成弥漫性化脓性炎。

扫码看彩图

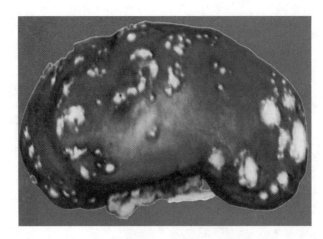

图 5-7 肾脓肿

（3）结局：化脓性炎多为急性过程，轻症时随病原微生物的消除，及时清除脓液，可以逐渐痊愈。重症时需通过自然破溃或外科手术来进行排脓，较大的组织缺损常由新生肉芽组织填充并导致瘢痕形成。若机体抵抗力降低，化脓菌可随炎症蔓延而侵入血液和淋巴并向全身播散，甚至导致脓毒败血症。

**4. 出血性炎**　出血性炎是渗出液中含有大量红细胞的一类炎症，多与其他类型的炎症合并发生，如浆液性出血性炎、化脓性出血性炎等。

（1）原因：见于毒性较强的病原微生物感染，如猪瘟、炭疽、鸡新城疫、鸡传染性法氏囊病等。这些病原微生物能严重损伤血管壁，引起血管壁通透性升高，导致红细胞随同渗出液被动地从血管内溢出。

（2）病理变化：大量红细胞出现于渗出液内，使渗出液和炎症组织被染上血液的红色。如胃肠道的出血性炎，肉眼观，黏膜显著充血、出血，呈暗红色，胃肠内容物呈血样外观。镜下观，渗出液中红细胞数量多，同时也有一定量的中性粒细胞；黏膜上皮细胞发生变性、坏死和脱落，黏膜固有层和黏膜下层血管扩张、充血、出血和中性粒细胞浸润。

在实际工作中，要注意区分出血性炎和出血，前者伴有血浆液体和炎症细胞的渗出，同时也可见程度不等的组织变质性变化；后者则缺乏炎症的征象，仅具有单纯性出血的表现。

（3）结局：出血性炎一般呈急性过程，其结局取决于原发性疾病和出血的严重程度。

上述四种类型的渗出性炎，是依据渗出物的性质来划分的，但它们之间联系密切，而且有些是同一炎症过程的不同发展阶段。例如，浆液性炎往往是渗出性炎的早期变化，当血管壁受损加重，有大量纤维蛋白渗出时，就转化为纤维素性炎。而且在疾病发展过程中，两种或两种以上的炎症类型也可同时存在，如浆液性-纤维素性炎或纤维素性-化脓性炎等。

**5. 卡他性炎**　卡他性炎是黏膜组织发生的一种渗出性炎症。"卡他"一词是拉丁语"catarrhs"的音译，本意是"向下滴流"（或"流溢"）。黏膜组织发生炎症时，渗出物溢出于黏膜表面。

依渗出物性质不同，卡他性炎又可分为多种类型。以浆液渗出为主的称为浆液性卡他；以黏液分泌亢进，使得渗出物变得黏稠者称为黏液性卡他；黏膜的化脓性炎称为脓性卡他（图5-8）。如感冒早期的鼻液，多为鼻腔黏膜发生渗出性炎（卡他性炎）的结果，一般会经历一个浆液、黏液到脓液的发展过程。

### 三、增生性炎

增生性炎是指以细胞增生过程占优势，而变质和渗出性变化比较轻微的一类炎症。增生的细胞成分主要包括巨噬细胞、成纤维细胞等。一般为慢性过程，但也可呈急性过程。根据致炎因素和病变特点，一般可分为非特异性增生性炎和特异性增生性炎两种。

*Note*

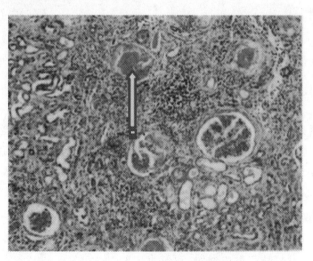

图 5-8 肠卡他

## （一）非特异性增生性炎

非特异性增生性炎是指增生的组织不形成特殊结构的增生性炎,包括急性增生性炎和慢性增生性炎。

**1.急性增生性炎** 呈急性过程,是以细胞增生为主,渗出与变质为辅的炎症。例如,急性传染病时,淋巴组织的增生性炎;急性与亚急性肾小球肾炎时,肾小球毛细血管内皮与球囊上皮的显著增生;仔猪副伤寒时,肝淋巴样细胞的增生,形成细胞性"副伤寒结节";病毒性脑炎中小胶质细胞增生所形成的胶质细胞结节等。

**2.慢性增生性炎** 呈慢性过程,以间质结缔组织增生为主,并伴有少量组织细胞、淋巴细胞、浆细胞和肥大细胞等浸润的炎症,增生的结缔组织包含成纤维细胞、血管和纤维等成分。多为损伤组织的修复过程,常导致组织、器官硬化。慢性增生性炎主要表现为组织和器官的间质成分增生,故又称为慢性间质性炎,如慢性间质性肾炎(图 5-9)。

图 5-9 慢性肾小球肾炎

## （二）特异性增生性炎

特异性增生性炎是由某些特定病原微生物(如结核分枝杆菌、布鲁氏菌、鼻疽杆菌)引起的一种以特异性肉芽组织增生为特征的炎症,故又称为肉芽肿性炎。

炎症局部形成主要由巨噬细胞增生构成的界限清楚的结节状病灶,称为肉芽肿。常见的引起肉芽肿性炎的病因有结核分枝杆菌、鼻疽杆菌、异物等。例如,典型的结核结节中心是干酪样坏死,内含坏死的组织细胞和钙盐,还有结核分枝杆菌;周围即为巨噬细胞大量增生以及由巨噬细胞转化而

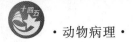

来的上皮样细胞和多核巨细胞,在外围常有大量的淋巴细胞积聚和纤维组织包裹。

增生性炎多为慢性过程,伴有明显的结缔组织增生,故病变器官往往发生不同程度的纤维化而变硬,器官功能出现障碍。

# 任务六　炎症的经过与结局

炎症过程充分反映了损伤与抗损伤相互斗争的过程,并且损伤与抗损伤的力量对比决定着炎症的进程和结局。如抗损伤过程(白细胞渗出、吞噬能力加强等)占优势,则炎症向痊愈的方向发展;如损伤性变化(细胞变性坏死、局部物质代谢障碍等)占优势,则炎症逐渐加剧而向恶化方向发展,蔓延扩散;如果损伤与抗损伤力量相等,则炎症转为慢性过程而迁延不愈。

## 一、痊愈

大多数炎症尤其是急性炎症可以痊愈。痊愈的程度可分为两种。

### (一)完全痊愈

在多数炎症过程中,机体抵抗力较强或经过及时适当的治疗后病因被消除,病理产物和渗出物被溶解吸收,组织的损伤通过炎灶周围健康细胞的再生而得以修复,最后完全恢复组织原来的正常结构和功能。常见于短期内能吸收消散的急性炎症。

### (二)不完全痊愈

少数情况下,如果机体抵抗力较弱、组织损伤严重,周围组织再生能力有限或坏死物和渗出物较多而不易完全溶解吸收,则由肉芽组织长入修复,形成瘢痕,不能完全恢复组织原有的结构和功能。

## 二、迁延不愈

在某些情况下,由于机体抵抗力较弱,治疗不及时或者不准确,致炎因素不能在短期内清除而在机体内持续存在,而且不断损伤组织,造成炎症迁延不愈,急性炎症转为慢性炎症。如急性肝炎转变为慢性肝炎而长久不愈。

## 三、蔓延扩散

由病原微生物引起的炎症,当机体抵抗力下降或病原微生物数量增多、毒力增强时,常发生蔓延扩散,主要方式有以下几种。

### (一)局部蔓延

炎症局部的病原微生物可经组织间隙或器官的自然通道向周围组织或器官扩散,如心包炎引起心肌炎,气管炎引起肺炎,尿道炎上行扩散可引起膀胱炎、输尿管炎甚至肾盂肾炎,母畜的阴道炎上行扩散可引起子宫内膜炎,肺结核时结核分枝杆菌可沿着组织间隙向周围组织蔓延,也可沿支气管扩散,在非肺脏部位形成新的结核病灶,疖沿组织间隙蔓延,可导致病灶扩大形成痈。

### (二)沿淋巴道扩散

病原微生物在炎症局部进入淋巴管,随淋巴液的流动而扩散至淋巴管及淋巴结,进而引起淋巴结炎,如急性肺炎可继发引起肺门淋巴结炎,可见淋巴结肿大、充血、出血、水肿等变化。后肢发生炎症时,腹股沟淋巴结亦出现相应的变化。淋巴结的变化有时可限制感染的扩散,但严重时,病原微生物可经胸导管进入血液而引起血道扩散。

### (三)沿血道扩散

炎症局部的病原微生物或某些毒性产物,有时可突破局部屏障而进入血液,随血液循环向全身蔓延,引起菌血症、毒血症、败血症和脓毒败血症。

**1.菌血症**　菌血症是细菌进入血液的现象。一般情况下,细菌在血液中短暂存在,不引起全身病变。细菌可被血液中的白细胞和脾、肝等器官的巨噬细胞吞噬消灭,但也可能在适宜细菌生长的部位停留下来建立新的病灶。有时菌血症可发展为败血症。

**2. 毒血症** 毒血症是病原微生物侵入机体后在局部繁殖,细菌内毒素或炎症局部的各种有毒产物被吸收进入血液,引起全身中毒的现象。患病动物出现高热、寒战、抽搐、昏迷等全身中毒症状,并伴有心、肝、肾等实质器官细胞发生严重变性或坏死。

**3. 败血症** 败血症是病原微生物进入血液并持续存在,大量繁殖产生毒素,引起机体严重物质代谢障碍和生理功能紊乱,出现全身中毒症状并发生相应的病理形态学变化的现象。此时,病原微生物的损伤作用占明显优势,而机体的抵抗力低下。败血症的发生标志着炎症局部病理过程的全身化,如治疗不及时或全身病变严重,往往引起动物死亡。

**4. 脓毒败血症** 由化脓菌引起的败血症。化脓菌团随血流运行,在多个器官形成栓塞,引起全身多数器官形成多发性小化脓灶。脓毒败血症除具有败血症的一般性病理变化外,突出病变是器官的多发性脓肿,后者通常较小,比较均匀地散布在器官中。镜下观,依脓肿中央和尚存的毛细血管或小血管内常见细菌团块,说明脓肿是由栓塞于毛细血管的化脓菌性栓子所引起的。

# 任务七 败 血 症

败血症是病原微生物侵入机体所引起的一种急性全身性病理过程。病原微生物侵入机体后,突破机体的防御,进入血液循环,在血液中大量而持久地存在并散布到各器官、组织内,产生大量毒性产物,造成广泛的组织损害,使机体处于严重中毒状态。

## 一、败血症的原因和机制

### (一)传染性病原微生物

几乎所有的细菌性、病毒性传染病,都能发展为败血症,特别是一些急性传染病往往以败血症的形式表现出来,如炭疽、猪丹毒、巴氏杆菌病、猪瘟、马传染性贫血、鸡新城疫等。一些慢性传染病(如鼻疽、结核病),虽然以局部炎症过程为主要表现形式,但在机体抵抗力显著降低的情况下,也会出现急性败血症。

病原微生物侵入机体的部位称为侵入门户或感染门户,病原微生物常在侵入门户增殖并引起炎症。当机体以局部炎症的形式不能控制或消灭病原微生物时,病原微生物则可沿着淋巴道或血道扩散,引起相应部位的淋巴管炎或静脉炎以及淋巴结炎。因此,在侵入门户的炎灶不明显时,通过局部淋巴管炎或静脉炎以及淋巴的病变也可以查明感染门户。但当机体的防御能力显著降低时,往往不经过局部炎症过程,病原微生物就直接进入循环血液内,并引起败血症。

### (二)非传染性病原微生物

某些非传染性病原微生物如葡萄球菌、链球菌、铜绿假单胞菌等也能引起败血症。其发生机制是机体某部位发生局部损伤,继发感染了细菌,引起局部炎症,在局部炎症的基础上发展为败血症。此种败血症并不传染其他动物,故不属于传染病范畴。

## 二、败血症的类型和病变特点

根据引起败血症的病原微生物的不同,可将败血症分为传染病型败血症和非传染病型败血症。

### (一)传染病型败血症

如前所述,能引起传染病的病原微生物,几乎都能引起败血症。传染病型败血症具有重要特征,主要表现如下:患畜多呈菌血症,机体处于严重中毒状态,出现一系列全身性病理过程,患畜严重中毒和物质代谢障碍,各器官、组织发生不同程度的变化(变性和坏死)。由于机体内大量微生物存在和死前组织变性坏死,故动物死后常呈尸僵不全,早期可发生尸腐现象。而全身毒血症,组织变性坏死和物质代谢障碍,导致氧化不全的代谢产物和组织分解产物在体内蓄积,引起缺氧和酸中毒,动物死后血液往往凝固不全。败血症时多有早期溶血现象,从而导致心内膜、血管内膜被血红蛋白污染,在尸体中呈玫瑰色,并在脾、肝和淋巴结等器官内有血源性色素(如含铁血黄素)沉着。溶血和肝脏功能障碍的结果,可造成胆色素沉积、可视黏膜及皮下组织呈黄染现象。

败血症比较突出而又易于发现的病理变化是出血性素质。这主要是因微生物和毒素的作用使血管壁遭到损伤,血管壁通透性增高,而发生多发性、渗出性出血。表现为在各部位浆膜、黏膜,各器官的被膜下和实质内,有点状或斑状的出血灶,皮下、浆膜下和黏膜下的疏松结缔组织中有浆液性、出血性浸润,体腔(胸腔、腹腔及心包腔)内有积液。

脾的病变是特征性的,通常可肿大 2～4 倍。表面呈黑紫色,边缘钝圆,质地松软,触之有波动感,易碎。切面含血量多,呈紫红色或黑紫色,脾髓结构模糊不清,髓质膨隆,用刀背轻轻擦过切面时,可刮下大量血粥样物,有时脾髓呈半流动状,镜检可见脾窦显著扩张充血,甚至出血,并有中性粒细胞浸润,红髓和白髓内有不同程度的增生,有时还出现局灶性坏死,脾小梁和被膜的平滑肌呈变质性变化。呈现上述变化的脾,通常也称为"败血脾"。

淋巴组织(淋巴结、扁桃体中淋巴滤泡)可发生肿胀,淋巴结呈现各种各样的急性淋巴结炎的变化,如充血、出血、水肿、中性粒细胞浸润。有时淋巴组织可有明显的增生。

实质器官(心、肺、肾)发生颗粒变性和脂肪变性。心脏因心肌变性而松软脆弱,无光泽,心脏扩张,心内、外膜下常见有出血点,心脏内积有少量凝固不良的血液,这是机体发生心力衰竭的表现。肝肿大,呈灰黄色或黄色,往往有中央静脉淤血。肾变性肿胀,断面皮质增厚,呈灰黄色,髓质为紫红色。肺淤血水肿。

### (二)非传染病型败血症

非传染病型败血症又称为感染创伤型败血症,其特点是在机体发生局灶性创伤的基础上,有细菌感染引起炎症,进而发展为败血症。例如,体表创伤、手术创伤(包括去势创伤)、产后的子宫及新生畜的脐带等损伤,因护理不当或治疗不及时造成细菌感染并引起败血症。

非传染病型败血症除具上述败血症的病理变化外,不同的非传染病型败血症又各有其原发病灶的变化特点,可分为以下几种。

**1. 创伤败血症** 原发病灶为各种创伤(如鞍伤、蹄伤、去势创伤、火器伤等)。原发病灶多呈浆液性化脓性炎或蜂窝织炎。由于病原体多沿淋巴道扩散,病灶附近的淋巴管和淋巴结发炎。淋巴管肿胀、变粗,呈条索状,管壁增厚而管腔狭窄,管腔内积有脓汁或纤维素凝块。淋巴结为单纯淋巴结炎或化脓性淋巴结炎。病灶周围静脉管有时可呈静脉炎,此时,静脉管壁肿胀,内膜坏死和脱落,管腔内积有血凝块或脓汁。

**2. 产后败血症** 母畜分娩后,当子宫黏膜损伤或子宫内遗有胎盘碎片时,易感染化脓性或腐败性细菌,引起化脓性子宫炎或腐败性子宫炎,往往因继发败血症而死亡。此时,子宫肿大,压之有波动感,子宫内蓄积大量污秽不洁并有臭味的脓样液体。子宫黏膜淤血、出血及坏死,坏死的黏膜脱落后,形成糜烂或溃疡。

**3. 脐败血症** 由于新生幼畜断脐消毒不严,细菌感染并引起败血症。此时脐带根部可见出血性化脓性炎,肝往往发生脓肿。

此外,非传染病型败血症有时因化脓菌从原发病灶向淋巴或血流转移,而在机体的其他组织、器官内形成转移性化脓灶,这种现象可称为脓毒败血症。

(苗丽娟)

---

**知识链接与拓展**

#### 动物炎症性疾病的治疗解析

造成炎症病理改变的因素并不唯一,大体上可分成两类,分别是各类病原微生物,以及外界温度、外伤、毒物等理化因素。治疗需要针对不同病因,以药物阻断病因及优化饲养管理等方式抑制炎症扩散,并消灭已进入动物体内的病原微生物。

一、清除致炎的理化因素

对于理化因素来说,如高热、机械损伤所致炎症改变是难以有效消除的。但许多理化致炎因素可以用多种方法清除,如强酸引起的炎症,要用弱碱性液体中和治疗;强碱引起的炎症,要用弱酸性液体中和治疗;各种异物引起的炎症,要经手术清除异物等。

对于由理化因素引起的动物体表的炎症性疾病要清除病因,对于动物内脏及组织发生的炎症性病变也应针对病因治疗。例如因磺胺类药物所致肾炎病变,就应通过注射碳酸氢钠溶液,达到消除磺胺结晶的目的。

二、清除引起炎症的病原微生物

动物机体的许多炎症性疾病与病原微生物关系紧密,或由病原微生物直接引起(原发感染),或由理化因素损伤后继发感染引起。这类炎症性疾病,要进行相应的抗病原微生物治疗。

(一)抗生素的应用

抗生素在兽医临床上的应用已十分普遍,但兽医临床上使用抗生素存在的问题较多,甚至有使用不当造成严重损失的事例。应用抗生素时,首先应做病原微生物的药敏试验,选择对其最有效的抗生素。如一时不能做药敏试验,可按下述方法进行处理:如果炎症性疾病是由革兰阳性菌引起的,应选用抗革兰阳性菌的抗生素,要根据病情和条件选用青霉素、先锋霉素(头孢霉素)、红霉素或螺旋霉素等;如果炎症性疾病是由革兰阴性菌引起的,应选用链霉素、庆大霉素、卡那霉素或氯霉素等;如果难以确定病原菌的染色特性,可应用广谱抗生素。

(二)磺胺类药物的应用

应用磺胺类药物时,要防止变态反应和中毒。首次应用要加倍剂量,应用给药间隔时间短的磺胺类药物时要配合等量碳酸氢钠,达到消除磺胺结晶的目的。

(三)呋喃类抗菌药物的应用

呋喃西林的毒性大,主要用于治疗胃肠的炎症性疾病,幼小动物应用时要慎重。呋喃唑酮主要用于治疗胃肠的炎症性疾病,对小动物有一定毒性,应用时需注意。呋喃妥因常用于治疗尿道的炎症性疾病。

三、抗病毒药物的应用

如果动物机体的炎症性疾病由病毒感染所致,要选用抗病毒药物进行治疗。目前对抗病毒药物的疗效尚有争议,但普遍认为可用金银花、大青叶、黄芩等中药治疗。

四、抗霉菌药物的应用

如果动物机体的炎症性疾病由霉菌感染所致,要进行抗霉菌治疗。供选用的抗霉菌制剂有灰黄霉素、制霉菌素、克霉唑、曲霉素等。

五、抗炎症性渗出

炎症性渗出是微血管壁的通透性增强,内皮细胞之间的透明质酸分解,内皮细胞的吞饮功能增强和某些微血管壁原有的小窗孔径增大的结果。由于血管活性胺、激肽、前列腺素的释放和活化是这种病理变化的基础,所以可进行抗过敏治疗。常用的药品有苯海拉明、异丙嗪、氯苯那敏等,以及各种解热镇痛剂等。

六、抗炎症性增生

炎症性增生对动物机体的康复造成损害时,要应用免疫抑制剂治疗。如肾炎、肝炎等常因结缔组织增生而引起肾硬化、肝硬化。因此,在炎症的初期就应选用免疫抑制剂进行抗增生治疗。

炎症是动物常见的疾病病变过程,如寄生虫所致病变、传染性动物疾病以及一些外科和内科疾病都可以产生炎症性病变,所以认识和掌握炎症的治疗,具有非常重要的意义。

炎症会通过引发炎症的病因造成细胞和组织的形态改变以及坏死,如微血管的充血、液体、细胞的渗出和浸润,以及组织细胞的增生。治疗炎症性疾病时,应针对病因、病变和病理机制进行治疗。

治疗动物炎症性疾病应在改善饲养管理、阻止病因继续对动物机体作用的同时,根据具体情况进行抗菌治疗、抗病毒治疗、抗寄生虫治疗,并根据疾病的发展进行抗充血、抗变质、抗渗出、抗增生治疗。

→ **执考真题**

扫码看答案

1.(2014年)寄生虫性炎症病灶内特征性的炎症细胞是(　　　)。

A.单核细胞　　　　　　　　　B.淋巴细胞　　　　　　　　　C.中性粒细胞

D.嗜酸性粒细胞　　　　　　　E.嗜碱性粒细胞

2.(2011年)引起炎症局部疼痛的炎症介质是(　　　)。

A.P物质　　　　B.组胺　　　　C.缓激肽　　　　D.一氧化氮　　　　E.溶酶体酶

3.(2016年)卡他性炎发生的部位在(　　　)。

A.黏膜　　　　B.浆膜　　　　C.肌膜　　　　D.筋膜　　　　E.滑膜

4.(2017年)动物发生急性传染病时导致死亡的主要原因是(　　　)。

A.菌血症　　　　B.毒血症　　　　C.败血症　　　　D.虫血症　　　　E.病毒血症

5.(2014年)急性猪瘟引起的败血症典型病理变化是(　　　)。

A.无溶血　　　　　　　　　B.肝、肾明显淤血肿大　　　　　　　　　C.尸僵完全

D.脾明显肿大　　　　　　　E.血液凝固不良

6.(2016年)牛副结核病时的肠炎属于(　　　)。

A.出血性肠炎　　　　　　　　　B.坏死性肠炎　　　　　　　　　C.增生性肠炎

D.慢性卡他性肠炎　　　　　　　E.纤维素性坏死性肠炎

7.(2019年)炎性渗出物中的纤维素是指(　　　)。

A.纤维组织　　　　B.纤维蛋白　　　　C.纤维细胞　　　　D.纤维蛋白原　　　　E.纤维蛋白酶

8.(2009年)构成肉芽组织的主要成分是毛细血管内皮细胞和(　　　)。

A.肌细胞　　　　B.多核巨细胞　　　　C.成纤维细胞　　　　D.上皮细胞　　　　E.纤维细胞

→ **自测训练**

扫码看答案

1.炎症的局部表现是(　　　)。

A.变质、渗出、增生　　　　　　　　　B.红、肿、热、痛、功能障碍

C.充血、淤血、出血　　　　　　　　　D.变性、坏死、再生

2.急性炎症时,从血管内渗出的炎症细胞主要有(　　　)。

A.嗜酸性粒细胞　　　　B.中性粒细胞　　　　C.嗜碱性粒细胞　　　　D.单核细胞

3.变质性炎主要发生于(　　　)。

A.实质器官　　　　B.黏膜组织　　　　C.淋巴组织　　　　D.上皮组织

4.发生化脓性炎时渗出的炎症细胞主要是(　　　)。

A.嗜酸性粒细胞　　　　B.中性粒细胞　　　　C.嗜碱性粒细胞　　　　D.单核细胞

5. 急性炎症早期和化脓性炎,外周血中增多的白细胞主要是( )。

A. 嗜酸性粒细胞 　　 B. 中性粒细胞 　　 C. 单核细胞 　　 D. 淋巴细胞

6. 下列细胞在慢性炎症中最常见的是( )。

A. 淋巴细胞 　　 B. 嗜碱性粒细胞 　　 C. 中性粒细胞 　　 D. 嗜酸性粒细胞

7. 在寄生虫感染引起的炎症组织内多见( )。

A. 中性粒细胞 　　 B. 嗜酸性粒细胞 　　 C. 单核巨噬细胞 　　 D. 淋巴细胞

8. 猪瘟病例的回盲口出现纽扣状溃疡属于( )。

A. 增生性炎 　　 B. 渗出性炎 　　 C. 变质性炎 　　 D. 以上都是

9. 蜂窝织炎属于( )。

A. 浆液性炎 　　 B. 纤维素性炎 　　 C. 卡他性炎 　　 D. 化脓性炎

10. 炎症持续较久时,覆盖在心外膜表面的纤维蛋白,因心脏跳动而形成的外观称( )。

A. 盔甲心 　　 B. 绒毛心 　　 C. 虎斑心 　　 D. 以上都是

11. 炎症的重要标志是( )。

A. 变性 　　 B. 坏死 　　 C. 渗出 　　 D. 充血

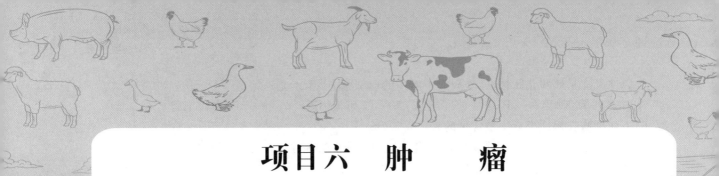

# 项目六　肿　瘤

## 项目导入

　　本项目主要介绍肿瘤的相关知识,包括肿瘤概述、肿瘤的命名与分类、肿瘤的病因与发病机制、动物常见的肿瘤、肿瘤的诊治这五个任务。通过本项目的学习,要求了解肿瘤的临床意义,掌握肿瘤的临床症状与特征,了解肿瘤的生物学特性和命名。学生能够诊断常见的肿瘤性疾病,具备初步鉴别良性肿瘤和恶性肿瘤的能力,能够分析临床实践中所见肿瘤病例,并且能够诊断肿瘤病例和区分肿瘤的类型。

## 项目目标

　　▲知识目标

　　1.掌握肿瘤的概念、肿瘤的命名原则。

　　2.了解肿瘤的一般生物学特性和常见的致瘤因素。

　　3.掌握肿瘤的病理诊断,尤其是良性肿瘤与恶性肿瘤的鉴别诊断。

　　4.了解常见的动物肿瘤。

　　▲能力目标

　　1.能够识别肿瘤的基本病变。

　　2.能够诊断肿瘤。

　　3.能初步鉴别良性肿瘤和恶性肿瘤。

　　▲思政与素质目标

　　1.注重培养学生热爱专业、关爱动物、耐心严谨的职业素养,培养强烈的责任心和进取心,为就业打下坚实的基础。

　　2.能认真遵守行业法规和职业技术规程,具有法制观念。

　　3.具有吃苦耐劳的精神,具备良好的职业道德。

　　4.热爱畜牧兽医事业,爱岗敬业。

## 案例导学

　　某农户家购买4头刚满两个月的小猪回家饲养,3个多月后发现1头猪的下颌部左侧长一突起异物,随着时间的推移,这一突起异物逐渐长大,猪食欲减退,体重下降,比其他3头健康猪少20 kg,体重仅为50 kg。2个月后畜牧兽医站专业技术人员前去检查,穿刺异物后无液体流出,初步诊断为肿瘤。经手术切除的肿瘤形状似"猪心",宽面直径为13.7 cm,长15.3 cm,重达1.4 kg。目前,猪生命体征正常,手术恢复情况待进一步观察。此类肿瘤与其来源组织结构大致相同,在机体组织细胞方面危害性不大,生长缓慢,质地坚硬,附着在骨骼上,多发生在颈部,在临床上多为良性。

通过对这一病例的了解,我们如何在临床实践中诊断肿瘤?如何鉴别良性肿瘤和恶性肿瘤?引起肿瘤的原因又有哪些?让我们带着问题走进课堂。

肿瘤是人类和动物较常见的疾病之一。恶性肿瘤严重危害人类和动物的健康。为了消除肿瘤对人类和动物的危害,当前各国对肿瘤的研究极为重视。有报道显示,近年来动物肿瘤的发生率明显增高,某些动物肿瘤的发生常呈地方流行性,威胁动物的健康,使其经济价值降低,影响畜牧业的发展。

畜牧业为人类提供大量的乳、肉、蛋等畜产品,对增强人类的健康,改善和提高人民的生活水平具有重要意义。家畜和家禽的某些肿瘤,如鸡的马立克氏病和劳斯肉瘤,牛和鸡的某些类型白血病等,都是由病毒感染引起的。人们食用此类病畜或病禽产品后,是否也会发生肿瘤,这是人们极为关注的,也是亟待研究解决的重要课题。

此外,利用家畜、家禽及实验动物进行实验性肿瘤研究和比较肿瘤研究,对于深入探讨肿瘤的病因及发病机制具有深远意义。

# 任务一 肿 瘤 概 述

## 一、肿瘤的概念

在各种致瘤因素的作用下,机体部分细胞的生长调控发生紊乱,细胞异常分裂、增殖而形成新生物,这种新生物常形成局部肿块,称为肿瘤。

肿瘤细胞是在致瘤因素作用下由正常细胞转变而来的。某种细胞一旦转变为肿瘤细胞,就具有不同于正常细胞的一些特性,其中最重要的是肿瘤细胞盲目异常增生,丧失了发育为成熟细胞的能力。肿瘤细胞的代谢、功能和形态与正常细胞不同,有质的差别。这种异常增生的肿瘤细胞既不同于正常细胞,也有别于炎症或肥大时增生的细胞。它具有与机体不相协调的异常增生的能力,甚至在致瘤因素停止作用后,仍可无止境地继续生长,并且其分化不成熟。肿瘤组织细胞无论是形态结构还是功能代谢都与正常组织细胞截然不同。

## 二、肿瘤的一般生物学特性

### (一)外观

肿瘤的形状、大小、颜色和硬度等,在一定程度上反映了肿瘤的性质(良性、恶性)。

**1.肿瘤的形状** 多种多样,与肿瘤的性质、发生部位、组织来源、生长方式有关。肿瘤的常见外形有结节状、分叶状、息肉状、乳头状、溃疡状、菜花状等(图6-1)。一般而言,发生在身体和器官表面的肿瘤大多形成肿块向表面突起,并因肿瘤组织结构的不同而形成不同的形态。有的肿瘤组织可以发生坏死脱落而形成溃疡状。生长在器官组织深部的良性肿瘤一般为界限清晰的球状结节,但生长在器官组织深部的恶性肿瘤的形状则很不规则,大多呈树根状浸润生长,界限不清晰。

**2.肿瘤的颜色** 主要取决于肿瘤的种类及组织结构,可因肿瘤组织来源、有无出血及坏死性病变等而有所不同。癌常为灰白色或暗白色且无光泽,肉瘤多为灰红色或淡红色,血管瘤呈红色,黑色素瘤为灰黑色或黑色,纤维瘤呈灰白色,脂肪瘤呈淡黄色或白色,淋巴肉瘤与纤维肉瘤呈鱼肉色。另外,瘤组织中如含有较多血液,则常呈红色,胶原纤维成分多时呈灰白色。若肿瘤继发出血或坏死,其切面可见到紫褐色的出血灶或土黄色的坏死灶。

**3.肿瘤的硬度** 与肿瘤的种类、肿瘤的实质与间质的比例以及有无变性、坏死等有关,软硬程度不一。骨瘤、软骨瘤较硬,纤维瘤次之,黏液瘤较柔软,脂肪瘤一般较柔软;实质细胞多而间质少的肿瘤较软,为软性瘤;间质多、实质细胞少的肿瘤较硬,为硬性瘤。

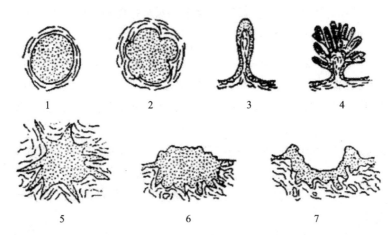

图 6-1 肿瘤的生长方式与外观形态

1.膨胀性生长,结节状;2.膨胀性生长,分叶状;3.突起性生长,息肉状;4.突起性生长,乳头状;

5.浸润性生长,树根状;6.向上突起与向下浸润性生长;7.浸润性生长,溃疡状

**4.肿瘤的体积** 肿瘤的大小极不一致,与肿瘤的性质(良性、恶性)、生长时间、生长速度及发生部位有一定的关系,体积差距较大。小的只有几克,极小的肿瘤需在显微镜下才能被发现,如原位癌等;大的很大,可重达数千克甚至数十千克,如牛子宫平滑肌瘤可达 170 kg。一般情况下,生长在体表、腹腔、子宫等部位的肿瘤体积较大,生长在颅腔、椎管等狭窄管道内的肿瘤体积较小。良性肿瘤虽生长缓慢,但因其对机体影响小而常被忽视,多数只起挤压作用,故良性肿瘤可能长得很大;恶性肿瘤虽生长速度较快,但因其对机体常造成明显的破坏作用,未达到巨大体积之前即导致动物死亡,一般体积较小,所以巨大的恶性肿瘤不多见。

**(二)组织结构**

肿瘤的组织结构可以概括地分为两个部分。一部分是肿瘤的实质,即肿瘤细胞,决定肿瘤的病理学特征和临床特点,也是肿瘤命名的主要依据;另一部分为肿瘤的间质,主要由结缔组织和血管构成,是肿瘤的非特异性部分,对肿瘤的实质起支持和营养作用。

**1.肿瘤的实质** 肿瘤细胞为肿瘤的实质,是肿瘤的主要成分,决定该肿瘤的特性。体内任何组织都可能发生肿瘤,因而肿瘤实质的形态是多样的。因为肿瘤细胞来源于正常细胞,肿瘤组织或多或少具有原组织的形态。不同肿瘤的肿瘤细胞各不相同,绝大部分肿瘤只有一种实质细胞,如脂肪瘤由异常增生的脂肪细胞构成,黑色素瘤由黑色素细胞构成。也有少数肿瘤由两种实质细胞构成,如乳腺的纤维腺瘤含有纤维瘤细胞和腺上皮瘤细胞两种实质细胞。

肿瘤细胞与原来组织细胞的形态、大小、排列、结构很少相似,各不相同,差别极大,称为肿瘤细胞的异型性。肿瘤细胞的体积大小不一,一般比正常细胞大,形状多样,极不一致,呈多形性,有时出现奇形怪状的瘤巨细胞。极个别恶性肿瘤的瘤细胞体积较小,细胞形状较一致,多呈圆形。瘤细胞核体积较大,核的大小、形状和染色质多少不一,分布不均,多呈蓝色深染的粗颗粒状,常堆积在核膜下,出现核分裂象,可有巨核、双核、多核等(图 6-2)。胞质少,核与胞质比例不等,接近 1∶1(正常为1∶(4～6))。核膜增厚,核仁肥大,数目增多(可达 3～5 个)。肿瘤细胞的分化程度不一,有高分化、低分化和未分化等,有的不朝成熟方向发展,而是朝着相反方向发展,甚至返回到胚胎阶段。具有这种异型性的肿瘤大多属恶性肿瘤,如纤维肉瘤虽然起源于纤维组织,但纤维肉瘤细胞与纤维细胞完全不同,出现嗜碱性深染,多见核分裂象,且纤维肉瘤细胞之间呈多形性,大小不一,着色深浅不一,核的多少不一。

**2.肿瘤的间质** 肿瘤的间质是由结缔组织和血管(有时还有淋巴管)组成的,其对肿瘤细胞起着支持和营养作用,因而无特异性。肿瘤间质中的结缔组织大部分随肿瘤组织同时生长。肿瘤间质的

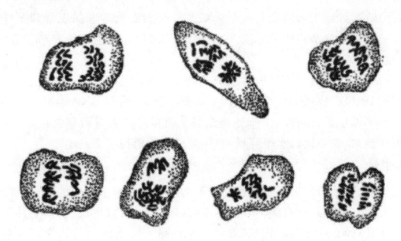

图 6-2　肿瘤细胞的异常核分裂象

血管也是随肿瘤组织生长而同时形成的,是肿瘤细胞生长、转移的重要条件,抑制其生长可达到治疗肿瘤的目的。生长迅速的肿瘤,其间质中血管多而结缔组织少。生长缓慢的肿瘤,间质中血管少,而结缔组织多。有些肿瘤的间质只有血管,如纤维瘤。当肿瘤细胞的生长超过了血管的生成,就会导致血液供应不足,常引起肿瘤组织的缺血性坏死,这也是恶性肿瘤的特征之一。间质内有时有多少不等的淋巴细胞、浆细胞和巨噬细胞,这是机体发生免疫反应的表现。

### (三)代谢特点

肿瘤作为一种异常增生的组织,代谢旺盛,其与正常组织在代谢上是有差别的。

**1. 糖代谢**　正常组织只在缺氧时才进行无氧糖酵解获得能量,而肿瘤组织无论是在有氧还是在无氧条件下,均以糖酵解的方式进行糖代谢。糖酵解除了为肿瘤组织供能之外,产生的一些中间代谢产物,还可被肿瘤细胞用来合成蛋白质、核酸及脂类,供给肿瘤细胞自身生长。

另外,肿瘤组织中参与糖酵解的各种酶活性也较正常组织高。糖酵解增强的结果是消耗大量葡萄糖的同时产生大量乳酸,常导致酸中毒。

**2. 蛋白质代谢**　肿瘤组织和正常组织内氨基酸的含量、比例没有明显的区别,仅其甲硫氨酸、胱氨酸及酪氨酸的含量低于正常组织,肿瘤细胞增殖快,需要有更多的蛋白质提供给其子细胞,所以肿瘤组织中的蛋白质合成速度大于分解速度。

在肿瘤生长的初期,合成蛋白质的原料主要来自从食物摄入的蛋白质。然而,随着肿瘤的发展,机体开始动用肝细胞的蛋白质或血浆蛋白甚至其他组织的蛋白质来合成肿瘤细胞。因此机体组织的蛋白质被大量消耗,导致机体出现恶病质。

肿瘤的分解代谢过程中,氨基酸的分解减弱,直接用于合成蛋白质,以利于快速生长。某些肿瘤细胞还能合成特殊的肿瘤蛋白,作为肿瘤相关抗原,引起机体的免疫反应。由于某些肿瘤蛋白与胚胎性组织有共同的抗原性,故被称为肿瘤胚胎性抗原。如肝癌细胞合成的甲胎蛋白,结肠癌细胞合成的癌胚抗原等。恶性肿瘤动物体内出现这类蛋白质则反映肿瘤细胞分化不成熟,在肿瘤的诊断上,可通过这些抗原的检出而查出相关肿瘤。

**3. 核酸代谢**　肿瘤细胞比正常细胞合成 DNA 和 RNA 的功能旺盛,分解减弱,因而肿瘤细胞内 DNA 和 RNA 的含量都增高。DNA 持续合成,细胞就能不断分裂增殖,肿瘤组织可迅速生长,所以肿瘤细胞的增殖与生长均较快。由某些病毒、化学性致癌物质或放射线引起的肿瘤,其肿瘤细胞的 DNA 结构发生改变,与正常细胞不同,因此蛋白质和酶的合成过程及成分改变,使肿瘤细胞的结构和功能不同于正常细胞。这是正常细胞转变为肿瘤细胞的基础。

**4. 酶系统**　肿瘤细胞内的氧化酶(如细胞色素氧化酶、琥珀酸脱氢酶)减少,蛋白分解酶的含量增加。并且肿瘤细胞中与原组织特殊功能有关的酶系统活性显著降低,甚至完全消失。例如,肠黏膜原来含有大量碱性磷酸酶和酯酶,但当肠黏膜发生癌变之后,这两种酶的活性都降低。另外,肿瘤

Note

组织内的酶谱发生改变,如同工酶的变化使三磷酸腺苷失去对糖酵解的正常调节作用,起糖异生作用的酶类活性下降,与糖分解密切相关的酶类活性增高,使得肿瘤组织在有氧条件下不能将糖完全氧化而经酵解转化为乳酸。

从上述四个方面来看,肿瘤组织与正常组织的代谢不同,所以其功能也不同于正常细胞。例如,白血病动物的肿瘤细胞没有成熟的白细胞那样的防御功能,并由于DNA合成失调,蛋白质合成和糖酵解功能旺盛,肿瘤不断生长。另外,由于肿瘤组织从机体夺走大量营养物质而合成肿瘤自身的蛋白质,导致机体发生贫血,血浆蛋白水平降低,机体处于严重消耗状态。

### (四)生长与扩散

**1. 肿瘤的生长速度**　肿瘤的生长是靠肿瘤细胞的生长和增殖来实现的,不同肿瘤的生长速度差异很大。一般良性肿瘤,由于其肿瘤细胞分化程度高、较成熟,所以生长缓慢;恶性肿瘤分化差、成熟程度低,生长比较迅速,如多数的癌和肉瘤,在短时间内就可形成较大的肿块。恶性肿瘤,由于其瘤细胞分裂、增殖和生长快,而血液供应不全,易发生营养不良和坏死,引起出血。也有少数恶性肿瘤生长并不那么快,这与机体的免疫反应有关。

**2. 肿瘤的生长方式**　肿瘤的生长方式主要与肿瘤的性质和生长部位有关,主要有膨胀性生长、浸润性生长及外生性生长3种。

(1)膨胀性生长:膨胀性生长是多数良性肿瘤的生长方式。在良性肿瘤生长过程中,肿瘤组织将周围健康组织挤压和推开,并引起周围结缔组织增生形成包膜,呈结节状或分叶状,与周围健康组织分界清楚。肿瘤向周围扩大,将组织压向周围,其周边常有结缔组织包裹,这样的肿瘤常呈结节状,与周围组织界限清楚。触摸局部,肿瘤可以移动,手术易于切除,术后不易复发。膨胀性生长的肿瘤,仅对其周围组织或器官有压迫作用。有时可堵塞器官的管腔,一般对血管和其他结构无破坏作用。也有以该生长方式生长的恶性肿瘤,如位于淋巴组织内的肉瘤等。

(2)浸润性生长:浸润性生长是大多数恶性肿瘤的生长方式。恶性肿瘤沿组织间隙、淋巴管、血管和神经束膜周围间隙侵入附近组织,弥漫地浸润于周围组织中,故其外形是不规则的,与周围组织缺乏明显界限,甚至相互交错或融合,紧密连接在一起。手术难以摘除,强行摘除后易复发,不但破坏周围组织的结构和功能,而且很容易转移扩散到机体其他组织器官,形成不良后果。如树根入泥土,所到之处,原有组织被摧毁,无包膜。触摸局部,肿瘤不易移动。呈浸润性生长的恶性肿瘤,往往破坏邻近组织和血管,引起器官的结构破坏和功能障碍。

(3)外生性生长:外生性生长又称为突起性生长。发生在体表、体腔表面或管道器官(如输尿管、子宫、阴道)内表面的肿瘤向其表面生长,形成乳头状、息肉状或菜花状突起。良性肿瘤或恶性肿瘤均可呈外生性生长。恶性肿瘤在外生性生长的同时,其基底部往往呈现浸润性生长,其突起部分表面往往不光滑,甚至有坏死或出血,呈菜花状或溃疡状;而良性肿瘤呈外生性生长时,其表面光滑,生长缓慢,常呈乳头状或息肉状。

**3. 肿瘤的扩散**　具有浸润性生长特性的肿瘤,其肿瘤细胞从原发部位直接蔓延或转移到其他部位,发生相同性质肿瘤时,称为肿瘤扩散。

(1)直接蔓延:浸润性生长的肿瘤,其肿瘤细胞向周围组织蔓延称为直接蔓延。这种扩散方式的肿瘤通过组织间隙、淋巴管或血管侵入邻近组织或器官内。例如,鼻咽癌侵及食管引起咽食管癌。

(2)转移:浸润性生长的恶性肿瘤细胞,离开原发肿瘤部位,在他处长出性质相同的新肿瘤,称为转移。新形成的肿瘤称为转移瘤。转移的途径有以下几种。

①淋巴道转移。这是肿瘤常见的转移方式。肿瘤细胞首先浸润到肿瘤周围健康组织的淋巴管中,然后继续沿着淋巴通路不断地增殖和蔓延,形成淋巴管渗透。进入淋巴管的肿瘤细胞随着淋巴液的流动先到达局部淋巴结,再经过与机体免疫系统(如局部淋巴结产生免疫活性细胞和具有吞噬作用的组织细胞)的斗争,那些未被杀死的肿瘤细胞就留存于淋巴结之内,从而获得增殖的机会和形成转移瘤。淋巴结发生转移瘤时,该淋巴结肿大、坚硬,肿瘤细胞有时还能进一步转移到其他淋巴结,甚至进入右淋巴导管汇入前腔静脉而随血流转移。如果淋巴结或淋巴管被肿瘤细胞堵塞,淋巴

液倒流,肿瘤细胞亦随之转移。

②血道转移。肿瘤细胞侵入小血管,也可经淋巴管入血,随血流到他处而形成转移瘤。各种恶性肿瘤都可发生血道转移。血道转移多见于肉瘤和癌晚期,并且大多数是随静脉血流而移动的。肿瘤细胞可侵入毛细血管及小静脉。侵入体静脉的肿瘤细胞常在肺脏形成转移瘤;胃肠的肿瘤常侵入门静脉于肝脏内形成转移瘤。肿瘤细胞也可随动脉血流到其他器官而形成转移瘤。

③种植性转移。浆膜腔(如腹腔、胸腔等)内的恶性肿瘤,肿瘤细胞脱落时像种子一样种植黏附在邻近或远处的浆膜上,发展成为转移瘤。

恶性肿瘤晚期,由于机体抵抗力降低,恶性肿瘤又呈浸润性生长,故常发生转移。影响肿瘤转移的因素有很多。血液中的纤维蛋白酶能影响肿瘤细胞对血管壁的附着,使其不能通过血管进入组织;抗肿瘤的抗体可使肿瘤细胞失去活力;肿瘤细胞进入组织,可能被巨噬细胞、淋巴细胞和浆细胞包围而破坏。动物实验证明,在应用肾上腺皮质激素和X线抑制动物的免疫功能后,肿瘤生长快,易发生转移,说明肿瘤转移受到动物体内免疫反应的影响。

# 任务二　肿瘤的命名与分类

## 一、肿瘤的命名原则

动物体任何部位、组织都可以发生肿瘤,因此种类繁多,命名也比较复杂。肿瘤的名称应反映肿瘤的性质和组织来源或部位,一般采用下列方法命名,也有少数肿瘤沿用习惯名称。

### (一)良性肿瘤的命名

各种组织来源的良性肿瘤都称为"瘤",命名时通常在组织或器官名称之后加一个"瘤"字,即"组织或器官+瘤"。如由纤维组织发生的良性肿瘤称为纤维瘤,由脂肪组织发生的良性肿瘤称为脂肪瘤,来源于腺上皮的良性肿瘤称为腺瘤。有时为了进一步区别,还加上肿瘤的发生部位、形状,如膀胱乳头状瘤、子宫平滑肌瘤、皮肤乳头状瘤。由两种组织发生的良性肿瘤,均以两种组织为基础命名,如纤维黏液软骨瘤、纤维腺瘤。

### (二)恶性肿瘤的命名

恶性肿瘤的命名十分复杂,既有规律性的命名方式,也有习惯性的命名方式。根据组织来源不同主要有以下几种命名方式。

**1.癌**　来源于上皮组织的恶性肿瘤统称为癌,命名时在其来源的组织或器官名称之后加一个"癌"字,即"组织或器官+癌"。如来源于食管上皮的恶性肿瘤称为食管癌,来源于鼻黏膜上皮的恶性肿瘤称为鼻咽癌,来源于肝脏组织的恶性肿瘤称为肝癌。

**2.肉瘤**　来源于间叶组织(包括骨、肌肉、结缔组织、血管、淋巴、脂肪及造血组织)的恶性肿瘤统称为肉瘤,命名时在其来源的组织或器官名称之后加"肉瘤"二字,即"组织或器官+肉瘤"。如来源于淋巴组织的恶性肿瘤称为淋巴肉瘤,来源于脂肪组织的恶性肿瘤称为脂肪肉瘤,来源于纤维结缔组织的恶性肿瘤称为纤维肉瘤。

**3.癌肉瘤**　一个肿瘤中含有癌和肉瘤两种成分时称为癌肉瘤。如子宫癌肉瘤就是由子宫黏膜上皮形成的癌和子宫内膜结缔组织形成的肉瘤共同组成的。

**4.特殊命名**

(1)母细胞瘤:来源于未成熟的胚胎组织和神经组织的一些恶性肿瘤,在其组织或器官之前加一个"成"字、在组织或器官之后加一个"瘤"字,即"成+组织或器官+瘤"。如成肾细胞瘤、成髓细胞瘤。也可以在组织器官来源后面加"母细胞瘤",即"组织或器官+母细胞瘤"。如肾母细胞瘤、神经母细胞瘤。

(2)有些恶性肿瘤,因其成分复杂或组织来源尚不明确,习惯上在肿瘤名称之前加"恶性"二字来表示。如恶性淋巴瘤、恶性畸胎瘤、恶性黑色素瘤等。

（3）以"人名"或"病名"命名的恶性肿瘤，如马立克氏病、劳斯肉瘤、霍奇金病等。

（4）有些恶性肿瘤沿用习惯名称。虽然把它们称为瘤或病，实际上是恶性肿瘤。如精原细胞瘤、骨髓瘤和白血病等。

## 二、肿瘤的分类

肿瘤是根据其组织来源和生物学特性进行分类的（表6-1）。肿瘤的种类繁多，根据肿瘤的生长特性及对机体的危害程度的不同，可区分为良性肿瘤和恶性肿瘤；根据肿瘤的组织来源不同，又可区分为上皮组织肿瘤、间叶组织肿瘤、神经组织肿瘤和其他类型肿瘤等。

表 6-1 肿瘤的分类

| 组织来源 | | 良性肿瘤 | 恶性肿瘤 |
|---|---|---|---|
| 上皮组织 | 鳞状上皮 | 乳头状瘤 | 鳞状细胞癌、基底细胞癌 |
| | 腺上皮 | 腺瘤 | 腺癌 |
| | 移行上皮 | 乳头状瘤 | 移行上皮癌 |
| 间叶组织 | 支持组织 | | |
| | 纤维结缔组织 | 纤维瘤 | 纤维肉瘤 |
| | 脂肪组织 | 脂肪瘤 | 脂肪肉瘤 |
| | 黏液组织 | 黏液瘤 | 黏液肉瘤 |
| | 软骨组织 | 软骨瘤 | 软骨肉瘤 |
| | 骨组织 | 骨瘤 | 骨肉瘤 |
| | 淋巴造血组织 | | |
| | 淋巴组织 | 淋巴瘤 | 淋巴肉瘤 |
| | 造血组织 | | 白血病 |
| | 脉管组织 | | |
| | 血管 | 血管瘤 | 血管肉瘤 |
| | 淋巴管 | 淋巴瘤 | 淋巴肉瘤 |
| | 间皮组织 | 间皮瘤 | 恶性间皮瘤 |
| | 肌肉组织 | | |
| | 平滑肌 | 平滑肌瘤 | 平滑肌肉瘤 |
| | 横纹肌 | 横纹肌瘤 | 横纹肌肉瘤 |
| 神经组织 | 室管膜上皮 | 室管膜瘤 | 室管膜母细胞瘤 |
| | 交感神经节 | 神经节细胞瘤 | 神经母细胞瘤 |
| | 胶质细胞 | 神经胶质瘤 | 多形性胶质母细胞瘤 |
| | 神经鞘细胞 | 神经鞘瘤 | 恶性神经鞘瘤 |
| | 神经纤维 | 神经纤维瘤 | 神经纤维肉瘤 |
| 其他 | 三种胚叶组织 | 畸胎瘤 | 恶性畸胎瘤、胚胎性癌 |
| | 黑色素细胞 | 黑色素瘤 | 恶性黑色素瘤 |
| | 多种组织 | 混合瘤 | 恶性混合瘤、癌肉瘤 |

## 三、良性肿瘤与恶性肿瘤的区别

根据肿瘤的生物学特性，肿瘤可分为良性肿瘤与恶性肿瘤两类。二者对机体的危害不同。良性肿瘤对机体危害小，恶性肿瘤危害较大。临床上遇到患肿瘤的动物时，必须仔细鉴别是良性肿瘤还是恶性肿瘤。如果是恶性肿瘤，一般没有治疗价值，肉品应当严格按照卫生检验法规处理。

良性肿瘤和恶性肿瘤的鉴别，除根据它们的细胞分化程度和组织结构进行判断外，还应注意它们的生长方式、生长速度、是否发生转移，以及对机体的影响等（表6-2）。

表 6-2 良性肿瘤与恶性肿瘤的主要区别

| 区别要点 | 良性肿瘤 | 恶性肿瘤 |
| --- | --- | --- |
| 外形 | 多呈结节状或乳头状 | 呈多种形态 |
| 生长方式 | 多呈膨胀性生长 | 多呈浸润性生长 |
| 生长速度 | 缓慢 | 较快 |
| 有无包膜 | 常有完整包膜 | 一般无包膜 |
| 可移动性 | 移动性大 | 移动性差 |
| 转移 | 不转移 | 常发生转移 |
| 复发 | 不复发 | 常可复发 |
| 细胞分化程度 | 分化良好 | 分化不良 |
| 细胞排列 | 排列规则 | 排列不规则 |
| 核分裂象 | 极少 | 多见 |
| 破坏正常组织 | 破坏较少 | 破坏严重 |
| 对机体的影响 | 影响较小 | 影响严重 |

虽然良性肿瘤和恶性肿瘤有上述区别,但也是相对的。因为一些良性肿瘤和恶性肿瘤之间的界限并不明显。例如,有的良性肿瘤生长较快,近似恶性肿瘤;有的低度恶性的恶性肿瘤,其形态和肿瘤细胞的分化程度均接近良性肿瘤。此外,部分处于早期阶段的恶性肿瘤,其特性还没有明显表露或只出现部分特性等,对鉴别肿瘤的良恶性带来许多困难。因此,必须全面了解,综合分析,跟踪观察,才能得出比较正确的诊断。

# 任务三 肿瘤的病因与发病机制

## 一、肿瘤发生的原因

肿瘤的病因包括内因和外因两个方面。外因指来自周围环境中的各种可能致癌因素;内因则泛指机体抗肿瘤能力降低。肿瘤的发生往往是内、外因协同所致。

### (一)肿瘤的外因

肿瘤的病因尚未完全明确,故相关学说很多。肿瘤的发生,不是单独某一个因素引起的,现将可能引起肿瘤发生的因素列举如下。

**1. 物理性因素** 物理性致癌因素包括电离辐射、紫外线照射、机械性刺激等。长期或大剂量反复照射 X 线,以及接触放射性同位素等可引起各种肿瘤。长期接受紫外线照射的动物易出现皮肤癌。长期慢性机械性刺激也能引起肿瘤的发生(刺激学说)。如公牛可因鼻环的刺激而发生纤维瘤。胆结石症能引起胆囊癌。用燕麦喂饲大白鼠,可引起大白鼠舌癌。但不是所有慢性机械性刺激,在任何情况下都能引起肿瘤的发生。因此,在肿瘤的发生过程中不能排除其他致癌因素作用的可能性。

**2. 化学性因素** 化学性致癌因素在肿瘤病因中占有重要位置(化学学说)。已知的化学性致癌物质有 1000 余种。常见的化学性致癌因素包括亚硝胺类、多环芳烃化合物、真菌毒素、某些激素、农药和微量元素等。

(1)亚硝胺类:亚硝胺化合物普遍存在于自然界和许多食物(饲料)中,有近 100 种,现已知能致癌的有 70 多种。这类物质致癌性很强、致癌谱很广,可引起包括家畜、家禽、鱼类在内的众多动物与人类多种器官组织的肿瘤,其中以肝和食管的肿瘤诱发率较高。

(2)多环芳烃化合物:多环芳烃化合物是较早被发现的化学性致癌物质之一,存在于石油、煤焦油中,多数属于多环碳氢化合物,例如,3,4-苯并芘、1,2,5,6-双苯并蒽等都是强致癌物质。用这些物质涂抹实验动物的皮肤能引起皮肤癌,注射于皮下可引起肉瘤。

(3)真菌毒素:真菌毒素的致癌作用是近年才被发现的,最主要的是黄曲霉毒素。黄曲霉菌广泛存在于高温高湿地区的粮食(如玉米、谷物、花生等)中。大多数黄曲霉菌是不产毒的。有些菌株能够产生一种强烈的肝脏毒素,称为黄曲霉毒素,其致癌强度比二甲基亚硝胺大 75 倍。黄曲霉毒素及其衍生物约有 20 种,其中以 $B_1$ 的致病性最强,其次为 $C_1$ 和 $B_2$ 等。致癌靶器官主要是肝脏,也可诱发肺癌、肾癌、胃癌、乳腺癌和其他多种肉瘤。经口采食黄曲霉毒素能够诱发大鼠、鸭、鱼、猪及猴的肝癌,大鼠的胃癌、支气管癌和肾腺癌等恶性肿瘤。有些地区人群及猪、鸭的肝癌发生率较高,与粮食及饲料受黄曲霉毒素污染有密切关系。各种动物对黄曲霉毒素的敏感性不同,鸭最敏感,猪次之,而绵羊和山羊则对其有较强的抵抗力。

除黄曲霉毒素外,杂色曲霉和构巢曲霉的毒性代谢产物杂色曲霉素,冰岛青霉产生的冰岛青霉素,以及某些菌株产生的白地霉素也能引发肿瘤。镰刀菌毒素可引起小肠腺癌、白血病和淋巴肉瘤。

(4)芳香胺类与氨基偶氮染料:芳香胺类致癌物有乙萘胺、联苯胺等。氨基偶氮染料有奶油黄和猩红等,长期接触可引发膀胱癌、肝癌。

(5)植物致癌毒素:不少植物对动物具有毒性,少数具有致畸性甚至致癌性。例如,蕨类植物中的毛叶蕨能引起牛和绵羊膀胱的多种肿瘤,如乳头状癌、腺瘤、腺癌、移行上皮癌、平滑肌瘤、血管瘤及纤维瘤等。病牛的主要临床症状为血尿。

(6)农药:研究证明,有致癌性的农药很多,如有机氯农药中的甲氧氯、灭蚁灵、杀螨醇等;有机氮农药中的多菌灵、苯菌灵;有机磷农药中的敌百虫等。这些农药可诱发肝脏、胃、乳腺和卵巢的许多肿瘤。

除上述化学性致癌物质外,其他一些化学物质也可致癌,如砷制剂能引起皮肤癌,铬能引起肺癌等。

**3. 生物性因素**　包括某些病毒与寄生虫。

(1)病毒:目前,已经证实某些病毒可以诱发动物的肿瘤,多种动物不同类型肿瘤的发生与病毒密切相关。目前已证明有 30 余种动物肿瘤是由病毒引起的,并且已知的动物肿瘤病毒有 150 株以上,其中约 2/3 为 RNA 病毒,约 1/3 为 DNA 病毒。可导致动物肿瘤的病毒很多,如疱疹病毒、腺病毒、乳头状瘤病毒等。已知动物的肿瘤,如鸡的马立克氏病、劳斯肉瘤,绵羊的肺腺瘤,兔的纤维瘤,小鼠的乳腺癌,以及鸡和牛的白血病等都是由病毒所引起的肿瘤。

对鸡的白血病和马立克氏病病因的阐明以及疫苗的研究与应用,为研究人类肿瘤的病因和病理机制发挥了重要作用。

(2)寄生虫:关于寄生虫与肿瘤发生之间的关系尚不能完全肯定(寄生虫学说)。

在牛、羊患肝片吸虫病时,可以看到胆管上皮的异常增生及在其基础上形成的胆管性腺瘤和肝癌。有人认为,华支睾吸虫感染与胆管上皮细胞发生癌变有关,日本血吸虫与大肠癌的形成有一定的联系。食管虫可引起狗的肿瘤。肥颈绦虫幼虫寄生于猫的肝脏,可引起肝肉瘤。牛的胰腺癌也可能与胰阔盘吸虫的寄生有关。

综上所述,寄生虫与某些肿瘤的因果关系尚需进一步用实验方法加以证实。

**(二)肿瘤的内因**

外界因素只是肿瘤发生的一个条件,其必须通过内因起作用。机体的内在因素在肿瘤的发生上具有重要影响,这些内在因素是复杂的,有待进一步研究。机体的内在因素主要包括以下几个方面。

**1. 种属因素**　动物的种属不同,发生某种肿瘤的概率不同。例如,阴茎癌和齿龈癌多发于马,而肝癌多发于反刍动物。畜禽种类不同,肿瘤的类型常不一样,尤其是病毒性肿瘤。如马立克氏病毒只感染鸡,可引起恶性淋巴瘤。鸡易发白血病、马立克氏病、卵巢腺癌等,猪较常发生淋巴肉瘤、肝细胞癌、肾母细胞瘤、胃腺瘤等。

另外,同一致癌物对不同种属动物的诱癌效果也不一致,如黄曲霉毒素,诱发鱼类肝癌的剂量比诱发其他动物肝癌的剂量要少。

**2. 品种与品系**　动物品种和品系不同,肿瘤类型和发生率可能有很大差异,如纯种鸡白血病的发病率要高于土鸡。

**3. 年龄因素**　年龄因素在肿瘤发生上的作用较为明显。一般来说,老龄动物的肿瘤发生率比较高,这可能与其长期接触致癌因子及免疫监视功能减弱有关。绝大多数的癌瘤(如肝癌、卵巢瘤等)发生于年龄较大的动物。只有极少数肿瘤(如骨肉瘤)偶尔见于幼畜。但有些肿瘤特别是肉瘤常发生于年轻动物。而造血组织和淋巴组织肿瘤则常见于幼龄动物。对很多病毒来说,只有特定年龄(周龄)段的畜禽才是易感动物,如肾型传支病毒感染多发生于 2～4 周龄雏鸡。鸡的马立克氏病发病年龄特别小,在约 18 日龄时就可在显微镜下发现其早期最小瘤灶,7 周龄左右出现肉眼可见的肿瘤;由化学性致癌因素引起的肿瘤,动物的发病年龄一般较大,可能与这类致癌物质在体内积累以及诱发细胞畸变需要较长的时间有关。

**4. 性别**　动物的某些肿瘤还具有明显的性别差异。如患白血病的雌鸡比雄鸡明显更多。有统计显示,雌鸡患病率达 30%,雄鸡仅 9.1%。雌性动物多见生殖器官肿瘤和乳腺肿瘤,如母鸡的卵巢腺癌。另外,有些肿瘤多见于雄性动物,如骡、驴、马的纤维瘤与纤维肉瘤。

**5. 内分泌因素**　内分泌紊乱与某些肿瘤的发生也有一定的关系,如乳腺癌的发生可能与雌激素过多有关,切除卵巢可使肿瘤明显缩小。前列腺癌动物用雌激素治疗可使癌肿生长受到抑制。

**6. 遗传因素**　绝大多数肿瘤不是直接遗传的,所能遗传的只是机体对致癌因素的反应特性,即不同程度的易感性和抗拒性。近年来的研究表明,遗传因素在牛、猪、狗、猫和鸡的白血病的病因学上起着一定的作用。

经培育的 $C_3H$ 小鼠好发乳腺癌和肝癌,$C_{57}$ 小鼠则极少患乳腺癌,说明小鼠的基因型是肿瘤发生的决定因素。

**7. 免疫状态**　机体的免疫状态与肿瘤的发生、发展和结局有着密切关系,机体免疫功能低下时易患肿瘤。先天性免疫缺陷或因器官移植等使用免疫抑制剂导致免疫功能低下者,恶性肿瘤发病率明显增加。切除胸腺或使用免疫抑制剂的实验动物对诱瘤因素的敏感性明显高于免疫状态正常的对照动物,不仅诱发率高,诱发的时间也缩短。

免疫监视是指宿主机体对突变细胞的识别和消除。发挥免疫监视作用的免疫反应是细胞免疫,即通过致敏 T 淋巴细胞、K 细胞、自然杀伤细胞、巨噬细胞对具有肿瘤特异性抗原的肿瘤细胞发挥监视杀伤作用。若肿瘤组织内淋巴细胞浸润较多,往往预后较好,局部淋巴结内单核巨噬细胞增生显著的预后也较好,肿瘤可较长时间内无转移。与此同时,体液免疫也起一定作用。因此,宿主机体抗肿瘤免疫力的高低在肿瘤发生、发展过程中有着不容忽视的作用。

**8. 毛色因素**　恶性黑色素瘤多发于老龄白马,这可能与马体内色素代谢失调有关。

根据上述情况可以看出,肿瘤的发生不是某种单一因素的作用,而是多种因素协同作用的结果。

## 二、肿瘤的发病机制

引起肿瘤发生的因素很多,其对机体的作用及引起细胞癌变的机制也不尽相同,因此,要了解肿瘤的发病机制,首先要弄清癌细胞的来源问题。

癌细胞来源于正常细胞。最近有人认为,正常细胞中就有与肿瘤病毒的致癌基因相同的基因,此种基因在正常情况下只能少量合成磷酸酶,细胞并不癌变。而当致癌物质侵入细胞,引起细胞的基因改变(DNA 碱基的顺序改变),或肿瘤病毒的致癌基因进入细胞的基因组时,病毒就以正常细胞无法比拟的速度大量制造酶,细胞的代谢作用失调,进而细胞癌变。

以上仅为生物学因素(病毒)引起肿瘤发生的概述。化学性致癌物质中亲电子的基团,能与细胞中的蛋白质、DNA 和 RNA 相结合,形成多种复合物。由于细胞内的 DNA 受到损伤,进而影响了细胞的遗传信息,正常细胞的性质发生改变,细胞随之发生癌变。癌变的细胞,其 mRNA 模板的稳定性发生了改变,导致细胞膜性结构发生改变,遗传信息严重受损,癌变细胞不断分裂和增殖,并不朝成熟方向发展时,才能逐渐形成肿瘤。这些与机体的免疫状态有密切关系。

*Note*

# 任务四 动物常见的肿瘤

## 一、良性肿瘤

### （一）乳头状瘤

乳头状瘤是由被覆上皮发生的呈外生性生长的良性肿瘤，呈乳头状或疣状。常发生于头、颈、外阴、乳房等处皮肤，以及口腔、食管、胃、肠、膀胱等黏膜部位（图 6-3）。各种动物均可发生，尤以马、牛、羊、兔较为常见。

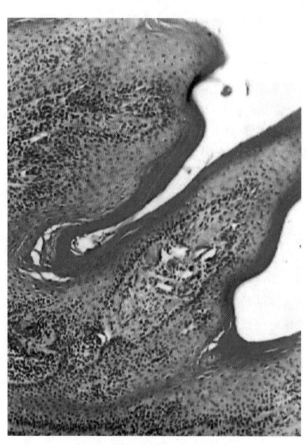

图 6-3　乳头状瘤（牛食管黏膜）

肉眼观，瘤体呈单乳头或分支乳头状突起，肿瘤表面呈花菜状，多为灰褐色、淡红色或灰白色，表面常有裂隙，摩擦时易碎裂和出血。其根部有蒂与基底相连，故容易切除。

光镜下，整个瘤组织形如手套，乳头中央为肿瘤间质，乳头表面为增生的分化成熟的被覆上皮细胞，细胞形态与起源细胞相似，排列整齐，核分裂象少见。位于基部的细胞几乎处于同一平面上，无浸润性生长。

### （二）脂肪瘤

脂肪瘤是脂肪组织异常增生而形成的一种良性肿瘤，多发生于皮下脂肪组织，也可发生于其他部位的脂肪组织。其与正常脂肪组织的不同之处是，其小叶的大小不均，结缔组织间隔也不均匀。脂肪瘤多呈结节状，质软，呈黄白色，瘤体大小不等，有包膜，常为单发性或多发性，与周围组织有明显界限，常形成有蒂的肿瘤。如发生于肠系膜、肠壁等处，则具有较长的蒂。手术切除不复发。家畜的脂肪瘤多发生在肠系膜、大网膜、皮下和腹膜等部位。

肉眼观,瘤体多呈结节状、息肉状或呈扁圆形,质地柔软,淡黄色,体积大小不等,有完整的包膜,切面呈油脂状。

光镜下,肿瘤细胞分化成熟,与正常的脂肪细胞极相似。肿瘤组织中有少量不均匀间质(结缔组织和血管),将肿瘤组织划分为大小不等的小叶。有的肿瘤组织含有大量的结缔组织成分,称纤维脂肪瘤。而有的肿瘤组织含有大量的毛细血管,或内皮细胞数量增多,形成细小管腔或不形成管腔,称血管脂肪瘤。

### (三)腺瘤

腺瘤是由腺上皮发生的良性肿瘤。多见于肝脏、卵巢、肾上腺、甲状腺、乳腺等。

肉眼观,腺瘤常呈球状或结节状,外有包膜。可分为囊腺瘤和纤维腺瘤。纤维腺瘤(图 6-4)多见于乳腺。囊腺瘤切面有囊腔,囊内有大量液体,常见于卵巢。

扫码看彩图

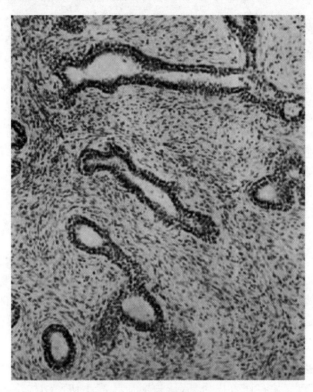

图 6-4 子宫纤维腺瘤(牛)

### (四)纤维瘤

纤维瘤(图 6-5)是由结缔组织发生的良性肿瘤,是家畜和家禽较常见的肿瘤之一。纤维瘤是由结缔组织细胞和胶原纤维所构成的。其与正常结缔组织不同,结缔组织细胞与胶原纤维的比例不同,胶原纤维呈束状,互相编织,纤维束的粗细不均,排列也不规则。在胶原纤维之间有成熟的、细长的结缔组织细胞。肉眼观,纤维瘤呈结节状或分叶状,其与周围组织界限明显,并有包膜;切面呈灰白色或粉白色,质地坚硬。按纤维瘤中胶原纤维与结缔组织细胞成分的多少,可分为硬纤维瘤和软纤维瘤两种。

## 二、恶性肿瘤

### (一)纤维肉瘤

纤维肉瘤是起源于结缔组织的一种恶性肿瘤,由较细长的梭形细胞构成。其恶性程度介于梭形细胞肉瘤与纤维瘤之间。多发生于四肢的皮下组织或深部组织,生长比较缓慢。可见于多种家畜和家禽,多发于犬、猫、黄牛和水牛。

*Note*

扫码看彩图

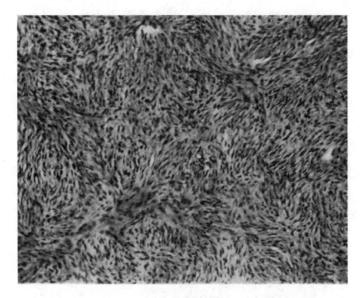

图 6-5　纤维瘤

肉眼观,肿瘤体积较大,呈结节状或不规则肿块,早期呈膨胀性或外生性生长,有不完整包膜,与周围组织界限清楚。晚期则呈浸润性生长,无完整包膜,质地比较柔软,切面湿润有光泽,呈鱼肉色。

光镜下,分化好的肿瘤细胞呈长梭形、异型性小,核分裂象少,称高分化纤维肉瘤,恶性程度低。分化差的纤维肉瘤,异型性明显,核分裂象多,称低分化纤维肉瘤。后者恶性程度高,易发生转移。

### (二)鳞状上皮癌

鳞状上皮癌是起源于复层扁平上皮或移行上皮的一种恶性肿瘤。主要发生于皮肤鳞状上皮,又称鳞状细胞癌,简称鳞癌。常发生于皮肤、唇、口腔、食管、喉、阴道和子宫及阴茎等部位。有些部位(支气管、肾盂和胆囊等)虽无鳞状上皮,但通过鳞状上皮化生也能发生鳞状上皮癌。鳞状上皮癌多呈不规则的团块状,其四周呈树根样向周围生长,分界不清,切面为灰白色,粗颗粒样,干燥、无光泽、无包膜,可见出血和坏死。鳞状上皮癌对局部组织的破坏性较强,如发生在体表则易破溃、感染。此外,鳞状上皮癌常经淋巴循环和血液循环转移到远隔部位的淋巴结或其他器官,形成新的转移癌。

### (三)肾母细胞瘤

肾母细胞瘤又称胚胎性肾瘤。常见于兔、猪及鸡,也见于牛和绵羊。肿瘤外观呈白色,呈分叶状,外面有一层厚的包膜,瘤块多连着皮质部,压迫实质。瘤块切面结构均匀,柔软,呈灰白色,如肉瘤。光镜下可见肿瘤含有多种组织混合物,包括结缔组织和上皮性成分。

### (四)鸡卵巢腺癌

鸡卵巢腺癌是母鸡最常见的一种生殖系统肿瘤。卵巢形成大量乳头状结节。有的卵巢腺癌由于腺腔中含有大量液体,形成大量大小不一的透明卵泡,大的可达鸽蛋大,充满于腹腔内。

### (五)恶性淋巴瘤(淋巴肉瘤)

恶性淋巴瘤是发生于淋巴组织的恶性肿瘤。肿瘤细胞起源于淋巴结或其他含有弥散淋巴滤泡的组织,牛、猪及鸡的发病率较高。当淋巴结肿大时,肿瘤细胞向周围浸润,各淋巴结彼此粘连,融合成较大的肿块。肉眼观,淋巴结和器官肿大,呈结节状或肿块状,大小不等。淋巴结呈灰白色,质地柔软或坚实,切面像鱼肉,有时伴有出血或坏死。

### (六)恶性黑色素瘤

恶性黑色素瘤又称为黑色素肉瘤,可简称为黑肉瘤,是由产黑色素的细胞形成的一种恶性肿瘤。恶性黑色素瘤常发生于动物的尾根、肛门周围和会阴等富有黑色素细胞的部位,有时见于肝脏、脾脏、肾脏、肺脏、肌肉以及肾上腺,严重者脑、脊髓和骨髓等部位也可发生,一般呈结节状。多见于马属动物,尤其白色老马多见。恶性黑色素瘤为单发或多发,大小及硬度不一,呈深黑色或棕黑色结节状,切面干燥。

### （七）鸡马立克氏病

鸡马立克氏病是鸡感染 B 群疱疹病毒而发生的一种传染性淋巴组织增生性疾病。其特征为外周神经、性腺、内脏器官、虹膜、肌肉以及皮肤等部位发生淋巴样细胞增生、浸润和形成淋巴细胞性肿瘤病灶。根据肿瘤病变侵害的部位不同，可分成皮肤型、神经型、内脏型、眼型四种类型（图 6-6 至图 6-9）。

图 6-6　皮肤型马立克氏病

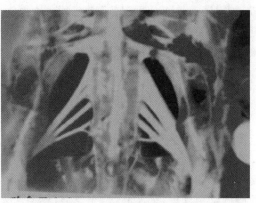

图 6-7　神经型马立克氏病

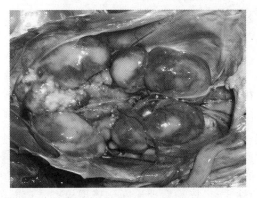

图 6-8　内脏型马立克氏病

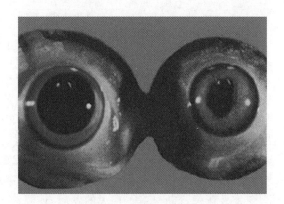

图 6-9　眼型马立克氏病

### （八）鸡淋巴细胞性白血病

鸡淋巴细胞性白血病是由禽白血病/肉瘤病毒群中的淋巴白血病病毒感染所引起的一种传染性肿瘤性疾病。本病以形成多发性肿瘤病灶为特征。

肉眼观，病鸡消瘦，鸡冠苍白，腹部膨大。在腔上囊和肝、脾、肾、骨髓等器官组织内可发现肿瘤性病灶，其中肝脏最易受侵害。肝脏受侵时肿瘤组织有的呈局灶性增生，形成多发性肿瘤结节；有的呈弥漫性增生，使肝脏体积显著肿大，俗称"大肝病"（图 6-10）。

图 6-10　鸡淋巴细胞性白血病肝脏病变

*Note*

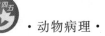

### （九）原发性肝癌

肝癌可分为原发性肝癌和继发性肝癌。继发性肝癌与原发病变密切相关。原发性肝癌又分为肝细胞性肝癌、胆管细胞性肝癌和混合性肝癌，其中以肝细胞性肝癌多见，牛、羊、猪、鸡、鸭、鱼等多种动物可发生。肉眼观，可分为弥漫型、结节型和巨块型。弥漫型：在肝组织上形成灰白色或灰黄色结节，有的肉眼观很难分辨，广泛浸润于整个肝脏。结节型：在肝组织内形成从粟粒到核桃大的结节，与周围肝组织分界明显，切面多呈灰白色。巨块型：在肝内形成巨大的肿块，较少见。光镜下，可见癌细胞来自肝细胞，较少肝组织和肝细胞的结构痕迹，呈多角形，核大，核仁粗大，出现多极核分裂象。癌细胞呈条索状或团块样排列，形成"癌巢"。胞质嗜碱性着色，呈蓝色深染或着色不均。

### （十）腺癌

腺癌是由腺上皮和黏膜上皮转化而来的常见恶性肿瘤，常生长于胃、肠、乳腺、卵巢、鼻窦、子宫等部位。肉眼观，腺癌常呈不规则的肿块，无包膜，与周围组织分界不清，癌组织表面质硬而脆，呈灰色颗粒状，生长于黏膜表面的常形成坏死和溃疡。

腺癌细胞分化程度差异极大。分化较好的腺癌细胞常有腺上皮的特点，呈圆形、卵圆形，成排脱落者可呈不规则的柱状，核仁粗大，呈嗜碱性着色，腺癌细胞排列成腺泡样或腺管样；分化程度不好的腺癌细胞聚集，呈实心状，无空隙，异型性大且核分裂象多。

# 任务五　肿瘤的诊治

## 一、肿瘤的诊断原则

对于动物肿瘤性疾病的诊断，关键是鉴别良性肿瘤和恶性肿瘤，两者对机体的危害差别很大，如果是恶性肿瘤，一般没有治疗价值。肿瘤的诊断，首先需要进行影像学检查，影像学检查显示有占位性病变的，再根据影像学检查中有无恶性肿瘤的影像学表现，进一步检查。其次进行血液学肿瘤标志物检查，发现潜在恶性肿瘤的可能性。如果发现占位性病变，影像学检查显示恶性肿瘤的可能性比较大，肿瘤标志物水平也高于正常，则建议穿刺进行活体组织检查，以明确病理诊断。肿瘤的生化、免疫及影像诊断虽有了很大的发展，但要确定肿瘤的性质，仍依赖病理诊断。病理检查是诊断肿瘤最准确、可靠的一种方法。

## 二、肿瘤的诊断方法

肿瘤的诊断方法很多，但目前还没有一种能把各种肿瘤都检查出来的方法。

### （一）活体组织检查

活体组织检查，简称活检。活检是一种比较迅速、准确的方法，但应在掌握动物病史和动物品种、年龄、性别以及肿瘤生长部位和肉眼观表现等资料后进行。活检材料可以是切下来的肿瘤组织块，亦可用穿刺物或脱落细胞涂片检查。根据肿瘤的镜检特点、扩散范围、生物学特性等，一般能做出组织学分类和预后结论。

### （二）X线透视检查

X线透视检查是诊断动物体内肿瘤常用的有效方法。可以确定肿瘤发生的部位，为判断肿瘤性质提供依据。

### （三）免疫病理学检查

免疫病理学检查主要是检查与肿瘤有关的抗原和抗体。如肝癌时血液中可检出只有在胚胎体内才有的甲胎蛋白。

### （四）组织化学检查

用组织化学检查方法可以鉴别一些组织结构和形态相似的肿瘤。例如，用碱性磷酸酶反应可以鉴别分化程度差的骨肉瘤与骨髓组织细胞型恶性淋巴瘤，前者为阳性，后者为阴性；用酸性醋酸萘酯酶可以鉴别 T 淋巴细胞来源的恶性淋巴瘤等。

### 三、肿瘤的治疗

肿瘤的治疗方法很多,各种方法都有一定的局限性,特别是恶性肿瘤的治疗。恶性肿瘤治愈极其困难。

#### (一)手术摘除

手术摘除主要应用于良性肿瘤和恶性肿瘤早期,是目前治疗动物肿瘤的主要方法,尤其是对良性肿瘤有良好的治疗效果,具有经济、适用、简便、疗效确切、不易复发等特点。对恶性肿瘤早期,尤其是在肿瘤细胞没有扩散前进行,有一定效果,可以缓解病情,延长生命,但不能根治。

#### (二)放射疗法和化学疗法

放射疗法和化学疗法主要用于恶性肿瘤初期或手术摘除后杀死肿瘤细胞。这两种治疗方法费用高,普通动物无法实施,是目前治疗人类恶性肿瘤的主要方法之一。这两种方法在治疗过程中,对机体有极大的副作用,在杀灭恶性肿瘤细胞的同时会杀灭正常的组织细胞,尤其对机体的免疫系统、造血系统造成极大损伤。

#### (三)免疫疗法

免疫疗法提出较早,只是近几十年来才有所发展,主要是通过提高机体免疫力,借机体免疫力加强来杀灭、清除肿瘤细胞。一种方法是注射干扰素,激活生物活性因子,增强淋巴细胞、巨噬细胞的生物活性,增强对肿瘤细胞的免疫监视作用;另一种方法是注射生物疫苗,注射将各种病毒性致癌因子灭活后制成的预防疫苗,对病毒性肿瘤有良好的预防作用。如注射鸡马立克氏病疫苗能有效预防鸡马立克氏病的发生。

(陈 爽)

**知识链接与拓展**

#### 实验动物的肿瘤学特点

**一、灵长类动物**

从种系发生上看,非人灵长类动物与人类的亲缘关系最近,它们也会发生各种形态和生物学性质上与人的肿瘤相似的病变。已知,它们的肿瘤发病率与动物的种属、性别、年龄及捕养的时间有关。在实验室条件下,猕猴的自发性肿瘤发病率较高。在动物园内,猕猴的肿瘤发生率约为 1‰。在老年灵长类动物中,以上皮性肿瘤和恶性淋巴瘤较常见,脑肿瘤则少见。用中子或质子射线进行照射,可以获得猕猴的粒细胞性白血病。据报道,猫猴和狨猴也会发生淋巴细胞性白血病。原生灵长类动物对化学性致癌物的敏感性,较类人猿种属为高。

**二、大型实验动物**

这里也包括家畜。这些动物的肿瘤发病率随种属而异。例如,雌犬常发生乳腺肿瘤,母牛则否。但雌犬所发生的乳腺肿瘤与人乳腺癌的表现不同。前者是混合型的,肿瘤组织中不仅有上皮性成分,还有骨和软骨等组织。猪常发生肾母细胞瘤,家犬、家猫、马、羊、牛则否。马倾向于发生阴茎癌,羊和牛则会发生肝癌。家犬、马和牛的黑色素瘤较家猫、羊和猪多见。Hereford 种牛则会患眼结膜的上皮细胞癌。

**三、小型实验用哺乳动物**

这里主要指啮齿类实验动物。首先强调在实验肿瘤学研究中使用小鼠的 Slye 氏(1922年)指出:小鼠的肿瘤,无论是在组织发生、临床过程,还是在组织形态学上都与人类肿瘤有相似之处。后来,由 Little 氏等培育出近交系小鼠后,人们在实验肿瘤学研究中广泛应用各种高癌和低癌品系小鼠进行研究。

大鼠也被广泛应用于肿瘤研究领域之中。其体形较大，供给的组织较多，便于进行手术、注射等实验操作。但是，它们自发肿瘤的总的概率远较小鼠为低。例如，大鼠肝癌颇为少见。然而，大鼠的肝脏对于致癌剂的作用却非常敏感，对大鼠肝癌的研究已积累了大量有关肝癌病因学、发病学和分子生物学方面的资料。再如，大鼠白血病的发病率较低，而且发病的大鼠多数是颗粒细胞型，而小鼠的白血病以淋巴细胞型为多见。

金黄地鼠常被用于抗癌研究。例如，研究致癌的脱氧核糖核酸病毒时，利用其颊囊移植肿瘤。

豚鼠曾被认为很少发生肿瘤。但是，近年来的研究发现，它们也会自发多种肿瘤，根据Dawe 氏等（1973 年）的研究，已经观察到的豚鼠肿瘤有 29 种之多。其中，以支气管乳头状腺瘤和白血瘤较为多见。后一种肿瘤还曾经被连续移植传代成功。投用脲酯曾引发豚鼠肿瘤。3 岁以下的豚鼠发生的肿瘤易于转移，但幼年豚鼠发生肿瘤的概率不高。

四、鸟类

这一类实验动物所发生的肿瘤以其病毒病因引人注目，特别是造血系统和间叶组织肿瘤的病毒病因已较明确。鸡群中所发生的由疱疹病毒引起的马立克氏病引起了肿瘤学者的很大兴趣。这是因为，鸡马立克氏病的发生发展过程，可与人类的 Burkitt 淋巴瘤、猴的淋巴瘤、蛙的 Lucke 氏肾癌等类比。

鸡和其他鸟类对肿瘤病毒的研究具有极高的实用价值。为此，日本目前大力开发鸡的SPF 化，除去已知的白血病病毒（必要时除去马立克氏病毒，即把 SPF 鸡在乙烯基隔离器内连续饲养 2 代，使鸡确实达到 SPF 化）；研究它们对白血病病毒、肉瘤病毒等毒株的敏感性；研究解决有关内源性病毒的遗传性控制；开展品系内可移植实验的近交品系，以及鹌鹑、鸭子、野鸡等鸟类的 SPF 化。

五、两栖类动物

蛙的 Lucke 氏肾癌是研究较多的肿瘤。这种肿瘤至少由四种病毒引起。两栖类动物在细胞免疫和体液免疫方面具有一些特征。因此，为了研究免疫抑制在肿瘤（如淋巴网状系统肿瘤）发生中的作用，可使用两栖类动物。另外，两栖类动物无毛而光滑的皮肤为皮肤肿瘤发生和发展的研究提供了一个与人的情况更为接近的实验模型基础。

六、鱼类

除了软骨鱼类，其他种属的鱼自发肿瘤并不少见。鱼类肿瘤的病毒病因并不重要，但人们已经发现鱼群肿瘤的发生具有区域性和流行性，说明某种传染病因可能在起作用。鱼类对化学性致癌物质颇为敏感。例如，黄曲霉毒素或二甲基亚硝胺可引发鱼（尤其是鳟鱼）的肝脏肿瘤和肾母细胞瘤。因此，鱼是测试环境致癌因素的敏感对象。北方狗鱼的淋巴瘤模型被视为研究人相应肿瘤的模型。通过鱼种间杂交而形成的杂种鱼能大量地自发肿瘤，如将中美洲的两种热带鱼——剑尾鱼与阔尾鱼进行杂交或将两种热带鱼杂交的第一代与剑尾鱼回交，就可以产生自发黑色素瘤的带瘤杂种鱼。

→ **执考真题**

1.（2019 年）蛋鸡，60 日龄，消瘦死亡，心、肝、脾等组织器官出现肿瘤，部分鸡失明，瞳孔呈同心环状，组织学检查见肿瘤组织有大小不一的淋巴细胞浸润。该病最可能是（　　　）。
　　A. 传染性法氏囊病　　　　　　B. 马立克氏病　　　　　　　　C. 禽白血病
　　D. 鸡传染性支气管炎　　　　　E. 新城疫

2.(2018 年)癌原发于（　　　　）。

　　A. 神经组织　　　B. 脂肪组织　　　C. 肌肉组织　　　D. 上皮组织　　　E. 结缔组织

3.(2018 年)40 周龄种鸡群,部分鸡食欲不振,消瘦,剖检见肝和脾肿大,有灰白色肿瘤结节,法氏囊出现肿瘤结节。该病最可能是（　　　　）。

　　A. 新城疫　　　　　　　　　　B. 禽白血病　　　　　　　　　　C. 鸡传染性贫血

　　D. 鸡传染性支气管炎　　　　　E. 鸡传染性喉气管炎

4.(2018 年)对放射线敏感度高的肿瘤细胞是（　　　　）。

　　A. 分化程度高、新陈代谢快的细胞　　　　　　B. 分化程度低、新陈代谢慢的细胞

　　C. 分化程度高、新陈代谢慢的细胞　　　　　　D. 分化程度低、新陈代谢快的细胞

　　E. 分化程度与新陈代谢均正常的细胞

5.(2017 年)下列最易发生转移的肿瘤是（　　　　）。

　　A. 乳头状瘤　　　B. 腺瘤　　　C. 平滑肌瘤　　　D. 纤维肉瘤　　　E. 血管瘤

**自测训练**

扫码看答案

## 一、单项选择题

1. 起源于间叶组织的恶性肿瘤,称为（　　　　）。

　　A. 癌　　　　　B. 肉瘤　　　　　C. 母细胞瘤　　　　　D. 纤维瘤　　　　　E. 腺瘤

2. 起源于纤维组织的恶性肿瘤,称为（　　　　）。

　　A. 癌　　　　　B. 纤维肉瘤　　　　　C. 母细胞瘤　　　　　D. 纤维瘤　　　　　E. 黑色素瘤

3. 来源于上皮组织的恶性肿瘤称（　　　　）。

　　A. 癌　　　　　B. 肉瘤　　　　　C. 母细胞瘤　　　　　D. 黑色素瘤　　　　　E. 以上都不是

4. 良性、恶性肿瘤的最根本区别在于（　　　　）。

　　A. 切除后是否复发　　　　　B. 体积大小　　　　　C. 组织来源不同

　　D. 转移途径不同　　　　　　E. 肿瘤细胞的异型性

5. 肿瘤的颜色与下列哪项因素无关?（　　　　）

　　A. 肿瘤的分化程度　　　　　B. 含血量多少　　　　　C. 是否含有色素

　　D. 组织来源,实质与间质的多少　　　E. 有无坏死性病变

6. 黄曲霉毒素致癌的靶器官主要是（　　　　）。

　　A. 心脏　　　　　B. 脑　　　　　C. 肝脏　　　　　D. 肺脏　　　　　E. 肾脏

7. 肿瘤发生扩散,鼻咽癌侵及食管引起咽食管癌,这属于（　　　　）。

　　A. 直接蔓延　　　B. 血道转移　　　C. 淋巴道转移　　　D. 种植性转移　　　E. 以上都不是

8. 下列属于良性肿瘤的为（　　　　）。

　　A. 纤维瘤　　　　　　　　B. 骨肉瘤　　　　　　　　C. 肾母细胞瘤

　　D. 鸡马立克氏病　　　　　E. 腺癌

9. 下列肿瘤易发生扩散的是（　　　　）。

　　A. 所有肿瘤　　　B. 良性肿瘤　　　C. 恶性肿瘤　　　D. 纤维瘤　　　E. 以上都不是

## 二、多项选择题

1. 下列属于恶性肿瘤特点的是（　　　　）。

　　A. 膨胀性生长　　　B. 移动性大　　　C. 生长速度快　　　D. 分化程度低　　　E. 对机体影响小

2. 下列属于恶性肿瘤命名的是（　　　　）。

　　A. 肉瘤　　　　　B. 瘤　　　　　C. 癌　　　　　D. 恶性纤维瘤　　　　　E. 鸡马立克氏病

## 三、思考题

1. 肿瘤的常见形态有哪些?

*Note*

2.肿瘤有哪些生长方式？如何扩散转移？

3.肿瘤如何通过淋巴道转移？

4.肿瘤是如何分类与命名的？

5.请列表区分良性肿瘤与恶性肿瘤。

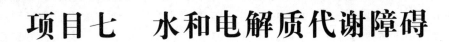

# 项目七 水和电解质代谢障碍

## 项目导入

本项目主要介绍水和电解质代谢障碍的相关知识,包括水肿、脱水、钾代谢障碍、镁代谢障碍、酸碱平衡紊乱、反映酸碱平衡紊乱的常用指标及其意义六个任务。学习本项目,要求了解水和电解质代谢障碍的机制、临床诊断要点,掌握水肿、脱水及酸碱平衡紊乱的类型、临床特征,钾、镁代谢障碍的临床特征。

## 项目目标

▲知识目标

1.掌握水肿的临床特征;理解水肿的类型、病因及防治原则。

2.掌握脱水的类型、脱水对机体的危害及治疗原则。

3.掌握酸中毒的发生原因、类型及其特点;了解酸中毒对机体的危害。

▲能力目标

1.能够识别水肿、脱水、酸中毒。

2.能够对水肿、脱水、酸中毒的病因进行正确分析,为建立正确的诊断和制订合理的治疗措施打下基础。

▲思政与素质目标

1.具有良好的思想政治素质、行为规范和职业道德,具有法制观念。

2.具有互助协作的团队精神、较强的责任感和认真的工作态度。

3.热爱畜牧兽医行业,具有科学求实的态度、严谨的学风和开拓创新的精神。

## 案例导学

某小型牛场存栏 300 头,近日有 10 头新生犊牛精神不振、体温升高,主要表现为腹泻。病初排出的粪便呈淡黄色,粥样,有恶臭,继则呈水样,淡灰白色,混有血凝块、血丝和气泡。严重者出现眼窝下陷、皮肤弹性下降、末梢温度降低等临床症状,卧地不起,全身衰弱。剖检主要呈现胃肠炎变化。采集粪便做涂片染色镜检,发现大量两端钝圆的短杆菌。通过细菌分离鉴定,初步判定为大肠杆菌感染。

根据牛场病例情况,我们如何在临床实践中正确地判定因腹泻导致的脱水和电解质代谢障碍?

## 任务一 水 肿

动物体内各种无机物和有机物以水为溶剂形成的水溶液称为体液,总量占动物体重的 60%～

*Note*

70%。体液分为两个部分,即细胞内液(约占体液总量的2/3)和细胞外液(约占体液总量的1/3),后者主要包括血浆和细胞间液(即组织液),以及由脑脊髓液与胸腔、腹腔、关节滑膜腔、胃肠道等处的液体组成的少量穿细胞液。细胞内液是大多数生物化学反应进行的场所,而细胞外液则是组织细胞摄取营养、排出代谢产物、赖以生存的内环境。因此,体液的总量、分布、渗透压和酸碱度的相对稳定,是维持机体正常生命活动的重要基础。一旦这种稳定遭到破坏,即可引起水代谢障碍和酸碱平衡紊乱,各器官系统功能发生障碍,甚至导致严重后果。

水肿是指体液在组织间隙或体腔中积聚过多(等渗性液体在细胞间隙积聚过多)。水肿液主要来自血浆,除蛋白质外其余成分与血浆基本相同。水肿液的密度取决于蛋白质的含量,而后者与血管壁通透性的改变以及局部淋巴液回流状态有关。液体积于浆膜腔内,通常称为积水,如心包积水、腹腔积水、胸腔积水等。积水是水肿的一种特殊表现形式。水肿发生于皮下,则称为浮肿。细胞内液增多,称为细胞水肿或水中毒。

水肿不是一种独立的疾病,而是多种疾病的共同病理过程。例如,患传染性肝炎的犬,胸腹下有时可见皮下炎性水肿。肝癌晚期,可出现腹水。

## 一、水肿发生的机制

### (一)血管内、外液体交换平衡失调——组织液生成大于回流

正常情况下血管内、外液体交换是平衡的(图7-1)。在某些病理情况下,由于受到各种致病因素的影响,组织液生成与回流的动态平衡发生破坏,就会导致组织液的生成增多或回流减少,致使组织液在组织间隙中过多蓄积,引起水肿。引起水肿的主要因素如下。

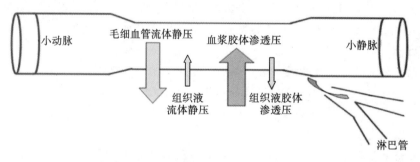

图 7-1 正常血管内、外液体交换示意图

**1.毛细血管流体静压升高** 毛细血管流体静压升高可导致有效流体静压增高,使组织液生成增多,当超过淋巴回流的代偿能力时,便可引起水肿。常见原因是动脉性充血(如炎症)和静脉压增高(如血栓、栓塞、肿瘤、肝硬化、静脉炎等)。

**2.组织液胶体渗透压升高** 原因如下:微血管壁通透性增高,使大分子物质滤出到组织液中,致组织液胶体渗透压增高;局部组织细胞变性、坏死,组织分解加剧,使大分子物质分解为小分子物质,引起局部胶体渗透压升高。

**3.血浆胶体渗透压降低** 原因如下:①血浆蛋白合成不足:营养不良、消化吸收障碍、严重肝病(如肝硬化)。②蛋白质丢失过多:肾病综合征、慢性腹泻等。③大量钠、水在体内潴留可使血浆蛋白稀释。

**4.毛细血管壁通透性增高** 当毛细血管壁通透性增高时,有较多的蛋白质渗出到组织间隙,使组织液胶体渗透压增高而血浆胶体渗透压降低,引起水肿。

引起毛细血管壁通透性增高的原因:炎症刺激(如感染、创伤)、组织缺氧、酸中毒和某些变态反应等。

**5.淋巴回流受阻** 正常形成的组织液有一小部分(约1/10)经淋巴回流,组织液中的蛋白质成分也经淋巴回流。

引起淋巴回流受阻的原因如下:①淋巴管阻塞。②淋巴管痉挛。③淋巴泵失去功能:慢性水肿导致长期淋巴回流增多,使淋巴管扩张,最终淋巴管内瓣膜关闭失灵。

Note

130

### (二)球-管失衡导致钠、水在体内潴留

机体排出钠和水的量少于摄入体内的量,称为水钠潴留。正常情况下,肾小球滤出的水、钠总量中只有 $0.5\%\sim1\%$ 被排出,绝大部分被肾小管重吸收,其中 $60\%\sim70\%$ 的水和钠由近曲小管重吸收,余者由远曲小管和集合管重吸收。近曲小管重吸收钠是一个主动耗能过程,而远曲小管和集合管重吸收水和钠则受抗利尿激素(ADH)、醛固酮、心钠素等激素的调节。肾小球滤出量与肾小管重吸收量之间的相对平衡称为球-管平衡。这种平衡关系被破坏会引起球-管失衡,水钠潴留引起细胞外液总量增多,使过多的组织液蓄积在组织间隙,引起水肿。常见的有肾小球滤过率降低,肾小管对水、钠重吸收增加两种情况。

**1. 肾小球滤过率降低**

(1)广泛的肾小球病变可严重影响肾小球的滤过:如急性肾小球肾炎可引起炎性渗出和内皮细胞肿胀增生,导致滤过膜增厚。慢性肾小球肾炎可导致肾小球严重纤维化。

(2)有效循环血量降低:出血、休克、充血性心力衰竭等可引起肾血流量降低,导致肾小球滤过减少。有效循环血量减少可反射性引起交感-肾上腺髓质系统兴奋,使肾小球入球动脉广泛性收缩,导致肾血流量更加减少,一方面肾小球滤过减少,另一方面肾素的释放增加,使水钠潴留。肾小球的病变,如急性肾小球肾炎,由于肾小球毛细血管内皮细胞增生、肿胀,有时伴发基底膜增厚,可引起原发性肾小球滤过率降低。心功能不全、休克、肝硬化大量腹水形成时,有效循环血量和肾灌流量明显减少,可引起继发性肾小球滤过率降低。

**2. 肾小管对水、钠重吸收增加** 这是决定机体内水钠潴留的主要因素。

(1)激素:醛固酮和抗利尿激素增多(如应激、肝功能不全、肾上腺皮质功能亢进等时)。醛固酮在体内起着保钠排钾间接保水的作用。抗利尿激素促进远曲小管和集合管对水的重吸收。

(2)肾血流重分配:家畜的肾单位有皮质肾单位和髓质肾单位两种。正常情况下尿液是通过皮质肾单位生成的,皮质肾单位的髓袢短,对钠、水的重吸收能力相对弱。髓质肾单位的髓袢长,对钠、水的重吸收能力相对强。某些病理情况(如心力衰竭、休克)下肾血流重分配,会使大部分血流通过髓质肾单位,从而引起肾小管的重吸收增加。

## 二、水肿的类型——几种常见的水肿及发生机制

**1. 心性水肿** 心性水肿是由心功能不全引起的全身性或局部性水肿。其发生与下列因素有关。

(1)水钠潴留:心功能不全时心输出量降低,导致肾血流量减少,可引起肾小球滤过率降低。有效循环血量减少,肾远曲小管和集合管对水、钠的重吸收增多,球-管失衡,造成水钠潴留。

(2)毛细血管流体静压升高:心输出量降低导致静脉回流障碍,进而引起毛细血管流体静压升高。左心功能不全易引起肺水肿,右心功能不全可引起全身性水肿,尤其在机体的低垂部位(如四肢、胸腹下部、肉垂、阴囊等处),由于重力的作用,毛细血管流体静压更高,水肿也越明显。

(3)其他:右心功能不全可引起胃、肠、肝、脾等腹腔器官发生淤血和水肿,造成营养物质吸收障碍,白蛋白合成减少,导致血浆胶体渗透压降低。静脉回流障碍,引起静脉压升高,妨碍淋巴回流。这些因素也能促进水肿的形成。

**2. 肾性水肿** 肾功能不全引起的水肿称为肾性水肿,以机体组织疏松部位表现明显。其发生与下列因素有关。

(1)肾排水排钠减少:急性肾小球肾炎时,肾小球滤过率降低,但肾小管仍以正常速度重吸收水和钠,故可引起少尿或无尿。慢性肾小球肾炎时,大量肾单位遭到破坏,使滤过面积显著减少,也可引起水钠潴留。

(2)血浆胶体渗透压降低:肾小球毛细血管基底膜受损,通透性增高,大量血浆白蛋白滤出,当超过肾小管重吸收能力时,可形成蛋白尿而排出体外,使血浆胶体渗透压下降。这样会引起血液的液体成分向细胞间隙转移而导致血容量减少,后者又引起抗利尿激素、醛固酮分泌增加,心钠素分泌减少,进而使水、钠重吸收增多。

**3.肝性水肿** 肝性水肿是由肝功能不全引起的全身性水肿,常表现为腹水生成增多。其发生与下列因素有关。

（1）肝静脉回流受阻:肝硬化时肝组织的广泛性破坏和大量结缔组织增生,可压迫肝静脉的分支,造成肝静脉回流受阻。窦状隙内压明显上升,引起过多液体滤出,当超过肝内淋巴回流的代偿能力时,可经肝被膜渗入腹腔内形成腹水。同时,肝静脉回流受阻可导致门静脉高压,肠系膜毛细血管流体静压随之升高,液体由毛细血管滤出明显增多,促使腹水形成。

（2）血浆胶体渗透压降低:严重的肝功能不全(如重症肝炎、肝硬化等)时,肝细胞合成白蛋白发生障碍,导致血浆胶体渗透压降低。

（3）水钠潴留:肝功能不全时,远曲小管和集合管对水、钠重吸收增多。腹水一旦出现,血容量即减少,导致水钠潴留,加剧肝性水肿。

**4.肺水肿** 在肺泡腔及肺泡间隔内蓄积大量体液时称为肺水肿。其发生与下列因素有关。

（1）肺泡壁毛细血管内皮和肺泡上皮损伤:由各种化学性因素(如硝酸银、毒气)、生物性因素(某些细菌、病毒感染)引起的中毒性肺水肿,有害物质损伤肺泡壁毛细血管内皮和肺泡上皮,使其通透性升高,导致血液中液体成分甚至蛋白质渗入肺泡间隔和肺泡内。

（2）肺毛细血管流体静压升高:左心功能不全、二尖瓣狭窄可引起肺静脉回流受阻。

**5.脑水肿** 脑水肿的发生与下列因素有关。

（1）毛细血管通透性升高:脑组织发生炎症、出血、栓塞、梗死、外伤,可损伤脑组织毛细血管,导致毛细血管通透性升高,引起水肿。

（2）脑脊液循环障碍:脑炎、脑膜炎、肿瘤、寄生虫等均可引起脑室积水和脑室周围组织水肿。

（3）脑组织细胞膜功能障碍:缺氧、休克、脑动脉供血不足、尿毒症等均可引起脑细胞膜钠钾ATP酶活性降低,导致细胞内水肿。

**6.营养不良性水肿** 营养不良性水肿亦称恶病质性水肿,在慢性消耗性疾病(如严重的寄生虫病、慢性消化道疾病、恶性肿瘤等)和动物营养不良(缺乏蛋白性饲料或其他某些营养物质)时,机体缺乏蛋白质,造成低蛋白血症,引起血浆胶体渗透压降低而组织液胶体渗透压相对较高,导致水肿的发生。

### 三、常见水肿的病理变化

一般来说,水肿的组织通常体积增大,色泽变淡,弹性降低,切面流出大量液体。不同的组织和器官因结构不同,水肿时的形态变化也不同。

#### （一）皮肤水肿

皮肤水肿的初期或水肿程度轻微时,水肿液与皮下疏松结缔组织中的凝胶网状物(胶原纤维和由透明质酸构成的凝胶基质等)结合而呈隐性水肿。随着病情的发展,当细胞间液超过凝胶网状物结合能力时,可产生自由液体,扩散于组织细胞间,指压遗留压痕,称为凹陷性水肿。肉眼观,皮肤肿胀、颜色变浅,失去弹性,触之质如面团。切开皮肤有大量浅黄色液体流出,皮下组织呈淡黄色胶冻状。

镜检,皮下的纤维组织和细胞成分间距离增大,排列无序,其中胶原纤维肿胀,甚至崩解。结缔组织细胞、肌纤维、腺上皮细胞肿大,胞质内出现水泡,甚至发生核消失(坏死)。腺上皮细胞往往与基底膜分离,淋巴管扩张。苏木精-伊红染色标本中水肿液可因蛋白质含量不同而呈深红色、淡红色或不染色(仅见于疏松组织或出现空隙者)。

#### （二）肺水肿

肉眼观,肺体积增大,重量增加,质地变实,边缘钝圆,肺胸膜紧张而有光泽,肺表面因高度淤血而呈暗红色。肺间质增宽,尤其是猪、牛的肺脏,因富有间质,故增宽尤为明显。肺切面呈紫红色,从支气管和细支气管内流出大量白色或粉红色泡沫状液体。

镜检,非炎性水肿时,可见肺泡壁毛细血管高度扩张,肺泡腔内出现大量粉红色的浆液,其中混有少量脱落的肺泡上皮细胞。肺间质因水肿液蓄积而增宽,结缔组织疏松呈网状,淋巴管扩张。在炎性水肿时,除见上述病变外,还可见肺泡腔水肿液内混有大量白细胞,蛋白质含量也增多。慢性肺水肿时,可见肺泡壁结缔组织增生,有时病变肺组织发生纤维化。

### (三)脑水肿

肉眼观,软脑膜充血,脑回变宽而扁平,脑沟变浅。脉络丛血管常淤血,脑室扩张,脑脊液增多。

镜检,软脑膜和脑实质内毛细血管充血,血管周围淋巴间隙扩张,充满水肿液。神经细胞肿胀,体积变大,胞质内出现大小不等的水泡。核偏位,严重时可见核浓缩甚至消失。神经细胞内尼氏小体数量明显减少。细胞周围因水肿液积聚而出现空隙。

### (四)实质器官水肿

肝脏、心脏、肾脏等实质性器官发生水肿时,器官肿胀比较轻微,只有进行镜检才能发现。肝脏水肿时,水肿液主要蓄积于狄氏间隙内,使肝细胞索与窦状隙发生分离。心脏水肿时,水肿液出现于心肌纤维之间,心肌纤维彼此分离,受到挤压的心肌纤维可发生变性。肾脏水肿时,水肿液蓄积在肾小管之间,使间隙扩大,有时导致肾小管上皮细胞变性并与基底膜分离。

### (五)浆膜腔积水

胸腔、腹腔、关节腔、心包腔和脑室内蓄积大量的液体,称为浆膜腔积水,或称为积液。

当浆膜腔发生积水时,水肿液一般为淡黄色透明液体。浆膜小血管和毛细血管扩张充血。浆膜面湿润有光泽。液体的性质由于引起的原因不同而有区别。如果是炎症引起的,渗出液中混有白细胞、脱落的上皮细胞及红细胞,蛋白质的含量也较多,故液体浑浊呈黄白色或红黄色,此时可见浆膜肿胀,充血或出血,表面常被覆薄层或厚层灰白色呈网状的纤维蛋白。可见于胸膜炎、心包炎、肝硬化、关节炎。如果是漏出液,则透明,呈淡黄色。

### (六)黏膜水肿

黏膜水肿呈弥漫性、半透明样外观,肿胀显著,触摸有波动感。

临床上猪水肿病的胃黏膜呈水肿表现。局限性水肿表现为水疱,常见于烫伤、口蹄疫、水疱病等。

## 四、水肿的结局和对机体的影响

水肿对机体的影响是双方面的。一方面,水肿本身就是机体的一种适应性反应,是具有防御意义的保护性反应。另一方面,持续时间长的水肿可引起局部组织、器官的实质性变性,结缔组织增生,进而使器官硬化,即使消除病因也难以恢复正常,甚至危及生命。

### (一)水肿的有利影响

水肿发生后,水肿液可以稀释局部组织中产生的毒素及代谢产物,降低对局部的损伤。水肿也可运送大量的抗体到达炎症部位,与抗原结合,降低抗原的损伤作用。水肿液中的蛋白质可以吸附局部组织产生的有害物质,一方面防止毒素进入血液而引起全身中毒,另一方面降低毒素对局部组织的损伤。水肿液中渗出的纤维蛋白凝固可限制微生物的扩散,防止感染蔓延。

所谓水肿液,实际上就是组织液。可以把组织液看成储备形式的血浆,组织液增多或减少对调节动物的血量和血压起重要作用(肾脏也起重要作用)。特别是在肾脏发生病变时,水肿的形成对减轻血液循环负担起着重要作用。心力衰竭时,水肿液的形成起着降低静脉压、改善心肌收缩功能的作用。

### (二)水肿的有害影响

水肿的有害影响程度可因水肿的严重程度、持续时间和发生部位的不同而异。轻度水肿和持续时间短的水肿,在病因去除后,随着心血管功能的改善,水肿液可被吸收,水肿组织的形态学改变和功能障碍也可恢复正常。但长期水肿的部位,可因组织缺氧,继发结缔组织增生和器官硬化,此时,即使病因祛除也难以完全清除病变。发生在机体重要器官的水肿往往会危及生命。水肿对机体的

**1. 器官功能障碍**　水肿可引起严重的器官功能障碍,如肺水肿可导致通气与换气障碍;脑水肿时颅内压升高,压迫脑组织可出现神经系统功能障碍;心包积水妨碍心脏泵血功能;急性喉黏膜水肿可引起窒息;胃肠黏膜水肿引起消化功能障碍。

**2. 组织营养障碍**　由于水肿液的存在,氧和营养物质从毛细血管到达组织细胞的距离增加,可引起组织细胞营养不良。水肿组织缺血、缺氧,物质代谢发生障碍,对感染的抵抗力降低,易导致感染,长期水肿可引起组织实质细胞变性、坏死,间质结缔组织增生,导致器官硬化。

**3. 再生能力减弱**　水肿组织血液循环障碍可引起组织细胞再生能力减弱,水肿部位的外伤或溃疡往往不易愈合。

# 任务二　脱　　水

体液主要由水和溶解在其中的电解质组成,还有低分子有机化合物及蛋白质。细胞外液和细胞内液的组成不同。细胞外液中的电解质,阳离子以 $Na^+$ 为主,占阳离子总量的 $90\%$ 以上,其他任何阳离子都不能代替 $Na^+$ , $Na^+$ 的浓度是影响细胞外液渗透压的主要因素;阴离子以 $Cl^-$ 、$HCO_3^-$ 为主, $Cl^-$ 可被 $HCO_3^-$ 、磷酸根和有机酸根等阴离子所代替。细胞内液的电解质,阳离子以 $K^+$ 为主,阴离子以磷酸根和蛋白质为主。生理情况下,体液的组成、容量及分布都保持在一定的适宜范围内,处于动态平衡状态。体液的电解质浓度、渗透压和 pH 等理化特性,均在一定范围内保持着相对的稳定性。在病理情况下,水和电解质代谢紊乱可引起体液容量、组成和分布的改变,影响机体的各种生理活动,机体各器官系统疾病也会引起水和电解质代谢紊乱。

机体由于水和电解质的摄入不足或丧失过多,而引起体液总量减少的现象,称为脱水。脱水是水和电解质代谢紊乱的一种病理过程,机体丢失水分的同时,也伴有电解质(主要是 $Na^+$ )的丢失。由于脱水发生的具体情况不同,水和电解质丢失的比例不一样,因此血浆渗透压会发生不同的改变。根据脱水时血浆渗透压的改变,脱水可分为高渗性脱水、低渗性脱水和等渗性脱水。在一定情况下,这三型脱水可以互相转化。等渗性脱水时,一旦动物大量饮水,就可转变为低渗性脱水;等渗性脱水时,由于水分不断通过皮肤和肺蒸发,也可以转变为高渗性脱水。

## 一、高渗性脱水

高渗性脱水以水丢失为主,而电解质丢失较少,又称为缺水性脱水或单纯性脱水。主要特点是血浆渗透压升高,细胞因脱水而皱缩,临床上患畜表现为口渴、尿少和尿比重增高。其病理过程的主导环节是血浆渗透压升高。

### (一)原因

**1. 饮水不足**　得不到饮水或吞咽困难。如长期在沙漠行走,水源断绝,咽炎、食管阻塞和破伤风引起牙关紧咬等。

**2. 失水过多或失水大于失钠**　如呕吐、肠炎腹泻、胃扩张、肠梗阻等疾病,可引起大量低渗性消化液丧失;天气炎热或过度劳役(大出汗)、发热时张口呼吸等,导致大量低渗性液体丢失;下丘脑病变使抗利尿激素合成、分泌障碍;利尿剂(如呋塞米、甘露醇等)使用过多,或不适当使用发汗、解表药和泻下药,使低渗液损失过多。

### (二)病理生理反应和对机体的影响

脱水过程是一个渐进的发展过程,不是受脱水病因作用就立即出现脱水。动物机体具有较强的抗脱水能力。在脱水初期,机体可通过一系列的抗脱水作用来对抗脱水的发展,这就构成了脱水与抗脱水的矛盾斗争过程,能否引起脱水就取决于双方的力量对比。

在高渗性脱水的初期,机体内水分大量丧失,进而导致血浆中水分大量丧失,血浆钠浓度增高,致使血浆渗透压升高。作为主导环节,血浆渗透压升高会引起下述一系列的代偿适应性反应,以保水排钠,维持细胞外液的等渗状态,于是机体就会出现一系列的抗脱水反应。

①由于血浆渗透压升高,组织间液中的水分进入血液增多,以降低血浆渗透压。

②血浆渗透压升高,可刺激丘脑下部视上核的渗透压感受器,一方面反射性引起患畜渴感,以促使其饮水;另一方面又加强肾小管对水的重吸收,减少水分的排出,故此时尿量减少。

③血浆渗透压升高和血钾过高,都会引起肾小管对钠离子的重吸收减少,尿液变浓,尿比重增高。

上述保水排钠的代偿适应性反应,可使机体因缺水而引起的血浆渗透压升高和循环血量减少得到缓解。但如果脱水继续发展,机体就会出现下述一系列失代偿反应。

①组织间液水分进入血液增多,引起组织间液渗透压升高,使细胞内液进入组织间隙,造成细胞脱水,引起细胞皱缩,细胞内氧化酶活性降低,发生代谢障碍、酸中毒。

②由于细胞外液得不到补充,血液变浓稠,循环衰竭,代谢产物蓄积,发生自体中毒。

③脱水过久时,机体内各种腺体的分泌会减少,患畜口干舌燥、吞咽困难,从而影响食欲。同时从皮肤和呼吸器官蒸发的水分相应减少,因而散热障碍,引起体温升高(脱水热)。

④严重脱水时,因大脑皮质和皮质下中枢的功能相继紊乱,患畜呈现运动失调、昏迷,甚至死亡。

### (三)临诊表现

皮肤干燥,弹性降低,口渴,尿量减少,尿比重增加,无汗,易出现脱水热。

### (四)治疗

先口服补水,或 5%~10% 葡萄糖静脉滴注,然后考虑补钠,用 2 份 5% 葡萄糖溶液加 1 份生理盐水输液治疗。另外,还需适当补钾。

## 二、低渗性脱水

低渗性脱水以电解质的丢失为主,失水少于失盐,因此又称为缺盐性脱水。其特点是血浆渗透压降低,血容量及组织间液减少,血液浓稠,细胞水肿;患畜不感口渴,尿量多而比重低。临床上患畜表现为早期多尿,尿的相对密度低,后期少尿,没有明显的渴感。其病理过程的主导环节是血浆渗透压降低。

### (一)原因

**1. 补液不合理** 大量失血、出汗、呕吐和腹泻等引起体液大量丧失后只单纯补充过量水分或葡萄糖溶液而未补充氯化钠,使血浆、组织间液渗透压降低,就会引起低渗性脱水。

**2. 丢钠过多** 如肾上腺皮质功能低下时,醛固酮分泌不足使肾小管对钠的重吸收减少,造成大量 $Na^+$ 随尿液排出体外;在慢性肾功能不全时,肾小管分泌 $H^+$ 不足或重吸收 $Na^+$ 减少,使 $Na^+$ 排出增多;或长期使用排钠性利尿剂(如呋塞米、氢氯噻嗪等),抑制肾小管对钠的重吸收,以致大量钠自尿液中丢失而引起低渗性脱水。此外牛的酮血症和代谢性酸中毒都可使钠大量丢失。

### (二)病理生理反应和对机体的影响

低渗性脱水的初期,血浆渗透压降低作为主导环节会引起机体产生一系列代偿适应性反应。

①血浆渗透压降低,使组织间液中的 $Na^+$ 进入血液,以维持血浆渗透压。

②血浆渗透压降低,抑制渗透压感受器的兴奋性,故患畜不表现渴感,同时使垂体后叶释放抗利尿激素减少,从而使肾小管对水分的重吸收减少,引起尿量增多。

③血浆钠离子浓度降低,$[Na^+]/[K^+]$ 值减小,以及血容量和血浆渗透压降低,都可使肾上腺皮质分泌醛固酮增多,加强肾小管对钠的重吸收,以维持血浆渗透压,但尿比重下降。

如果缺盐继续加重,血浆渗透压进一步降低,就会引起机体的一系列失代偿反应。

①组织间液中的 $Na^+$ 进入血液过多,引起组织间液渗透压降低,细胞渗透压相对增高,组织间液进入细胞内而发生细胞水肿,导致细胞功能障碍。

②水、盐从肾脏大量排出，造成血容量减少，血液浓稠，血流缓慢，血压下降，从而出现低血容量性休克。

③组织间液显著减少，患畜出现四肢无力、皮肤弹性减退、眼球内陷、静脉塌陷等症状。

④循环血量下降，使肾小球滤过率降低，尿量剧减，加上细胞水肿，代谢障碍，导致血液中非蛋白氮含量升高，代谢产物积留。最后，患畜可因血液循环衰竭，自体中毒而死亡。

### （三）临诊表现

患畜脱水，无口渴感，主要表现为血容量不足和脑水肿的症状。皮肤弹性降低，皮肤黏膜干燥，眼球内陷，表浅静脉塌陷，四肢厥冷。尿量减少但早期不减，一旦出现尿量减少，则提示低血钠和血容量严重不足。

### （四）治疗

本型脱水通常给予生理盐水即可，若只补葡萄糖溶液则会加重病情，甚至引起中毒。缺钠严重的，可适当静脉注射适量高渗氯化钠溶液。一般用1份5%葡萄糖溶液加2份生理盐水输液治疗。

## 三、等渗性脱水

等渗性脱水时，机体丧失等渗性体液，水和电解质同时大量丢失，血浆渗透压基本不变，此型脱水在兽医临床上最为常见，也称为混合性脱水。

### （一）原因

等渗性脱水是一些疾病发展过程中大量等渗性体液丧失所引起的，多见于急性胃肠炎、剧烈而持续的腹痛、中暑或过劳等。急性胃肠炎时，由于肠液分泌增多，机体会出现吸收障碍和严重的腹泻；剧烈而持续的腹痛（如肠变位、肠扭转等）时，机体大量出汗，肠液分泌增多，大量血浆漏入腹腔；大量胸水和腹水形成也可使等渗性体液丢失；大面积烧伤时，大量血浆成分从创面渗出；中暑、过劳等疾病可引起动物大量出汗。上述这些病变，均可使机体内的水和钠大量丧失，从而引起等渗性脱水。由于消化液和汗液偏于低渗，所以此型脱水时，水的丢失略多。

### （二）病理生理反应和对机体的影响

在等渗性脱水初期，因大量等渗性体液丧失，血浆钠浓度及血浆渗透压一般不发生改变。但随着病程的发展，因水分仍然不断地从呼吸道和皮肤蒸发，水的丧失总是略多于盐类的丧失，血浆钠浓度及血浆渗透压则表现为相对升高，于是机体会出现下述代偿适应性反应。

①血浆渗透压升高，可刺激丘脑下部视上核渗透压感受器，促使机体饮水，并通过视上核垂体途径，引起抗利尿激素释放增多，泌尿减少。

②血浆渗透压升高和血中$Na^+$相对增多，使醛固酮分泌减少，$Na^+$排出增多。

③血浆渗透压升高，可使组织间液和细胞内液的水分进入血液，以维持渗透压。

如果等渗性脱水进一步发展，就会出现下述一系列失代偿反应。

①由于失水略多于失盐，机体可出现高渗性脱水的口渴、尿少、细胞脱水、循环衰竭以及酸中毒等症状。

②由于失水的同时伴有钠的丧失，进入血液的水分不能保持，故又可出现低渗性脱水的低血容量性休克症状。

③等渗性脱水（如严重腹泻、呕吐）时，还可伴有钠、钾等电解质成分和碱储（$NaHCO_3$）的丧失，导致血钠、血钾过低或加重酸中毒。

### （三）临诊表现

机体发生等渗性脱水时，后期水分会从呼吸道、皮肤蒸发，导致血浆渗透压升高，出现细胞脱水，尿少。另外，等渗性脱水时，电解质丢失，引起低钠血症和低钾血症，导致血压下降、低血容量性休克和酸性代谢产物增多，最终可导致机体出现自体中毒。低钾血症还可引起心功能障碍。

### (四)治疗

临床用5%葡萄糖溶液加等比例生理盐水输液治疗。

## 四、脱水的处理原则

兽医临床上处理脱水的原则,首先是查明脱水的原因和类型,判断脱水程度,然后确定补液量和补液中水和盐的比例。

### (一)确定患畜脱水的类型

在三种类型的脱水发展过程中,细胞外液的渗透压变化各不相同,因此测定血浆钠离子的浓度是确定脱水类型的主要依据,并根据患畜脱水的临床表现特征,做出正确诊断。

### (二)确定补液量

根据脱水的程度来确定补液量。主要根据脱水的临床症状来判断脱水的程度,一般可将脱水分为以下三度。

**1. 轻度脱水** 临床症状不太明显,患畜仅有口渴感,失水量可达体重的2%~4%。

**2. 中度脱水** 患畜口渴,少尿,皮肤和黏膜干燥,眼球内陷,失水量可达体重的4%~6%。

**3. 重度脱水** 患畜口干舌燥,眼球深陷,脉搏微弱,静脉瘪陷,血液浓缩,四肢无力,运动失调,甚至昏迷,失水量超过体重的6%。

### (三)确定补液中水和盐的比例

补液是常用手段。缺什么补什么,缺多少补多少。根据脱水的类型来确定补液中水和盐的比例。一般情况下,高渗性脱水时以补充水分(如5%葡萄糖溶液)为主,补液中水和盐的比例为2:1,即两份5%葡萄糖溶液加一份生理盐水;低渗性脱水时以补盐为主,补液中水和盐的比例为1:2;等渗性脱水时,补液中水和盐的比例为1:1。输液足量的标准为患畜精神好转,脱水症状消失或减轻,脉搏、呼吸和尿量恢复正常,眼结膜由蓝紫色恢复正常颜色,实验室检查血清钠浓度、红细胞压积趋于正常。

### (四)纠正酸碱失衡

胃液丢失常伴发$H^+$的损失,易出现代谢性碱中毒;而小肠液含碱较多,其丢失易伴发代谢性酸中毒,因此,在等渗性脱水病例的处理过程中,应注意是否伴有酸碱失衡。

## 五、脱水对机体的影响

脱水是常见的一种临床症状。轻微的脱水可通过机体代偿修复;持续性脱水,超过机体的代偿能力,可引起水、盐代谢障碍,使机体发生生理功能紊乱和物质代谢障碍。严重时可导致循环衰竭,机体死亡。

# 任务三 钾代谢障碍

## 一、正常钾代谢

### (一)钾的生理功能

钾是细胞内主要的电解质,参与体内渗透压和酸碱平衡的调节,维持细胞内的新陈代谢,保持细胞静息膜电位。血清中钾浓度正常值为3.5~5.5 mmol/L,当血清钾浓度超过5.5 mmol/L时,即可确诊为高钾血症;当血清钾浓度低于3.5 mmol/L,即可确诊为低钾血症。血清钾浓度过高或过低均会影响机体的健康。

### (二)正常的钾代谢平衡

**1. 钾在体内的分布** 钾90%分布在细胞内液中,含量达140~160 mmol/L;1.4%分布在细胞外

Note

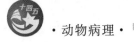 

液,含量达 $3.9\sim4.5$ mmol/L;骨骼中钾占 $7.6\%$,消化液中钾占 $1\%$。

**2.钾平衡的调节**

(1)机体内、外钾的平衡:因植物性饲料中含钾丰富,大多数谷物、牧草钾含量较高,动物正常采食后能够满足机体需要,一般不会缺钾。钾主要通过尿液、汗液等来排泄。

(2)细胞内、外钾的平衡:细胞内、外钾、钠平衡主要依靠细胞膜上的"钠钾泵",即钠钾 ATP 酶。钠钾 ATP 酶通过磷酸化和去磷酸化过程发生构象变化,导致其与 $Na^+$、$K^+$ 的亲和力发生变化。在膜内侧 $Na^+$ 与酶结合,激活钠钾 ATP 酶活性,使 ATP 分解,酶被磷酸化,构象发生变化,于是与 $Na^+$ 结合的部位转向膜外侧;这种磷酸化的酶对 $Na^+$ 的亲和力低,对 $K^+$ 的亲和力高,因而在膜外侧释放 $Na^+$,而与 $K^+$ 结合。$K^+$ 与磷酸化酶结合,促使酶去磷酸化,酶的构象恢复原状,于是与 $K^+$ 结合的部位转向膜内侧,$K^+$ 与酶的亲和力降低,使 $K^+$ 在膜内被释放,酶又与 $Na^+$ 结合。总的结果是每次循环消耗一个 ATP;转运出三个 $Na^+$,转进两个 $K^+$。

钠钾泵的作用:①维持细胞的渗透性,保持细胞的体积;②维持低 $Na^+$ 高 $K^+$ 的细胞内环境,维持细胞的静息膜电位。

## 二、钾代谢障碍

### (一)低钾血症

血清钾浓度低于 3.5 mmol/L,即可确诊为低钾血症。

**1.病因**

(1)钾摄入不足(不常见):主要见于集约化养殖,尤其是在高产乳牛或肉牛的育肥期,以大量精饲料取代粗饲料,有可能使动物钾摄入减少而缺钾;动物吞咽障碍、长期禁食,可发生低钾血症。

(2)钾丢失过多:钾丢失有肾外丢失与肾性丢失两种情况。肾外丢失指钾从汗腺及胃肠道丢失,见于严重的呕吐、腹泻、高位肠梗阻、长期胃肠引流,或重度劳役、剧烈运动等引起的大汗,体内失水过多,给动物补钠的同时未补钾,造成血液中钾浓度下降。此外,当反刍动物患顽固性前胃弛缓、瘤胃积食、皱胃阻塞等疾病时,由于大量的体液移向消化道,血液中钾转移到胃肠液中,继而被排泄。或当大量胃酸分泌入皱胃内,氢离子和氯离子转移入胃,造成代谢性碱中毒,肾脏为了保氢,则以排钾代之,造成低钾血症。

肾性丢失指钾经肾脏丢失,见于醛固酮分泌增加(如慢性心力衰竭、肝硬化、腹水等),肾上腺皮质激素分泌增多(如应激),长期应用糖皮质激素、渗透性利尿剂(如高渗葡萄糖溶液),碱中毒和某些肾脏疾病(如急性肾小管坏死的恢复期)等。

(3)细胞外钾离子转移至细胞内:如犬、猫用大量的胰岛素或葡萄糖,促使细胞内糖原合成加强,可引起血清钾浓度降低;奶牛生产瘫痪时,血钙浓度下降,长时间躺卧,造成局部肌肉缺血性损伤,增加了肌细胞膜的通透性,肌细胞内钾离子流向细胞外。此外,碱中毒时,细胞内的氢离子流向细胞外,同时钾离子、钠离子进入细胞内以维持电荷平衡,引起血清钾浓度降低。心力衰竭或大量输入不含钾离子的液体,亦可导致细胞外液稀释,使血清钾浓度降低。

**2.临床特点** 严重低钾血症主要影响神经肌肉和心血管系统功能,这是由于低钾血症时,细胞膜先出现超极化,再出现低极化。低钾血症患畜常见的临床症状是精神不振,食欲废绝,肌肉松弛,衰弱无力,头低耳垂,极为困倦,严重者四肢无力软瘫,不能站立,呼吸肌麻痹;低钾血症对心脏的影响包括心肌收缩力下降、心输出量下降和心脏节律紊乱。还可引起代谢性紊乱,包括低钾性肾病(特点是慢性肾小管间质性肾炎、肾功能受损和氮质血症、多尿、多饮以及尿液浓缩能力受损)、低钾性多肌病(血清肌酸激酶升高和肌电图异常)和麻痹性肠梗阻(腹部膨大、食欲减退、呕吐和便秘)。低钾性肾病和低钾性多肌病在猫较显著。

### (二)高钾血症

血清钾浓度高于 5.5 mmol/L,即可确诊高钾血症。

**1. 病因**

(1)钾摄入过多(不常见):静脉输入大量的钾盐。

(2)钾离子由细胞内转移至细胞外(不常见):酸中毒、胰岛素不足、细胞受损(组织分解、缺氧)。

(3)尿钾排泄受损:通常由肾功能不全或肾上腺皮质功能减退所致。

**2. 临床特点** 高钾血症的临床表现反映了细胞膜兴奋性的变化及高钾血症的严重程度。轻度至中度高钾血症(血清钾浓度低于 6.5 mmol/L)通常无症状。随着高钾血症的恶化,机体可出现全身性骨骼肌虚弱。高钾血症引起细胞膜静息电位下降至阈值,损害了细胞膜的复极化和细胞的兴奋性,导致机体虚弱。高钾血症最主要的临床表现是心源性的,其可引起心肌兴奋性下降、心肌不应期增加并延缓传导。这种影响可引起致命性的心脏节律紊乱。

# 任务四 镁代谢障碍

## 一、正常镁代谢

### (一)镁的生理功能

镁是机体不可缺少的重要物质。镁离子含量在阳离子中仅次于钠离子、钾离子和钙离子,细胞内仅次于钾离子而居第二位。镁具有较多的生理作用,其代谢紊乱常导致疾病的发生。

**1. 维持酶的活性** 镁是许多酶系的辅助因子或激动剂,可启动体内 300 多种酶,包括己糖激酶、钠钾 ATP 酶、羧化酶、丙酮酸脱氢酶、肽酶、胆碱酯酶等,参与体内许多重要的代谢过程,包括蛋白质、脂肪、糖类及核酸的代谢,离子转运,神经冲动的产生和传递,肌肉收缩等,几乎与生命活动的各个环节有关。

**2. 维持可兴奋细胞的兴奋性** 镁离子对中枢神经系统、肌肉等均起抑制作用。对于神经肌肉的应激性,$Mg^{2+}$ 与 $Ca^{2+}$ 协同作用,对于心肌,$Mg^{2+}$ 与 $Ca^{2+}$ 相互拮抗。

**3. 维持细胞的遗传稳定性** 镁是 DNA 相关酶系中的主要辅助因子,其可决定细胞周期,调节细胞凋亡。在细胞质中,镁可维持膜的完整性,增强细胞对氧化应激的耐受力,调节细胞增殖、分化和凋亡;在细胞核中,镁可维持 DNA 结构、DNA 复制的保真度,启动 DNA 的修复过程,包括核苷酸切除修复、碱基切除修复和错配修复,并刺激微管装配。

### (二)镁在体内代谢

**1. 吸收** 镁摄入后主要由小肠吸收。饲料中磷酸盐、乳糖含量,动物肠腔内镁浓度及肠道功能状态,均会影响镁的吸收。镁在肠道内的吸收是主动过程,与钙相互竞争。氨基酸可增加难溶性镁盐的溶解度而促进镁的吸收,纤维则降低镁的吸收。

**2. 排泄** 60%～70%的镁从粪便中排出;血浆中可扩散镁从肾小球滤出后,大部分被肾小管重吸收,正常时仅 2%～10%随尿液排出;显性汗液中亦含少量镁。肾是调节体内镁平衡的主要器官,肾阈的高低取决于血清镁水平。

**3. 镁稳态的调控** 主要由消化道吸收和肾脏排泄来完成。镁摄入量少,食物中钙含量低、蛋白质含量高,有活性维生素 D 等,可使肠道吸收镁增加;反之,则吸收减少。肾小管可重吸收镁,低镁血症时,甲状旁腺激素分泌增加,使肾小管对镁的重吸收增加;高镁血症时,肾小管对镁的重吸收明显减少。肽类激素,如 PTH、胰高血糖素、降钙素和抗利尿激素,可增强肾小管对镁的重吸收。脂溶性维生素 D 可加强肽类激素的作用。

### (三)镁在体内分布

禽机体内约 70%的镁存在于骨骼中,骨骼灰分中镁占 0.5%～0.7%。血液中含镁 3～5 mg,其中 75%在血细胞内,25%在血浆中。血浆中的镁约 87%呈游离状态,其余的与蛋白质结合或以磷酸盐、柠檬酸盐的形式存在。游离镁具有重要的生物学活性。

## 二、镁代谢紊乱

镁代谢紊乱包括镁缺乏和镁过剩,主要是指细胞外液中镁浓度的变化,包括低镁血症和高镁血症。

### (一)低镁血症

血清镁浓度低于 1.5 mg/dL,说明存在低镁血症。

**1.病因**

(1)摄入减少:发生于经口摄入或胃肠道吸收减少(如小肠性疾病引起吸收不良)。

(2)丢失增加:发生于胃肠道丢失增加(如长时间呕吐、腹泻)、尿镁排泄增加(如间质性肾炎、使用利尿剂)。

(3)镁由细胞外转移至细胞内:如碱中毒、使用胰岛素、葡萄糖输注等。

**2.临床特点** 一般血清镁浓度低于 1.0 mg/dL,才会引起临床症状。镁缺乏可引起许多非特异性临床表现,包括嗜睡、食欲减退、肌肉虚弱(包括吞咽困难和呼吸困难)、肌束震颤、抽搐、共济失调和昏迷。低镁血症动物也常伴发低钾血症、低钠血症和低钙血症,不过各个物种间发生电解质紊乱的概率有所不同。

### (二)高镁血症

血清中镁浓度高于 2.5 mg/dL,即表明出现了高镁血症。由于肾脏可有效地清除过多的镁,一般不会发生相关问题。

**1.病因** 高镁血症通常发生于肾功能不全或肾功能衰竭的犬、猫,或医源性给予镁过多(如静脉输注抗酸剂、缓泻剂)时。因为过多的镁可很快经健康的肾脏排泄,所以医源性高镁血症常发生于肾功能不全动物。据报道,高镁血症可发生于患有胸腔肿瘤的猫,不过具体机制仍不清楚。

**2.临床特点** 高镁血症的临床表现包括嗜睡、虚弱和低血压。血清镁浓度更高时,会出现腱反射消失和心电图异常,后者包括 PR 间隔延长、QRS 复合波变宽及心脏传导阻滞。严重者可出现呼吸抑制、呼吸暂停、昏迷和心脏停搏。在高浓度时,镁主要充当非特异性钙通道阻滞剂。

# 任务五 酸碱平衡紊乱

## 一、酸碱平衡及其调节

动物体液的酸碱度,即 $H^+$ 浓度,是用 pH 来表示的。体液的 $H^+$ 主要来自体内物质代谢过程。其中,一部分 $H^+$ 是由糖、脂肪、蛋白质分子中的碳原子氧化产生的二氧化碳与水结合生成碳酸,从碳酸解离出的 $H^+$,称为呼吸性 $H^+$。碳酸可随着呼吸变成气态的 $CO_2$,排出体外,故称碳酸为挥发性酸。另一部分是代谢性 $H^+$,主要来源于含硫氨基酸中硫原子氧化产生的硫酸,及含磷有机化合物如磷蛋白、磷脂、核苷酸进行分解代谢所产生的磷酸;还来自糖、脂肪、蛋白质的不完全氧化分解产生的乳酸、酮体等有机酸。硫酸、磷酸、乳酸、酮体不具有碳酸那样的挥发性,因此称为固定酸。体内 $H^+$ 的产生和排出,通过血液缓冲系统、呼吸系统和肾脏对 $H^+$ 代谢的调节而保持平衡状态,体液的酸碱度维持在相对稳定的范围内,即 pH 为 7.35～7.45。体液酸碱度的这种相对稳定性称为酸碱平衡,是组织细胞进行正常生命活动的必要条件。机体内环境的酸碱度之所以能保持相对稳定,而不受机体在代谢过程中不断产生的碳酸、乳酸、酮体等酸性物质和经常摄取的酸性或碱性食物的影响,是因为机体有调节体液酸碱度的机制,包括血液缓冲系统的缓冲作用及肺、肾的调节作用。

### (一)血液缓冲系统的调节

由弱酸及弱酸盐组成的缓冲对分布于血浆和红细胞内,这些缓冲对共同构成血液的缓冲系统。血浆中缓冲对有碳酸氢盐缓冲对($NaHCO_3/H_2CO_3$)、磷酸盐缓冲对($Na_2HPO_4/NaH_2PO_4$)、血浆蛋白缓冲对（Na-Pr/H-Pr，Pr 为血浆蛋白质）；红细胞内缓冲对有碳酸氢盐缓冲对（$KHCO_3/H_2CO_3$）、磷酸盐缓冲对（$K_2HPO_4/KH_2PO_4$）、血红蛋白缓冲对（K-Hb/H-Hb，Hb 为血红蛋白）、氧合血红蛋白缓冲对（$K-HbO_2/H-HbO_2$，$HbO_2$ 为氧合血红蛋白）。

这些缓冲对中，以碳酸氢盐缓冲对的量最大、作用最强，故临床上常用血浆中碳酸氢盐缓冲对的量代表体内的缓冲能力。

### （二）肺脏的调节

肺脏可通过改变呼吸频率和幅度来调整血浆中 $H_2CO_3$ 的浓度。当动脉血 $CO_2$ 分压升高、氧分压降低、血浆 pH 下降时，可刺激延脑的中枢化学感受器及主动脉弓、颈动脉体的外周化学感受器，反射性地引起呼吸中枢兴奋，呼吸加深、加快，排出 $CO_2$ 增多，使血浆 $H_2CO_3$ 浓度降低。但动脉血 $CO_2$ 分压过高会引起呼吸中枢抑制。当动脉血 $CO_2$ 分压降低或血浆 pH 升高时，呼吸变浅、变慢，$CO_2$ 排出减少，使血浆中 $H_2CO_3$ 浓度升高。通过调节，机体得以维持血浆中 $[NaHCO_3]$ 与 $[H_2CO_3]$ 的正常比值。

### （三）肾脏的调节

肾脏主要通过"排酸保碱"和"碱多排碱"的方式，排出体内过多的酸或碱，以维持体液的正常 pH。非挥发性酸和碱性物质主要通过肾脏排出体外。

**1. 泌 $H^+$ 保钠，$H^+ - Na^+$ 交换** 肾小管上皮都有分泌 $H^+$ 的功能。肾小管上皮内含有碳酸酐酶（CA），能催化 $H_2O$ 和 $CO_2$ 结合生成 $H_2CO_3$，后者解离成 $H^+$ 和 $HCO_3^-$，$H^+$ 被肾小管上皮主动分泌入小管液，与 $Na^+$ 进行交换，$Na^+$ 进入肾上皮与 $HCO_3^-$ 结合生成 $NaHCO_3$ 回到血浆。80％～85％的 $NaHCO_3$ 在近曲小管被重吸收，其余部分在远曲小管和集合管被重吸收，尿液中几乎无 $NaHCO_3$，肾小管上皮每分泌 1 个 $H^+$，可重吸收 1 个 $Na^+$ 和 1 个 $HCO_3^-$。当体液 pH 降低时，碳酸酐酶的活性增强，肾小管上皮泌 $H^+$ 增加，重吸收 $HCO_3^-$ 作用增强；当 pH 升高时，肾上皮泌 $H^+$ 减少，重吸收 $HCO_3^-$ 的作用减弱。

**2. $NH_4^+$ 排出，排氨保钠** 尿液中大部分 $NH_3$ 由谷氨酰胺酶水解谷氨酰胺产生，少部分 $NH_3$ 通过氨基酸脱氨基作用产生。$NH_3$ 不带电荷，呈脂溶性，容易通过细胞膜进入肾小管液，与肾小管上皮分泌的 $H^+$ 结合生成 $NH_4^+$。$NH_4^+$ 带正电荷，呈水溶性，不容易通过细胞膜返回细胞内，$NH_4^+$ 与小管液中的强酸盐负离子（大部分是 $Cl^-$）结合，生成 $NH_4Cl$ 随尿液排出，强酸盐的正离子 $Na^+$ 又与 $H^+$ 交换进入细胞内，与细胞内的 $HCO_3^-$ 结合形 $NaHCO_3$ 返回血浆，从而达到排氨保钠、排酸保碱、维持血浆 pH 稳定的目的。

**3. 组织细胞的调节** 组织细胞对酸碱平衡的调节作用，主要是通过细胞内、外离子交换实现的，红细胞、肌细胞等都能参与调节过程。例如，组织液 $H^+$ 浓度升高时，$H^+$ 弥散入细胞内，而细胞内等量的 $K^+$ 转移至细胞外，以维持细胞内、外的电荷平衡。进入细胞的 $H^+$ 可被细胞内缓冲系统处理，当组织液 $H^+$ 浓度降低时，上述调节作用则减弱。

## 二、酸碱平衡紊乱的类型

尽管机体具有上述强大的酸碱调节功能，但在某些疾病过程中，当体内产生过多的酸或过多的碱时，就会导致机体酸碱平衡紊乱，使体液酸碱度（pH）超出正常范围。酸碱平衡紊乱根据其发生原因不同可分为以下四种类型。

### （一）代谢性酸中毒

过多的碱进入体内，就会导致机体酸碱平衡紊乱。代谢性酸中毒是由体内固定酸增多，或碱性物质丧失过多而引起的以原发性 $NaHCO_3$ 减少为特征的病理过程，这是最常见的一种酸碱平衡紊乱。

**1. 发生原因**

（1）体内固定酸增多：

①酸性物质生成过多。在许多疾病过程中，由于缺氧、发热、血液循环障碍、病原微生物作用或饥饿引起物质代谢紊乱，糖、脂肪、蛋白质分解代谢加强，机体内乳酸、丙酮酸、酮体、氨基酸等酸性物

质产生增多。

②酸性物质摄入过多。动物服用大量氯化铵、稀盐酸、水杨酸等药物,或当反刍动物前胃阻塞、胃内容物异常发酵生成大量短链脂肪酸时,因胃壁细胞受损,酸性物质可通过胃壁血管弥散进入血液。这些因素可引起酸性物质摄入过多。

③酸性物质排出障碍。急性或慢性肾小球肾炎时,肾小球滤过率降低,导致硫酸、磷酸等固定酸排出减少。当肾小管上皮细胞发生病变,细胞内碳酸酐酶活性降低时,$CO_2$ 和 $H_2O$ 不能生成 $H_2CO_3$ 而致泌 $H^+$ 出现障碍,或由任何原因引起肾小管上皮细胞产 $NH_3$、排 $NH_4^+$ 受限,均可导致酸性物质不能及时排出而在体内蓄积。

(2)碱性物质丧失过多:

①碱性肠液丢失。在机体发生剧烈腹泻、肠扭转、肠梗阻等时,大量碱性肠液排出体外或蓄积在肠腔内,造成血浆内碱性物质丧失过多,酸性物质相对增加。

②$HCO_3^-$ 随尿液丢失。近曲小管上皮细胞刷状缘上的碳酸酐酶活性受到抑制(其抑制剂为乙酰唑胺),可使肾小管内 $HCO_3^- + H^+ \longrightarrow H_2CO_3 \longrightarrow CO_2 + H_2O$ 反应受阻,引起 $HCO_3^-$ 随尿液排出增多。

③$HCO_3^-$ 随血浆丢失。烧伤时,血浆内大量 $NaHCO_3$ 由创面渗出流失。

**2. 机体的代偿反应**

(1)血液的缓冲作用:发生代谢性酸中毒时,细胞外液增多的 $H^+$ 可迅速被血液缓冲系统中的 $HCO_3^-$ 中和。

$$H^+ + HCO_3^- \longrightarrow H_2CO_3 \longrightarrow H_2O + CO_2$$

反应中生成的 $CO_2$ 随即由肺排出。血液缓冲系统调节的结果是某些酸性较强的酸转变为弱酸($H_2CO_3$),弱酸分解后很快排出体外,以维持体液 pH 的稳定。

(2)肺脏的代偿作用:代谢性酸中毒时,血浆 $H^+$ 浓度升高,可刺激主动脉弓、颈动脉体的外周化学感受器和延脑的中枢化学感受器,引起呼吸中枢兴奋,使呼吸加深、加快,肺泡通气量增大,$CO_2$ 呼出增多,动脉血 $CO_2$ 分压和血浆 $H_2CO_3$ 含量降低。借以调整或维持血浆中[$NaHCO_3$]与[$H_2CO_3$]的正常比值。

(3)肾脏的代偿作用:除因肾脏排酸保碱障碍引起的代谢性酸中毒外,其他原因导致的代谢性酸中毒,肾脏均可发挥重要的代偿调节作用。代谢性酸中毒时,肾小管上皮细胞内碳酸酐酶和谷氨酰胺酶的活性均升高,使肾小管上皮细胞泌 $H^+$、泌 $NH_4^+$ 增多,相应地引起 $NaHCO_3$ 重吸收入血增多,以此来补充碱储备。此外,肾小管上皮细胞排 $H^+$ 增多,$K^+$ 排出减少,可能引起高血钾。

(4)组织细胞的代偿作用:代谢性酸中毒时,细胞外液中过多的 $H^+$ 可通过细胞膜进入细胞(主要是红细胞)。约有 60% 的 $H^+$ 在细胞内被缓冲体系中的磷酸盐、血红蛋白等中和。当 $H^+$ 进入细胞时,$K^+$ 从细胞内外移,引起血钾浓度升高。

$$H^+ + HPO_4^{2-} \longrightarrow H_2PO_4^-$$

$$H^+ + Hb \longrightarrow H\text{-}Hb$$

上述代偿作用,可使血浆 $NaHCO_3$ 含量升高或 $H_2CO_3$ 含量降低。如果能使[$NaHCO_3$]/[$H_2CO_3$]值恢复至 20:1,血浆 pH 维持在正常范围内,称为代偿性代谢性酸中毒。若体内固定酸不断增加,碱储备被不断消耗,经过代偿后[$NaHCO_3$]/[$H_2CO_3$]值仍小于 20:1,pH 低于正常值,称为失代偿性代谢性酸中毒。

**(二)呼吸性酸中毒**

呼吸性酸中毒是由 $CO_2$ 排出障碍或 $CO_2$ 吸入过多引起,以血浆原发性 $H_2CO_3$ 浓度升高为特征的病理过程。呼吸性酸中毒在临床上比较多见。

**1. 发生原因**

(1)二氧化碳排出障碍:

①呼吸中枢抑制。颅脑损伤、脑炎、脑膜脑炎等,均可损伤或抑制呼吸中枢。全身麻醉用药量过

大,或使用呼吸中枢抑制性药物(如巴比妥类),也可抑制呼吸中枢,造成通气不足或呼吸停止,使 $CO_2$ 在体内滞留,引起呼吸性酸中毒。

②呼吸肌麻痹。有机磷农药中毒、脊髓高位损伤、脑脊髓炎等,可引起呼吸肌随意运动减弱或丧失,导致 $CO_2$ 排出困难。

③呼吸道阻塞。喉头黏膜水肿、异物阻塞气管或食管严重阻塞部位压迫气管,可引起通气障碍,$CO_2$ 排出受阻。

④胸廓或肺部疾病。胸部创伤造成气胸时,胸腔负压消失,肺扩张与回缩出现障碍;肺炎、肺水肿、肺肉质变时,肺呼吸面积减少,换气过程出现障碍,均可导致 $CO_2$ 在体内蓄积。

⑤血液循环障碍。心功能不全时,由于全身性淤血,$CO_2$ 的转运和排出受阻,血液中 $H_2CO_3$ 浓度升高。

(2)二氧化碳吸入过多:当厩舍过小,通风不良、畜禽饲养密度过大时,因吸入空气中的 $CO_2$ 过多,动物血浆 $H_2CO_3$ 含量升高。

**2. 机体的代偿反应** 呼吸性酸中毒多由呼吸功能障碍引起,故呼吸系统代偿作用减弱或失去代偿作用,而肾脏的代偿调节作用与代谢性酸中毒时相同,因此,发生呼吸性酸中毒时,机体的代偿反应包括血液的缓冲作用和组织细胞的代偿作用。

(1)血液的缓冲作用:呼吸性酸中毒时,血浆中的 $H_2CO_3$ 含量增高,其解离产生的 $H^+$ 主要由血浆蛋白缓冲对和磷酸盐缓冲对进行中和。

$$H^+ + Na\text{-}Pr \longrightarrow H\text{-}Pr + Na^+$$
$$H^+ + Na_2HPO_4 \longrightarrow NaH_2PO_4 + Na^+$$

上述反应中生成的 $Na^+$ 与血浆内的 $HCO_3^-$ 形成 $NaHCO_3$,补充碱储备,调整 $[NaHCO_3]/[H_2CO_3]$ 值。但因血浆中 $Na\text{-}Pr$ 和 $NaH_2PO_4$ 含量较低,故其对 $H_2CO_3$ 的缓冲能力也较低。

(2)组织细胞的代偿作用:细胞外液 $H^+$ 浓度升高,故 $H^+$ 向细胞内渗透,而 $K^+$ 移至细胞外,以保持细胞膜两侧电荷平衡。同时弥散入红细胞内的 $CO_2$ 增多,在红细胞内碳酸酐酶的作用下,$CO_2$ 与 $H_2O$ 作用生成 $H_2CO_3$,$H_2CO_3$ 解离形成 $HCO_3^-$ 和 $H^+$,$H^+$ 被红细胞内的缓冲物质中和。当红细胞内 $HCO_3^-$ 浓度超过其血浆浓度时,$HCO_3^-$ 即由红细胞内弥散到细胞外,血浆内等量 $Cl^-$ 进入红细胞,结果血浆 $Cl^-$ 浓度降低,而 $HCO_3^-$ 得到补充。

上述代偿反应,可使血浆 $NaHCO_3$ 含量升高,如果 $[NaHCO_3]/[H_2CO_3]$ 值恢复至 $20:1$,pH 则可保持在正常范围内,称为代偿性呼吸性酸中毒。如果 $CO_2$ 在体内大量滞留,超过了机体的代偿能力,则导致 $[NaHCO_3]/[H_2CO_3]$ 值小于 $20:1$,pH 低于正常值,称为失代偿性呼吸性酸中毒。

### (三)代谢性碱中毒

代谢性碱中毒是由体内碱性物质摄入过多或酸性物质丧失过多,而引起的以血浆原发性 $NaHCO_3$ 浓度升高为特征的病理过程,临床上较少见。

**1. 发生原因**

(1)碱性物质摄入过多:口服或静脉注射碱性药物(如 $NaHCO_3$)过多,易导致血浆 $NaHCO_3$ 浓度升高。肾脏具有较强的排泄 $NaHCO_3$ 的能力,但若患畜肾功能不全或患畜摄入碱性物质过多,超过了肾脏的代偿限度,就会引发代谢性碱中毒。

(2)酸性物质丧失过多:

①酸性物质随胃液丢失。猪、犬等动物因患胃炎而出现严重呕吐,可导致胃液中盐酸大量丢失。肠液中的 $NaHCO_3$ 不能被来自胃液中的 $H^+$ 中和而被吸收入血,进而使血浆 $NaHCO_3$ 含量升高。

②酸性物质随尿液丢失。任何原因引起醛固酮分泌过多(如肾上腺皮质肿瘤)时,可导致代谢性碱中毒。醛固酮可促进肾远曲小管上皮细胞排 $H^+$ 保 $Na^+$,排 $K^+$ 保 $Na^+$,引起 $H^+$ 随尿液流失增多,相应地发生 $NaHCO_3$ 回收增多,进而导致代谢性碱中毒。

低血钾时,远曲小管上皮细胞泌 $K^+$ 减少,泌 $H^+$ 增多,引起 $NaHCO_3$ 的生成和重吸收增多,导致代谢性碱中毒。

143

(3)低氯性碱中毒:$Cl^-$是唯一能与$Na^+$在肾小管内被相继重吸收的负离子。如机体缺氯,则肾小管液内$Cl^-$浓度降低,$Na^+$不能充分地与$Cl^-$以NaCl的形式被吸收,导致肾小管上皮细胞以加强泌$H^+$、泌$K^+$的方式与小管液内的$Na^+$进行交换。$Na^+$被吸收后即与肾小管上皮细胞生成的$HCO_3^-$结合成$NaHCO_3$,后者重吸收增加并进入血液,引起代谢性碱中毒。

**2.机体的代偿反应**

(1)血液的缓冲作用:当体内碱性物质增多时,血液缓冲系统与之反应。

$$NaHCO_3 + H\text{-}Pr \longrightarrow Na\text{-}Pr + H_2CO_3$$

$$NaHCO_3 + NaH_2PO_4 \longrightarrow Na_2HPO_4 + H_2CO_3$$

这样可在一定限度内调整$[NaHCO_3]/[H_2CO_3]$值。因血液缓冲系统的组成成分中,酸性成分远少于碱性成分(如$[NaHCO_3]/[H_2CO_3]$值为20∶1),故血液缓冲系统对碱性物质的处理能力有限。

(2)肺脏的代偿作用:由于血浆$NaHCO_3$含量原发性升高,$H_2CO_3$含量相对不足,血浆pH升高,对呼吸中枢产生抑制作用。于是呼吸变浅、变慢,肺泡通气量降低,$CO_2$排出减少,使血浆$H_2CO_3$含量代偿性升高,以调整和维持$[NaHCO_3]/[H_2CO_3]$值。但呼吸变浅、变慢可导致缺氧,故这种代偿作用是有限的。

(3)肾脏的代偿作用:代谢性碱中毒时,血浆中$NaHCO_3$浓度升高,肾小球滤液中$HCO_3^-$含量增多。同时,血浆pH升高,肾小管上皮细胞的碳酸酐酶和谷氨酰胺酶活性降低,肾小管上皮细胞泌$H^+$、泌$NH_3$减少,导致$HCO_3^-$重吸收入血减少,随尿液排出增多。这是肾脏排碱保酸作用的主要表现形式。

(4)组织细胞的代偿作用:细胞外液$H^+$浓度降低,引起细胞内的$H^+$与细胞外的$K^+$进行跨膜交换,结果导致细胞外液$H^+$浓度有所升高,但往往伴发低血钾。

通过上述代偿反应,如果$[NaHCO_3]/[H_2CO_3]$值恢复至20∶1,血浆pH在正常范围内,称为代偿性代谢性碱中毒。但如通过代偿作用仍然不能维持$[NaHCO_3]$与$[H_2CO_3]$的正常比值,pH低于正常值,称为失代偿性代谢性碱中毒。

**(四)呼吸性碱中毒**

呼吸性碱中毒是由$CO_2$排出过多而引起的以血浆原发性$H_2CO_3$浓度降低为特征的病理过程。在高原地区可发生低血氧性呼吸性碱中毒。在疾病过程中,呼吸性碱中毒也可因通气过度而出现,但一般比较少见。

**1.发生原因**

(1)某些中枢神经系统疾病:在脑炎、脑膜炎等疾病的初期,呼吸中枢兴奋性升高,呼吸加深、加快,导致肺泡通气量过大,呼出大量$CO_2$,使血浆$H_2CO_3$含量明显降低。

(2)某些药物中毒:机体发生某些药物(如水杨酸钠)中毒时,呼吸中枢兴奋,导致$CO_2$排出过多。

(3)机体缺氧:动物初到高山高原地区,因大气氧分压降低,机体缺氧,呼吸加深加快,排出$CO_2$过多。

(4)机体代谢亢进:外环境温度过高或机体发热时,物质代谢亢进,产酸增多,加之高温血液的直接作用,可引起呼吸中枢兴奋性升高。

**2.机体的代偿反应**

(1)血液的缓冲作用:呼吸性碱中毒时,血浆$H_2CO_3$含量下降,$NaHCO_3$浓度相对升高,以下反应可使血浆$H_2CO_3$含量有所回升。$H^+$由红细胞内H-Hb、$H\text{-}HbO_2$和血浆H-Pr解离释放。

$$NaHCO_3 \longrightarrow Na^+ + HCO_3^-$$

$$HCO_3^- + H^+ \longrightarrow H_2CO_3$$

(2)肺脏的代偿作用:呼吸性碱中毒时,由于$CO_2$排出过多,血浆$CO_2$分压降低,抑制呼吸中枢,呼吸变浅、变慢,从而减少$CO_2$排出,血浆$H_2CO_3$含量有所回升。不过,肺脏的这种代偿性反应是很微弱的。

（3）肾脏的代偿作用：急速发生的呼吸性碱中毒，肾脏是来不及进行代偿的。慢性呼吸性碱中毒时，肾小管上皮细胞碳酸酐酶活性降低，$H^+$ 的形成和排泄减少，肾小管对 $HCO_3^-$ 的重吸收也随之减少，即 $NaHCO_3$ 随尿液排出增多。

（4）组织细胞的代偿作用：呼吸性碱中毒时，血浆 $H_2CO_3$ 迅速减少，$HCO_3^-$ 浓度相对升高，此时血浆 $HCO_3^-$ 转移进入红细胞，而红细胞内等量的 $Cl^-$ 转移至细胞外。此外细胞内的 $H^+$ 转移至细胞外，细胞外液中的 $K^+$ 进入细胞内。结果，在血浆 $HCO_3^-$ 浓度下降的同时，血氯升高、血钾降低。

上述代偿反应，可使血浆 $H_2CO_3$ 含量升高，如果 $[NaHCO_3]/[H_2CO_3]$ 值恢复至 20:1，pH 保持在正常范围内，称为代偿性呼吸性碱中毒。如果 $CO_2$ 在体内大量滞留，超过了机体的代偿能力，则导致 $[NaHCO_3]/[H_2CO_3]$ 值小于 20:1，血浆 pH 高于正常值，称为失代偿性呼吸性碱中毒。

## 任务六　反映酸碱平衡紊乱的常用指标及其意义

### 一、pH 与 $H^+$ 浓度

pH 是反映酸碱度的常用指标，由于血液中 $H^+$ 浓度很低，因此广泛使用 $H^+$ 浓度的负对数即 pH 来表示血液的酸碱度。血液 pH 的计算公式：$pH = pK_a + lg[HCO_3^-]/[H_2CO_3]$，pH 主要取决于 $[HCO_3^-]$ 与 $[H_2CO_3]$ 的比值，其正常值为 7.35~7.45，平均值为 7.40。当 pH=7.40 时，$[HCO_3^-]$ 与 $[H_2CO_3]$ 的比值为 20:1。pH<7.35 为酸中毒，pH>7.45 为碱中毒。但动脉血 pH 本身不能区分酸碱平衡紊乱的类型，不能判定是代谢性的还是呼吸性的酸碱平衡紊乱。因此，仅仅了解 $[HCO_3^-]$ 与 $[H_2CO_3]$ 的比值是不够的。与此相反，了解 $[HCO_3^-]$ 与 $[H_2CO_3]$ 的具体数值及变化情况对判定酸碱平衡紊乱的类型具有更重要的意义。

### 二、动脉血 $CO_2$ 分压（$PaCO_2$）

动脉血 $CO_2$ 分压（$PaCO_2$）是血液中呈物理状态的 $CO_2$ 分子产生的张力。机体代谢产生的 $CO_2$ 由静脉血带到右心，然后通过肺血管进入肺泡，随呼气排出体外。由于 $CO_2$ 通过呼吸膜弥散的速度非常快，故动脉血中 $PaCO_2$ 与肺泡 $PaCO_2$ 非常接近，其差值可忽略不计，因此测定动脉血中 $PaCO_2$ 可了解肺泡通气情况，即 $PaCO_2$ 与肺泡通气成反比，通气不足时 $PaCO_2$ 升高，通气增多时 $PaCO_2$ 下降。

$PaCO_2$ 是判断呼吸性酸碱平衡紊乱的重要指标。$PaCO_2$ 的正常值为 33~46 mmHg，平均值为 40 mmHg。若 $PaCO_2$>46 mmHg，提示 $CO_2$ 潴留，可见于呼吸性酸中毒或代偿后的代谢性碱中毒；若 $PaCO_2$<33 mmHg，提示 $CO_2$ 呼出过多，可见于呼吸性碱中毒或代偿后的代谢性酸中毒。

### 三、实际碳酸氢盐与标准碳酸氢盐

实际碳酸氢盐（AB）是在被测者实际 $PaCO_2$、血氧饱和度（$SaO_2$）及体温下测得的血浆中 $HCO_3^-$ 的含量，即血浆 $HCO_3^-$ 浓度。在取血测定过程中，一定要使血样隔绝空气，并尽快测量，以免血样 $CO_2$ 逸出和（或）$O_2$ 渗入影响结果。AB 受呼吸和代谢两个方面因素的影响，在判定酸碱平衡紊乱时，可与标准碳酸氢盐（SB）结合在一起分析。

标准碳酸氢盐（SB）是在标准条件（$PaCO_2$ 40 mmHg，$SaO_2$ 100% 及温度 37~38 ℃）下，血样充分平衡或饱和后测得的 $HCO_3^-$ 浓度。AB 和 SB 的正常值均为 22~27 mmol/L，平均值为 24 mmol/L。由于标准化后才测定 $HCO_3^-$ 浓度，SB 已消除了呼吸因素的影响，因此 SB 成为判断代谢性因素引起的酸碱平衡紊乱的重要指标。SB 在代谢性酸中毒时降低，在代谢性碱中毒时升高，但在慢性呼吸性碱中毒或慢性呼吸性酸中毒时，由于有肾脏代偿，也可继发性降低或升高。

正常情况下，$PaCO_2$ 为 40 mmHg，AB=SB。但是在病理情况下，发生酸碱平衡紊乱时，AB 与 SB 的值可不一致。AB>SB，可见于呼吸性酸中毒；AB<SB，可见于呼吸性碱中毒；若两者数值均降低，表明机体有代谢性酸中毒；两者数值均升高，表明机体有代谢性碱中毒。

### 四、缓冲碱

缓冲碱(BB)是指血液中一切具有缓冲作用的负离子碱的总和,包括血浆和红细胞内的 $HCO_3^-$、$Hb^-$、$HbO_2^-$、$Pr^-$ 和 $HPO_4^{2-}$。BB 与 SB 一样,是在标准状态下测定的,其正常值为 $45\sim52$ mmol/L,平均值为 48 mmoL/L。因此,缓冲碱也是反映代谢性因素的指标。代谢性酸中毒时 BB 减少,而代谢性碱中毒时 BB 升高。

一般认为,$HCO_3^-$ 是最重要的缓冲碱,其数量占全血缓冲碱的 $50\%$ 以上,还能通过红细胞膜,并通过血红蛋白放大其缓冲作用。它的含量既受肾脏的调节,在缓冲 $H^+$ 后生成 $H_2CO_3$,还能在碳酸酐酶的作用下转化为 $CO_2$,经肺排出体外。当循环血液流经组织细胞时,氧合血红蛋白解离 $O_2$,供组织利用;还原型血红蛋白碱性较氧合血红蛋白强,可缓冲由组织细胞进入血液中的 $CO_2$。因此,血红蛋白缓冲系统在 $CO_2$ 的运输和呼吸性酸碱平衡紊乱的缓冲方面起很大作用。临床上贫血患畜不仅运输 $O_2$ 的能力降低,对呼吸性酸中毒和碱中毒的耐受能力也会显著降低,因此,合并贫血的呼吸功能衰竭患畜,适当输血有多个方面的效果。至于血液中磷酸盐和蛋白质缓冲系统,因含量低且较为固定,其缓冲作用远不如前述两种缓冲系统。

### 五、碱剩余

碱剩余(BE)是指在标准条件下,用酸或碱滴定全血标本至 pH 7.40 时所消耗的酸或碱的量(mmol/L)。若采用酸滴定,血液 pH 达 7.40,则表示被测血样中碱过多,BE 用正值表示;若采用碱滴定,血液 pH 达 7.40,则说明被测血样中碱缺失,BE 就用负值表示。由于 BE 也是在标准条件下测定出来的,因此 BE 也是一个反映代谢性因素的指标,其正常值为 $-3\sim+3$ mmol/L。代谢性酸中毒时 BE 负值增大,代谢性碱中毒时 BE 正值增大。

### 六、阴离子隙

阴离子隙(AG)是反映固定酸含量的指标,是指血浆中未测定阴离子(UA)与未测定阳离子(UC)的差值,即 AG＝UA—UC。正常机体中阴、阳离子的总当量数相等,从而保持电中性。$Na^+$ 占血浆中阳离子总量的 $90\%$;$HCO_3^-$ 和 $Cl^-$ 占血浆中阴离子总量的 $85\%$,称为可测定的阴离子。AG 的正常值为 $10\sim14$ mmol/L,平均值为 12 mmol/L。目前认为,AG>16 mmol/L 可作为判断代谢性酸中毒的指标。AG 增高常见于乳酸增多、酮体增加及水杨酸中毒、甲醇中毒等,还可见于与代谢性酸中毒无关的情况,如脱水后使用大量含钠盐的药物、骨髓瘤患者释出本周蛋白过多等。而 AG 降低在判断酸碱平衡紊乱方面意义不大,仅见于未测定阴离子减少或未测定阳离子增多时,如低蛋白血症等时。

(夏春芳)

---

**知识链接与拓展**

酸碱中毒是机体的一种自体中毒现象,很难通过临床症状看出。当患畜前来就诊,除了从临床症状进行初步判断外,如何确定是否已有酸中毒或碱中毒的发生?现今,在宠物诊疗上,人们常会借助血气分析仪进行确诊。可采集患畜的血清或血浆样本,利用血气分析仪检测患畜动脉血中的酸碱度(pH)、二氧化碳分压和氧分压等指标,通过以上指标去判定患畜是否有酸碱中毒或组织缺氧现象,但 $HCO_3^-$ 的浓度则需要通过总二氧化碳含量推算出来。

由于血气测定主要是测定 $CO_2$ 等的含量,而静脉血抽取常出现阻滞,导致大量的酸性代谢产物产生,继而数据上存在错误,因此,对小动物,主要抽取股动脉血测血气值。抽取的血液要避免与空气过多接触,抽取后针筒内的空气要排出,且需在 $15\sim30$ min 完成检测。

**执考真题**

1.(2015 年)左心功能不全常引起(　　)。

A.肾水肿　　　　B.肺水肿　　　　C.脑水肿　　　　D.肝水肿　　　　E.脾水肿

2.(2017 年)动物某些原发性疾病导致体内 $NaHCO_3$ 含量降低,主要引起(　　)。

A.代谢性碱中毒　　　　　　　B.代谢性酸中毒　　　　　　　C.呼吸性碱中毒

D.呼吸性酸中毒　　　　　　　E.呼吸性酸中毒合并代谢性碱中毒

3.(2012 年)在炎热的夏天,某马匹长时间奔跑又无水喝,最易发生的水、电解质代谢紊乱的类型是(　　)。

A.低渗性脱水　　B.等渗性脱水　　C.高渗性脱水　　D.水肿　　　　E.水中毒

4.(2018 年)水肿时,水钠潴留的基本机制是(　　)。

A.毛细血管流体静压升高　　　　B.有效胶体渗透压降低　　　　C.淋巴回流障碍

D.球-管失衡　　　　　　　　　　E.组织胶体渗透压增高

扫码看答案

**自测训练**

1.体内固定酸增多或碱性物质丧失过多而引起的以血浆 $NaHCO_3$ 原发性减少为特征的病理过程称为(　　)。

A.代谢性碱中毒　　　　　　　B.代谢性酸中毒　　　　　　　C.呼吸性碱中毒

D.呼吸性酸中毒　　　　　　　E.呼吸性酸中毒合并代谢性碱中毒

2.由 $CO_2$ 排出过多而引起的以血浆原发性 $H_2CO_3$ 浓度降低为特征的病理过程属于(　　)。

A.代谢性碱中毒　　　　　　　B.代谢性酸中毒　　　　　　　C.呼吸性碱中毒

D.呼吸性酸中毒　　　　　　　E.以上都不是

3.出现低渗性脱水时细胞内、外液的特征是(　　)。

A.细胞外液减少,细胞内液增多　　　　　　　B.细胞外液减少,细胞内液减少

C.细胞外液增多,细胞内液增多　　　　　　　D.细胞外液增多,细胞内液减少

E.细胞外液增多,细胞内液正常

4.出现水肿时细胞内、外液的特征是(　　)。

A.细胞外液减少,细胞内液增多　　　　　　　B.细胞外液减少,细胞内液减少

C.细胞外液增多,细胞内液增多　　　　　　　D.细胞外液增多,细胞内液减少

E.细胞外液增多,细胞内液正常

5.出现高渗性脱水时细胞内、外液的特征是(　　)。

A.细胞外液减少,细胞内液增多　　　　　　　B.细胞外液减少,细胞内液减少

C.细胞外液增多,细胞内液增多　　　　　　　D.细胞外液增多,细胞内液减少

E.细胞外液增多,细胞内液正常

*Note*

# 项目八　发　　热

## 项目导入

　　本项目主要介绍发热的相关知识,包括五个任务,分别为发热的原因、发热的机制、发热的经过和热型、发热时机体的变化、发热的生物学意义和处理原则。通过本项目的学习,要求了解发热的机制;掌握发热的分期及各期特点;能够识别不同疾病过程中的热型,并制订和实施合理的治疗措施。

## 项目目标

### ▲知识目标

1.了解发热的机制和发热时机体的功能代谢变化。

2.掌握发热、致热原的概念。

3.掌握发热的分期及各期特点。

### ▲能力目标

1.能够识别发热三期动物的临床表现。

2.能够识别不同疾病过程中的不同热型,并制订和实施合理的治疗措施。

### ▲思政与素质目标

1.具有良好的思想政治素质、行为规范和职业道德,具有法制观念。

2.具有互助协作的团队精神、较强的责任感和认真的工作态度。

3.热爱畜牧兽医行业,具有科学求实的态度,严谨的学风和开拓创新的精神。

## 案例导学

　　一只犬从市场上购回,未免疫;白色,雄性,体重 5.2 kg。一周后,该犬精神不振,呕吐,随后发生便血。经犬瘟热病毒试纸条和犬细小病毒试纸条检测,结果显示,犬瘟热病毒检测呈阳性,犬细小病毒检测呈阴性。立即隔离,并按犬瘟热进行血清治疗和对症治疗。治疗第 4 日,此犬精神好转,四处活动,并开始少量进食。治疗第 7 日,8:00 左右喂食,发现此犬精神萎靡,食欲废绝,少量饮水,喜卧,并有战栗表现,体温 40.6 ℃,两鼻孔有清液。初步认为是夜间气温骤变所致的感冒,立即肌内注射柴胡注射液 1 mL,氨苄西林 30 mg/kg。12:00 左右,症状并未减轻。请用本项目知识解释该临床案例。

　　发热是指机体在内生致热原(EP)的作用下,体温调节中枢的体温调定点上移而引起的调节性体温升高(超过正常值 0.5 ℃)。其特征是产热和散热的相对平衡被破坏,产热增多,散热减少,体温升高,并伴有全身各器官系统改变和物质代谢变化。发热并不是一个独立的疾病,而是许多疾病(尤其是传染性疾病和炎症性疾病)发病过程中重要而常见的临床症状。

　　有学者提出,发热不是体温调节障碍,而是体温调节中枢的体温调定点调节到较高水平所致。

就像恒温箱或水浴锅的温度调控旋钮,温度升高时出现减少或停止加热而散热增加,温度下降时出现加热增多而散热减少或停止。如 37 ℃是符合人体需要的正常体温,但在致热原的作用下,37 ℃不再是人体体温调节的分界,出现体温调定点上移,此时高于正常体温的 41 ℃则是适宜的刺激,37 ℃是冷刺激,机体产热增多,散热减少,到达 41 ℃时才出现产热和散热的相对平衡。

值得注意的一点是,体温升高并不一定都称为发热,应将发热与体温过高或体温过热区别开来。1979 年 Berhein 提出,把因体温调定点上移导致的发热,称为真性发热,即发热。而体温过高或体温过热仅仅是由外界环境温度升高而引起的体温升高,属于外界高温激起的外控过程。如中暑时的体温升高,主要是由于外界温度过高,散热困难,并非产热增加,本质上不属于发热。另外,皮肤病变(如瘢痕)时,汗腺破坏致散热困难。甲状腺功能亢进等时产热增多,亦能引起体温过高或体温过热,在临床上诊断疾病时应注意区别(图 8-1)。

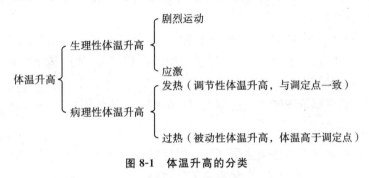

**图 8-1 体温升高的分类**

# 任务一 发热的原因

## 一、致热原发热

凡能引起恒温动物发热的物质称为致热原。根据来源,致热原可分为外致热原和内生致热原两种。致热原是具有致热性或含致热成分且能直接作用于体温调节中枢的物质。但是,许多外致热原是通过激活产内生致热原细胞,使其产生和释放内生致热原而引起发热的。激活产内生致热原细胞,使其产生和释放内生致热原的物质称为发热激活物。

### (一)外致热原

根据有无病原体感染,可分为感染性发热和非感染性发热。

**1. 感染性发热** 各种生物性致病因素(如细菌、病毒、立克次体、真菌、原虫等)侵入机体所引起的局限性感染及全身性感染,均能刺激机体产生和释放内生致热原而引起发热。因此,在绝大多数传染病和寄生虫病中,能见到发热症状。

(1)革兰阳性菌与外毒素:革兰阳性菌感染是常见的发热原因,此类细菌主要有葡萄球菌、溶血性链球菌、肺炎链球菌等。这类细菌除了菌体致热外,其外毒素也有明显的致热性,如葡萄球菌的肠毒素、溶血性链球菌的红疹毒素等。

(2)革兰阴性菌与内毒素:典型细菌有大肠杆菌、伤寒杆菌等。这类细菌的致热物质除菌体和菌壁中所含的肽聚糖外,最突出的是其菌壁中所含的脂多糖,也称为内毒素。内毒素是最常见的外致热原,相对分子质量大,不易透过血脑屏障。内毒素高度耐热(干热 160 ℃,2 h 才能被灭活),一般灭菌方法不能将其清除。内毒素无论是静脉注射还是在体外与白细胞一起培养,都可刺激内生致热原的产生和释放。

(3)分枝杆菌:典型菌群为结核分枝杆菌,其菌体及细胞壁中所含的肽聚糖、多糖和蛋白质都具有致热作用。

(4)病毒和其他微生物:流感病毒等病毒可激活产内生致热原细胞,产生、释放内生致热原,引起发热。白色念珠菌感染所致的鹅口疮、肺炎、脑膜炎等,致热因素是菌体及菌体内所含的荚膜多糖和蛋白质。

**2.非感染性发热**

(1)无菌性炎症:各种物理、化学和机械性刺激所造成的组织坏死,如大手术、烧伤、冻伤、化学性损伤等均可引起无菌性炎症,组织蛋白的分解产物在炎症局部被吸收入血,激活产内生致热原细胞,产生和释放内生致热原,引起发热。

(2)抗原-抗体复合物:变态反应和自身免疫反应中形成的抗原-抗体复合物或由其引起的组织细胞坏死和炎症,均可引起内生致热原的产生和释放,从而引起发热。

(3)恶性肿瘤:生长迅速的恶性肿瘤细胞常发生坏死,并可引起无菌性炎症;坏死细胞的某些蛋白成分可引起免疫反应,产生抗原-抗体复合物或淋巴激活素。这些均可导致内生致热原的产生和释放,从而引起机体发热。

(4)化学药物:某些化学药物如α-二硝基酚、咖啡因、烟碱等可引起动物发热。但各种化学药物引起发热的机制不同,如α-二硝基酚主要是增强细胞的氧化过程,使产热增加,体温上升;咖啡因可兴奋体温调节中枢,限制散热,进而导致发热。

(5)类固醇产物:如睾酮的中间代谢产物本胆烷醇酮有致热作用。

### (二)内生致热原

内生致热原都来自机体产内生致热原细胞,这类细胞在发热激活物的作用下能产生和释放引起体温升高的物质,统称为内生致热原,也称为白细胞致热原。

**1.白细胞介素-1** 白细胞介素-1是由单核巨噬细胞在发热激活物的作用下所产生的多肽类物质,受体广泛分布于脑内,但密度最大的区域位于最靠近体温调节中枢的下丘脑外面。

**2.白细胞介素-6** 白细胞介素-6是由单核巨噬细胞、成纤维细胞、T淋巴细胞、B淋巴细胞等分泌的细胞因子,也具有明显的致热活性。

**3.肿瘤坏死因子** 肿瘤坏死因子是重要的内生致热原之一。多种外致热原如葡萄球菌、链球菌、内毒素等可诱导巨噬细胞、淋巴细胞等产生和释放肿瘤坏死因子。肿瘤坏死因子也具有与白细胞介素-1相似的生物学活性。

**4.干扰素** 干扰素是受病毒等因素作用时由淋巴细胞等产生的一种具有抗病毒、抗肿瘤作用的低相对分子质量的糖蛋白。干扰素注射可引起丘脑产生前列腺素E,前列腺素E作用于体温调节中枢而引起发热。

## 二、非致热原性发热

非致热原性发热是由某些致病因子直接作用于体温调节中枢,使体温调节中枢功能紊乱,导致产热过多或散热障碍而引起的发热。

### (一)体温调节中枢功能障碍

生物性、物理性、化学性、机械性致病因素可直接损伤下丘脑体温调节中枢,使其功能紊乱而出现体温升高。

### (二)产热过多

机体患某些内分泌性疾病(如甲状腺功能亢进症)时,组织细胞氧化作用和基础代谢均增强,以致产热大于散热而引起机体发热。某些疾病伴有骨骼肌剧烈痉挛或运动过强等,也能导致机体产热过多而引起发热。

### (三)散热减少

广泛性皮肤病,如皮炎、烧伤、瘢痕等导致机体排汗功能减退、蒸发散热减少而引起发热;体液大量丧失、尿量减少、循环血量减少、散热不足也可引起机体发热。

# 任务二 发热的机制

## 一、正常体温调节

一般认为,在生理情况下,动物机体的体温保持在相对恒定的范围内,这些动物靠在长期进化过程中获得的体温调节中枢调控产热和散热来维持平衡,即所谓的调定点学说。调定点的高低决定着体温的水平。当体温处于某一温度阈值时,热敏神经元和冷敏神经元的活动处于平衡状态,致使机体的产热和散热也处于动态平衡状态,体温就维持在调定点设定的温度阈值水平,这个阈值就是体温稳定的调定点。当机体内、外环境发生变化时,机体通过反馈途径调节产热和散热,从而建立相应的体热平衡,使体温保持稳定。当体内热量过多,体温超过调定点时,热敏神经元发放的冲动增多,导致散热中枢兴奋,产热中枢抑制,使体温不致升高;当体温降到调定点以下时,则出现相反的效应,使体温不致降低。通过调控,健康状态下动物的体温都能维持在一个正常范围内。体温调节由温度感受器、体温调节中枢、效应器共同完成。

### (一)温度感受器

温度感受器是指分布在皮肤、某些黏膜和腹腔脏器内专门感受温度变化的感受器,有热觉感受器和冷觉感受器两种类型,属外周温度感受器。它们能够把内、外环境温度的变化转换为神经冲动并传向体温调节中枢。

### (二)体温调节中枢

实验证明,恒温动物体温调节的基本中枢位于下丘脑。而视前区-下丘脑前部是体温调节中枢的关键部位。该部位存在的对温度敏感的热敏神经元和冷敏神经元可将来自体内、外的温度信息进行整合。当热敏神经元兴奋时,散热中枢活动增强,产热中枢活动减弱;当冷敏神经元兴奋时,产热中枢活动增强,散热中枢活动减弱。因此,视前区-下丘脑前部对体温调节有重要作用。

### (三)效应器

效应器是指恒温动物体内对体温调节中枢发出的神经冲动做出相应反应的一些细胞、组织。当体温低于调定点时,体温调节中枢发出神经冲动。

体温调节的意义在于调节机体的产热和散热活动,使两者保持平衡,使体温正常和保持相对稳定,以维持动物机体正常生命活动所需的稳定内环境。

## 二、中枢发热介质

内生致热原从外周产生后,经血液循环到达颅内,但其仍然不是引起体温调定点升高的最终物质。内生致热原可作用于血脑屏障外的巨噬细胞,使其释放中枢发热介质,作用于视前区-下丘脑前部等处的神经元,进而引起体温调定点升高。目前认为中枢发热介质主要有以下几种。

### (一)前列腺素 E

前列腺素 E 被认定为发热反应中最重要的中枢发热介质,能引起明显的发热反应,其引起体温升高的潜伏期比内生致热原短,同时还伴有代谢率的改变,其致热敏感点在视前区-下丘脑前部。

### (二)钠/钙值

钠/钙值改变在发热机制中可能发挥重要的中介作用,内生致热原可能先引起体温调节中枢内钠/钙值升高,再通过其他环节促使体温调定点上移。

### (三)环磷酸腺苷

环磷酸腺苷(cAMP)是调节细胞功能和突触传递的重要介质,在脑内具有较高的含量。内生致热原引起发热时,脑脊液和下丘脑的环磷酸腺苷浓度明显升高,而且升高的程度与体温呈明显正相关。最新的研究资料显示,内生致热原可能是通过提高钠/钙值而引起脑内环磷酸腺苷浓度的升高,环磷酸腺苷可能是更接近终末环节的介质。

### 三、发热时的体温调节

根据调定点学说,发热是由内生致热原使热敏神经元阈值升高,也就是使体温调定点上移所致。体外的致热原进入机体,激活产内生致热原细胞,产生和释放内生致热原,内生致热原可直接或通过释放中枢发热介质使体温调节中枢的调定点上移而引起发热。因此,动物机体在发热早期,先出现畏冷、寒战等产热增加、散热减少的反应,直到体温升高到新的调定点水平以上时才出现散热增加反应。目前认为,发热的机制大致包括信息传递、中枢调节和效应器反应三个基本环节。

#### (一)信息传递

体内、外的致热原使产内生致热原细胞激活,产生和释放内生致热原,内生致热原作为发热的信息因子随血流到达视前区-下丘脑前部的体温调节中枢。

#### (二)中枢调节

大量研究表明,内生致热原从外周产生后,经过血液循环进入脑内,但它只是作为"信使"传递发热信息。仍然不是引起体温调定点上移的最终物质。需要通过发热中枢释放的两种发热介质来发挥作用。一种是正调节介质,其可引起体温调定点上移,主要有环磷酸腺苷、前列腺素E、钠/钙值和促肾上腺皮质激素释放激素(CRH)等。另一种是负调节介质,是限制体温过高的物质,主要有精氨酸加压素(AVP)、α-黑色素细胞刺激素(α-MSH)和脂皮质蛋白-1。内生致热原经下丘脑终板血管区或直接通过血脑屏障进入体温调节中枢,通过发热中枢正、负调节介质的联合作用,体温调定点上移。

#### (三)效应器反应

体温调定点上移,可引起调温效应器反应。此时,由于体温低于调定点水平,体温调节中枢发出冲动。一方面,经运动神经引起各组织细胞代谢加强及骨骼肌紧张度增高或战栗,使产热增多;另一方面,经交感神经引起皮肤血管收缩,减少散热;通过调节产热和散热效应器,机体体温上升并维持在与体温调定点相适应的水平。

综上所述,发热的基本机制可概括如下。第一个环节是内生致热原的产生、释放,内生致热原作为信息分子将信息传递到丘脑下部。第二个环节是内生致热原以某种方式使丘脑下部体温调节中枢的调定点上移。第三个环节是体温调节中枢的体温调定点上移后,对体温重新进行调节,其发出的调节冲动,一方面经交感神经系统引起皮肤血管收缩,使散热减少;另一方面冲动经运动神经引起骨骼肌的周期性收缩而发生寒战,使产热增多(图8-2)。

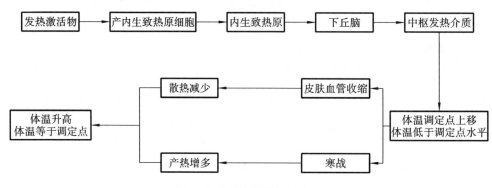

图8-2　发热的基本机制简图

# 任务三 发热的经过和热型

## 一、发热的经过

根据发热的临床经过、产热与散热的关系，发热可相对地分为增热期、高热期、退热期3个阶段（图8-3）。

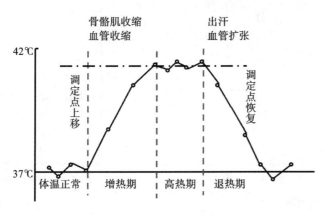

图 8-3 发热过程示意图

### （一）增热期（体温上升期）

增热期是发热的初期。此期温热代谢的特点是产热增多，散热减少，温热在体内蓄积，体温上升。但是体温上升的速度，往往因致热原的质和量以及机体的功能状态的不同而有差别。例如，炭疽、马传染性胸膜肺炎等患畜，体温上升通常很快，而非典型马腺疫患畜，体温上升则较缓慢。此期患畜在临床上除表现为体温上升之外，还呈现皮温降低、畏寒战栗、被毛蓬乱等症状。皮温降低是由皮肤血管收缩、血流量减少所致；皮温降低可引起畏寒，并反射性地引起骨骼肌轻微收缩和紧张度增高，故患畜战栗；同时，由于交感神经兴奋，竖毛肌收缩，患畜被毛蓬乱。

### （二）高热期（高热持续期）

高热期由增热期移行而来。此期体温上升到高峰，并维持在较高的水平，其温热代谢特点是产热与散热在较高水平上趋于平衡。即由于体内分解代谢加强，产热处于矛盾的主要方面。但由于高温血液可使散热反应加强，因此温热代谢在较高的水平上趋于平衡。此期由于散热加强，体表血管扩张，血流量增多，故患畜皮温增高，眼结膜潮红。高热期的长短可因病情轻重不同而异，如马传染性胸膜肺炎可持续6～9日，而马感冒仅持续数小时。

### （三）退热期（体温下降期）

继高热期之后，由于机体防御功能增强，以及高温血液对致热原的抑制或破坏，体温调节中枢逐渐恢复到正常调节水平，此时体温逐渐下降。此期温热代谢的特点是散热大于产热。在退热期，由于散热加强，皮肤血管扩张，汗液排出增多，体温逐渐恢复到正常水平。体温下降的速度，因疾病不同而异。体温迅速下降称为热骤退；体温缓慢下降，经数日恢复到常温，称为热渐退。但体质衰弱的患畜，热骤退常是预后不良的先兆。在热骤退过程中，患畜体表血管强烈扩张，造成循环血量减少，血压下降，进而导致心脏活动减弱，甚至危及生命。

## 二、热型

不同的疾病引起的发热，体温曲线常呈现一定的形式，称为热型。了解疾病时的热型，有助于诊断疾病。根据发热的程度可分为高热、中热和低热。根据热的升降速度可分为骤发型和骤退型，以及缓发型和渐退型。根据体温曲线的动态与特点不同，可分为以下几种常见热型。

## （一）稽留热

稽留热(图 8-4)的特点是体温较稳定地维持在较高的水平上,昼夜温差不超过 1 ℃,见于大叶性肺炎、马传染性胸膜肺炎、猪瘟、犬瘟热、猪丹毒、猪急性痢疾等疾病。

## （二）弛张热

弛张热(图 8-5)的特点是体温升高后一昼夜间的波动幅度超过 1 ℃,而其低点没有达到正常水平。此种热型见于小叶性肺炎、胸膜炎、化脓性炎症和败血症等疾病。

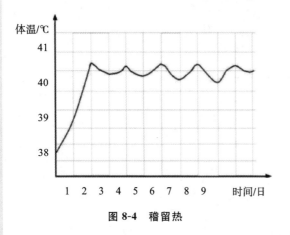
图 8-4  稽留热

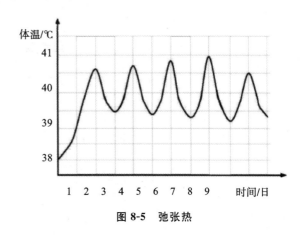
图 8-5  弛张热

## （三）间歇热

间歇热(图 8-6)的特点是发热期和无热期较有规律地相互交替,但间歇时间较短并重复出现,见于马锥虫病、马焦虫病、马传染性贫血等。

## （四）回归热

回归热(图 8-7)的特点是发热期和无热期间隔的时间较长,并且发热期与无热期的出现时间大致相等,见于亚急性和慢性马传染性贫血等。

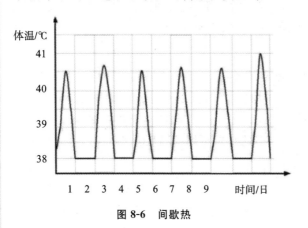
图 8-6  间歇热

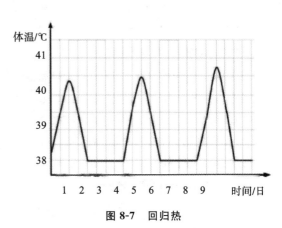
图 8-7  回归热

# 任务四  发热时机体的变化

## 一、主要功能的变化

### （一）神经系统的变化

发热时中枢神经系统出现不同程度的功能障碍。一般在发热初期,中枢神经系统的兴奋性升高,患畜表现为兴奋不安、惊厥等,有的动物表现为精神沉郁、反应迟钝等兴奋性下降的症状。在高热期,中枢神经系统多处于抑制状态,故患畜精神沉郁、嗜睡,甚至昏迷。在发热初期和高热期以交感神经兴奋占优势,而在退热期,副交感神经兴奋性相对较高。

### (二)心血管系统的变化

发热时因交感神经兴奋和高温血液刺激心脏窦房结,心率加快。一般体温每上升 1 ℃,心跳每分钟平均增加 10～15 次。在增热期和高热期,由于心率加快,心肌收缩力增强,动脉血压会有所升高。但长期发热(尤其是在患传染病)时,氧化不全产物和毒素对心脏的作用,容易引起心肌变性,常导致心力衰竭。此外,当高热骤降,特别是不恰当使用解热药引起体温骤退时,患畜可因大量出汗而出现虚脱、休克甚至循环衰竭。危重病例晚期时心动过速和体温下降,标志着预后不良。故临床上对老、幼龄患畜以及心血管系统病患畜,在使用解热药时要特别注意。

### (三)呼吸系统的变化

发热时由于高温血液和酸性代谢产物刺激呼吸中枢,呼吸加深、加快。深而快的呼吸,有利于氧的吸入和机体散热。但当高热持续时,往往会引起中枢神经系统功能障碍和呼吸中枢兴奋性降低,致使动物出现呼吸表浅、精神沉郁等症状,这些变化对机体也是不利的。

### (四)消化系统的变化

交感神经兴奋,胃肠液分泌减少,胃肠蠕动减弱,因而消化功能明显减退,食欲和饮欲也明显下降。粪便在肠内停留过久会引起便秘,甚至发酵、腐败。

### (五)泌尿系统的变化

由于发热时肾功能障碍及水分蒸发,动物表现为尿少和尿比重增加。高热时,一方面由于呼吸加快,水分被蒸发;另一方面,因肾组织发生轻度变性,加之体表血管舒张,肾脏血流量相应减少,以及分解代谢加强,酸性代谢产物增多,水和钠潴留在组织中,因而尿液减少,尿比重增加,并且尿液中常出现含氮产物。到退热期,由于肾脏血液循环改善,大量盐类又从肾脏排出,因此表现为尿量增多。

### (六)单核吞噬细胞系统的变化

发热时单核吞噬细胞系统活跃,促使巨噬细胞活动增强,抗体产生,白细胞内酶活性增强,肝脏的解毒功能也加强。

## 二、物质代谢的变化

发热时,交感神经系统兴奋,甲状腺激素和肾上腺素分泌增加,糖、脂肪、蛋白质的分解代谢加强;患畜食欲减退,营养物质摄入减少,从而导致患畜自身营养物质不断被消耗,出现物质代谢紊乱。一般认为,体温升高 1 ℃,基础代谢率提高 13%,因此持久发热会使物质消耗明显增多。

### (一)糖代谢

发热时糖原分解代谢加强,血糖升高,葡萄糖的无氧酵解加强,特别是寒战时,糖的消耗更为明显,组织内乳酸含量增加,机体出现肌肉酸痛。

### (二)脂肪代谢

发热常使机体脂库中的脂肪大量消耗,因此患畜日渐消瘦,血液内中性脂肪酸含量升高。因脂肪氧化不全,故有时出现酮血症和酮尿症。

### (三)蛋白质代谢

高热时蛋白质分解与糖、脂肪分解不成比例地升高,蛋白质的分解可增加 0.5～1 倍(传染性发热时),血液和尿液中非蛋白氮增多。同时由于患畜食欲减退,蛋白质摄入不能补足消耗,出现负氮平衡。长期和反复发热的患畜,由于蛋白质被严重消耗,肌肉和实质器官萎缩、变性,导致机体衰竭。

### （四）水盐代谢

增热期和高热初期，患畜出汗和排尿减少，引起水、电解质在体内潴留；高热后期和退热期，患畜出汗和排尿增多，呼吸加深加快，大量水分排出体外，可引起高渗性脱水，因此必须补足水分。此外，由于氧化不全的酸性中间产物（乳酸、酮体、非蛋白氮）在体内增多，故易导致代谢性酸中毒。

### （五）维生素代谢

长期发热时，由于物质代谢加强，参与酶系统组成的维生素消耗增多。同时，由于摄食减少，患畜必然产生维生素缺乏现象，其中 B 族维生素和维生素 C 的缺乏尤为重要。

# 任务五　发热的生物学意义和处理原则

## 一、发热的生物学意义

发热是机体在长期进化过程中所获得的一种以抗损伤为主的防御适应反应，对机体有利也有弊。

### （一）有利方面

一般来说，短时间的轻中度发热能增强单核吞噬细胞系统的活性，使巨噬细胞吞噬能力增强，抗体生成增多，还能使肝氧化过程加速，解毒能力提高，有利于机体抵抗感染，提高机体对致热原的清除能力，从生物进化角度看，发热对机体的生存和种族延续具有重要的保护意义，对机体是有益的。

### （二）不利方面

不利方面包括体温升高本身的危害，以及发热激活物、内生致热原和发热性中枢介质的不利作用，两者很难截然分开。一是发热会明显增加组织的能量消耗，加重器官的负荷，能诱发相关脏器的功能不全，使动物消瘦，抵抗力下降；二是高热常使实质器官的细胞出现颗粒变性，如中枢神经系统和血液循环系统发生损伤，动物表现出精神沉郁乃至昏迷，心肌变性，进而导致心力衰竭；三是发热可导致胎儿发育障碍，是重要的致畸因子，因此母畜在孕期应尽量避免发热。

## 二、发热处理原则

影响发热的主要因素是中枢神经系统的功能状态、内分泌系统的功能状态、机体营养状况、疾病状态、发热激活物的性质。除了病因学治疗外，针对发热的退热治疗应尽可能地权衡利弊后再施行。

### （一）发热的一般处理

非高热患畜一般不要急于解热，以免干扰热型和热程，不利于疾病的诊断。对长期不明原因的发热，应做详细检查，注意寻找体内隐蔽的化脓部位。

### （二）下列情况应及时解热

持续性高热（如体温在 40 ℃以上）、严重肺病或心血管疾病、妊娠期等患畜，在治疗原发病的同时应采取退热措施，但高热不可骤退。

### （三）解热的具体措施

解热的具体措施包括药物解热和物理降温及其他措施（包括休息、补充水分和营养）。此外，高热惊厥的患畜也可酌情应用镇静剂（如安定）。要加强对高热或持久发热的患畜的护理，预防脱水。保证充足易消化的营养食物（包括维生素），监护心血管功能，大量排汗时要注意补充水和电解质，纠正水、电解质和酸碱平衡紊乱。

（古丽加娜提·阿力木江）

**知识链接与拓展**

**其 他 热 型**

1.消耗热　消耗热的体温波动范围比弛张热更显著,昼夜温差为3~5 ℃。临床常见于败血症、重症活动性肺结核等。

2.波状热　体温在数天内逐渐上升至高峰,然后又逐渐下降至微热或常温,不久再发,体温曲线呈波浪式起伏,称为波状热。临床常见于布鲁菌病、恶性淋巴瘤、胸膜炎等。

3.双峰热　高热体温曲线在24 h内有两次小波动,形成双峰,称为双峰热。临床常见于黑热病、大肠杆菌败血症、铜绿假单胞菌败血症等。

4.双相热　第一次热程持续数天,然后经一至数天的间歇期,又突然发生第二次热程,称为双相热。临床常见于某些病毒性疾病,如犬瘟热。

**执考真题**

扫码看答案

1.(2014年)临床上输液或输血可引起动物机体的发热反应,引起此种反应的原因是(　　)。
A.外毒素　　　B.内毒素　　　C.类毒素　　　D.病毒　　　E.真菌

2.(2010年)临床上所说的发热通常是指动物所测得的实际体温比正常值高(　　)。
A.0.5 ℃　　　B.1.0 ℃　　　C.1.5 ℃　　　D.2.0 ℃　　　E.3.0 ℃

3.(2013年)属内生致热原的物质是(　　)。
A.内毒素　　　　　　　B.钙离子　　　　　　　C.白细胞介素-1
D.α-黑色素细胞刺激素　　E.精氨酸加压素

4.(2013年)引起动物机体发热的内生致热原(EP)不包括(　　)。
A.白细胞介素-1、白细胞介素-6　B.IFN　　　　　C.肿瘤坏死因子
D.脂皮质蛋白-1　　　　　　　E.巨噬细胞炎症蛋白

5.(2016年)不能引起恒温动物体温升高的物质是(　　)。
A.肿瘤坏死因子　　　　B.白细胞介素　　　　C.精氨酸加压素
D.干扰素　　　　　　　E.巨噬细胞炎症蛋白

6.(2018年)感染引起发热的机制是(　　)。
A.非寒战产热增加　　　　　　　B.寒战产热增加
C.下丘脑体温调节中枢体温调定点上移　D.外周热感受器发放冲动增加
E.中枢热敏神经元发放冲动频率增加

7.(2019年)牛结核病引起的发热热型是(　　)。
A.稽留热　　　B.弛张热　　　C.回归热　　　D.不规则热　　　E.波状热

**自测训练**

扫码看答案

判断正误

1.发热是机体在常年进化过程中所取得的一种以抗伤害为主的抵御性反应。因而,发热对机体是有利而无害的。(　　)

2.发热是由外致热原作用于体温调节中枢而引起的。(　　)

3.发热都是由感染引起的。(　　)

4.发热时若体温很快下降,机体会快速康复。(　　)

5.遇到发热现象时应首先给予退热措施。(　　)

*Note*

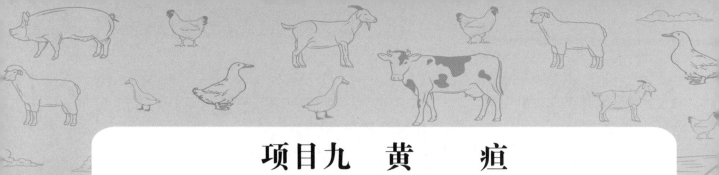

# 项目九 黄 疸

## 项目导入

　　本项目主要介绍黄疸的相关知识,包括黄疸概述,黄疸的原因、类型及发生机制、黄疸对机体的影响三个任务。通过本项目的学习,要求了解黄疸的临床意义;掌握黄疸的类型及其特征、黄疸对机体的影响。学生初步具备分析、诊断临床实践中所见黄疸病例,并且判断黄疸的类型及其特征的能力。

## 项目目标

### ▲知识目标
1.掌握黄疸的类型及其特征。
2.掌握各种类型黄疸发生的原因。
3.了解各种类型黄疸对机体的影响。

### ▲能力目标
1.能够识别黄疸的病理变化特征。
2.能识别黄疸的类型。

### ▲思政与素质目标
1.具有良好的思想政治素质、行为规范和职业道德,具有法制观念。
2.具有互助协作的团队精神、较强的责任感和认真的工作态度。
3.热爱畜牧兽医行业,具有科学求实的态度、严谨的学风和开拓创新的精神。

## 案例导学

　　某宠物医院收治患病金毛犬一只,送来的时候发现可视黏膜、皮肤、耳部出现明显黄疸,尿液颜色呈黄褐色,食欲不振,呕吐,精神萎靡不振,粪便稀薄色淡,有恶臭味。宠物医生向该金毛犬主人了解金毛犬的基本情况,然后给狗做了血常规和血液生化实验室检查,初步诊断为肝炎型黄疸。

　　根据该案例,我们如何在临床实践中正确识别黄疸?引起犬发生黄疸的原因有哪些?让我们带着问题走进课堂。

## 任务一 黄 疸 概 述

　　黄疸是由于胆色素代谢障碍,血浆胆红素浓度增高,动物皮肤、黏膜、体液及实质器官出现黄染的病理现象,又称高胆红素血症。黄疸作为一种症状,可见于多种疾病,是动物临床上常见的病理现象,尤其是在肝胆疾病和溶血性疾病中较为常见。巩膜中含有与胆红素亲和力高的蛋白质,往往是临床上最先表现出黄疸的部位。

黄疸的发生与胆红素的代谢密切相关,要弄清楚黄疸的发生机制,首先应弄清楚胆红素的代谢过程。

## 一、胆红素的生成

胆红素是血红素一系列代谢产物的总称,包括胆绿素、胆红素、胆素原和胆素。除胆素原族化合物无色外,其余的都有一定的颜色,故统称为胆色素。胆红素是胆汁中的主要成分,其中胆绿素是胆红素的前体,而胆素原和胆素是胆红素的产物。通常认为胆红素具有一定的毒性,可引起大脑不可逆的损害。但近年来人们发现胆红素具有抗氧化作用,可抑制亚油酸和磷脂的氧化,其作用优于维生素 E。不同动物的血清总胆红素含量不同(表 9-1)。

表 9-1 几种主要家畜的血清总胆红素含量

| 动物种属 | 血清总胆红素含量/(mmol/L) |
| --- | --- |
| 马 | 7.1~34.2 |
| 母牛 | 0.17~8.55 |
| 绵羊 | 1.71~8.55 |
| 山羊 | 0~17.1 |
| 猪 | 0~17.1 |
| 犬 | 1.71~8.55 |

体内 80%~90% 的胆红素来自衰老的红细胞裂解而释放出的血红蛋白,10%~20% 来源于血红蛋白以外的物质。例如,骨髓中尚未成熟的红细胞、网状细胞在未进入血液循环前被破坏,以及细胞色素、过氧化物酶、肌红蛋白等含有血红素的色素蛋白被破坏而产生胆红素。有人把不是由衰老红细胞分解而产生的胆红素称为旁路性胆红素。

正常动物红细胞的平均寿命为 120 天,每天大约有 1% 的循环性红细胞因衰老而发生破坏。衰老、破坏的红细胞主要在脾脏、肝脏和骨髓内被单核巨噬细胞吞噬,然后释放出血红蛋白,血红蛋白进一步分解为珠蛋白和血红素。珠蛋白分解为氨基酸,可被机体重新利用。血红素在细胞内质网血红素氧化酶的催化下,脱去铁,降解生成胆绿素。铁也可被机体再利用;胆绿素在胆绿素还原酶的作用下被还原成胆红素。这种在单核细胞内形成的胆红素称游离胆红素。由于它未经肝细胞处理,在分子结构上没有与葡萄糖醛酸结合,故称为非结合型胆红素或非酯型胆红素;因为在实验室做胆红素定性试验时,这种胆红素不能与重氮试剂直接反应,必须先用无水乙醇处理方能与重氮试剂发生反应,呈现紫红色,所以称其为间接胆红素。间接胆红素具有脂溶性,易透过生物膜,因此当其释入血液后,马上与血液中的白蛋白(少量与 β-球蛋白)结合而变成易溶于水、不易透过生物膜的物质而溶于血清中,并随血液入肝进行代谢。存在于血液中的间接胆红素,由于与血浆蛋白结合牢固,难以从肾小球血管基底膜滤出,故尿液中无间接胆红素。

## 二、肝脏对胆红素的处理

肝脏是胆红素代谢的主要场所,其代谢过程主要包括摄取、酯化、排泄三个环节。

### (一)摄取

与白蛋白结合的间接胆红素随血液循环入肝后,首先脱去白蛋白,然后经肝细胞表面的微绒毛进入肝细胞内,在肝细胞内特殊的载体蛋白(Y 蛋白和 Z 蛋白)的作用下,运载到滑面内质网进行处理。

### (二)酯化

在肝细胞的滑面内质网内,在多种酶(主要是葡萄糖醛酸转移酶、硫酸转换酶)的作用下,绝大部分胆红素与葡萄糖醛酸结合形成胆红素葡萄糖醛酸酯,少部分与硫酸结合成胆红素硫酸酯,这种胆红素称为结合型胆红素或酯型胆红素;又因为结合型胆红素可以直接与重氮试剂反应而呈紫红色,所以又称为直接胆红素。直接胆红素具有水溶性,不易透过生物膜,但它能透过肾小球毛细血管膜,因此入血后很快便经肾小球滤过而随尿液排出。

### (三)排泄

直接胆红素形成后,便离开肝细胞的内质网,移至毛细胆管与胆固醇、胆酸盐等胆汁成分一起排入肠腔。

### 三、胆红素在肠内的转化和肝肠循环

直接胆红素进入肠腔后,经胆管系统排入十二指肠,在肠道菌群的作用下被还原成无色的粪(尿)胆素原。粪(尿)胆素原大部分氧化为黄褐色粪胆素,随粪(尿)排出,因而粪(尿)有一定色泽。小部分被肠壁再吸收入血,经门静脉进入肝脏,这一部分胆素原进入肝脏后朝两个方向转化,其中一部分在肝脏中重新转化为直接胆红素,再随胆汁排入肠管,这种过程称为胆红素的肝肠循环;另一部分则不经过肝脏处理直接进入血液至肾脏,经肾小球滤过进入尿液,与空气接触而被氧化为尿胆素原,使尿液呈微黄色(图9-1)。

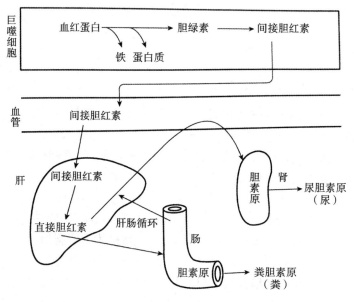

图9-1 胆红素正常代谢示意图

从胆红素的代谢过程看,体内胆红素的生成和肝脏对胆红素的处理是一种动态平衡。因此,血液中胆红素的含量是相对恒定的。在疾病发展过程中,如果胆红素代谢的任何一个环节发生障碍,则必然破坏胆红素代谢的动态平衡,导致血液中胆红素含量增高,当达到一定浓度时便出现黄疸。

# 任务二 黄疸的原因、类型及发生机制

导致黄疸发生的原因很多,也很复杂,但就其本质来说有以下三个原因:①胆红素生成过多。②肝胆对胆红素处理障碍。③胆红素排泄障碍。

本任务依据胆红素蓄积的不同机制,以肝脏为中心把黄疸分为肝前性黄疸、肝性黄疸、肝后性黄疸三种类型。

### (一)肝前性黄疸

肝前性黄疸是由胆红素生成过多所致,常见于红细胞破坏过多,偶见于旁路性胆红素产生过多。

**1.红细胞破坏过多** 此型黄疸又称溶血性黄疸。红细胞本身内在的缺陷(如缺乏一些酶类)、血红蛋白变性、红细胞受外源性因素(如烧伤、蛇毒、化学药品等)损害、免疫性因素(如异型输血、溶血病、自身免疫性溶血、药物过敏)引起溶血,使红细胞大量破裂,释出大量血红蛋白,血液中间接胆红素含量增多,超出肝细胞处理能力时则发生黄疸。此外,脾功能亢进时,红细胞的破坏增加,如肝脏不能及时处理,血液中间接胆红素浓度增高,也可导致黄疸。

**2.旁路性胆红素产生过多** 主要原因是未成熟的红细胞被大量破坏或未参与造血的血红蛋白大量进入外周血液循环,导致血液内旁路性胆红素浓度增高。当超过肝脏正常处理能力时则发生黄疸。本型黄疸常见于恶性贫血、再生障碍性贫血等。此外,肌红蛋白、过氧化物酶、细胞色素等含有卟啉的蛋白质在肝内转化生成胆红素,也可引起血液中胆红素浓度增高,而导致黄疸。

肝前性黄疸的特点:血液中间接胆红素的浓度显著增高,血清胆红素定性试验呈间接反应阳性。由于血液中间接胆红素增多,肝脏对其处理的量比正常时有所增加,排入肠管的直接胆红素和肠内形成粪(尿)胆素原也增加,因此随粪、尿排出的胆素原亦增加,导致粪、尿的色泽加深(图 9-2)。

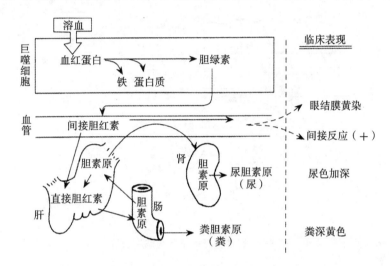

图 9-2 溶血性黄疸的机制与临床表现

一般来说,肝前性黄疸患畜各部分组织的黄染程度较轻(相对于其他类型黄疸而言)。如果机体红细胞的破坏并不严重,一般对机体影响不大,但如果大量红细胞被破坏而引起严重的溶血性黄疸,则对机体影响很大。主要原因如下。

(1)大量红细胞被破坏,机体严重贫血,组织缺氧,出现血红蛋白尿。

(2)浓度过高的间接胆红素有很大毒性,当缺氧损害了血脑屏障时,间接胆红素便透过血脑屏障与神经细胞的线粒体结合,抑制神经细胞内氧化磷酸化,使脑组织能量产生障碍,从而影响脑组织的正常活动,进而影响机体其他器官的正常生理功能。

**(二)肝性黄疸**

肝性黄疸主要是指各种原因导致肝脏对胆红素的处理障碍。

**1.摄取障碍** 导致肝细胞摄取障碍的原因很多,如肝细胞不易透过、肝细胞内载体蛋白功能差或载体蛋白数量不足可导致胆红素摄入量减少,使胆红素滞留在血液中,导致黄疸的发生。

**2.结合障碍** 胆红素被摄入肝细胞后,在肝细胞滑面内质网上葡萄糖醛酸转移酶的催化作用下,与葡萄糖醛酸结合,形成直接胆红素。在某些病理条件下,如肝炎或肝中毒时,不仅肝细胞受损,有时还会抑制葡萄糖醛酸转移酶的活性或葡萄糖醛酸的生成。这些会抑制葡萄糖醛酸与胆红素的结合,影响肝脏对胆红素的处理。

**3.排泄障碍** 胆红素在肝细胞内经过处理后排入毛细胆管,然后经过各级胆管逐步自肝内向肝外排泄。若任何一处发生胆汁排泄障碍,便会导致直接胆红素在肝内和血液内蓄积,进而导致黄疸的发生。

　　机体是一个相互联系的统一整体,上述三个环节并不是孤立存在的,它们相互联系,黄疸的发生往往是各种原因相互作用的结果。当肝细胞由于生物性或化学性因素而受损时,肝细胞出现摄取障碍,肝细胞分泌胆红素的功能也发生障碍,通过反馈作用,又抑制了葡萄糖醛酸转移酶的活性,引起结合障碍;同时,在肝细胞内溶酶体的作用下,直接胆红素发生解离,导致血液中间接胆红素含量升高,引起黄疸。

　　肝性黄疸的特点:血液中直接胆红素和间接胆红素浓度均升高,血清胆红素定性试验呈双相反应阳性。由于血清内直接胆红素可通过肾小球毛细血管膜直接由尿液排出,加之随胆汁进入肠腔的胆红素以粪(尿)胆素原的形式被吸收入血后,大部分不经肝细胞处理而直接由尿液排出,因此尿液的颜色加深;但此时因排入肠管内的胆汁减少,肠内的粪胆素原形成量减少,所以粪便的色泽变淡(图9-3)。

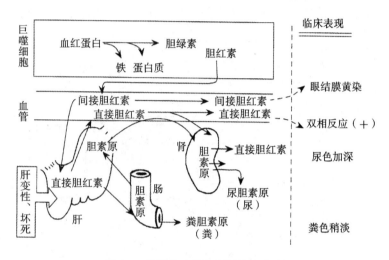

图9-3　肝性黄疸的机制与临床表现

### (三)肝后性黄疸

　　肝外胆管因各种原因(如结石、寄生虫等)而发生完全或不完全阻塞后,整个胆道系统内压因胆汁淤积而显著升高,胆红素随胆汁反流入血,所引起的黄疸称肝后性黄疸,又称阻塞性黄疸。

　　胆红素反流的原因如下:一是胆道内压升高时,连接毛细胆管与细胆管的闰管发生机械性破裂,胆红素便直接流入淋巴液,然后进入血液;二是胆道内压升高,使肝细胞的胆汁排泄障碍,胆红素通过肝细胞反流入血。肝后性黄疸时,除胆红素反流入血外,胆酸盐、胆固醇和碱性磷酸酶等胆汁的其他成分也反流入血,使它们在血清中的浓度显著升高。

　　肝后性黄疸随胆管阻塞的程度及阻塞后病程长短的不同而异。阻塞早期,由于直接胆红素不断随尿液排出,因此血清胆红素含量在相当一段时间内可以维持在较高水平而不继续升高。胆管阻塞早期虽有黄疸出现,但肝脏对胆红素的摄取、运载、酯化以及分泌功能多无明显变化,肝细胞也无明显的病理变化。若胆汁淤积持续时间过久,胆管系统将出现不可恢复的断裂性变化,严重者可出现肝脏结缔组织增生而发生胆汁淤滞性肝硬化。此时,血清中胆红素及各种胆汁成分浓度明显升高。

　　肝后性黄疸的特点:肝外胆管发生完全阻塞时,血清中直接胆红素显著增多,故血清胆红素定性试验呈直接反应阳性,尿液中出现胆红素。由于胆汁完全不能进入肠道,大便颜色变浅,严重者呈白陶土色;肠内无尿胆原,尿液中亦无尿胆原。肝后性黄疸持续一定时间后,血清中间接胆红素也可增多。原因之一可能是肝细胞功能受到一定影响,因而不能充分摄取、运载和酯化间接胆红素;原因之二可能是直接胆红素在组织中 β-葡萄糖醛酸苷酶的作用下形成间接胆红素(图9-4)。

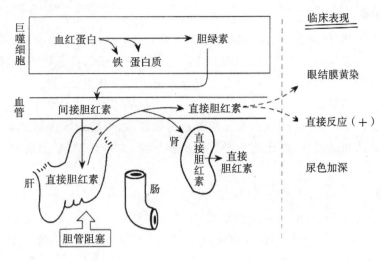

图 9-4 肝后性黄疸的机制与临床表现

三类黄疸的主要区别如表 9-2 所示。

表 9-2 三种类型黄疸的主要区别

| 项目 | 肝前性黄疸 | 肝性黄疸 | 肝后性黄疸 |
|---|---|---|---|
| 基本发病机制 | 红细胞大量破坏,胆红素生成过多 | 肝细胞受损,胆红素处理障碍 | 胆管阻塞,胆红素排泄障碍无变化或增多 |
| 血中增多的胆红素 | 间接胆红素 | 间接与直接胆红素 | 直接胆红素 |
| 胆红素定性试验 | 间接反应阳性 | 双相反应阳性 | 直接反应阳性 |
| 尿中胆红素 | 阴性 | 阳性 | 阳性 |
| 尿胆素原含量 | 增加 | 增加,不变或减少 | 减少或消失 |
| 粪胆素原含量 | 增加 | 减少 | 减少或消失 |
| 其他特点 | 溶血性贫血 | 肝功能障碍 | 胆汁血症 |

上述三种类型的黄疸,虽然有着不同的性质,但它们并非彼此孤立,而是相互联系和互为因果的。例如,肝性黄疸时,由于肝细胞肿胀、间质中炎症细胞浸润和水肿,压迫毛细胆管,胆汁排出受阻而伴发肝后性黄疸;长期的肝后性黄疸,由于胆道压力过高,胆小管破裂,造成肝细胞受损而继发肝性黄疸。另外,胆汁反流入血,胆酸盐又能引起红细胞脆性增加,易发生溶血;肝前性黄疸时,红细胞被大量破坏,造成贫血、缺氧及红细胞崩解产物与溶血物质过多等,使肝细胞变性、坏死而伴发肝性黄疸,同时大量胆红素排出,造成胆汁浓稠,容易形成胆汁栓子,阻塞肝内胆管而继发肝后性黄疸。

## 任务三 黄疸对机体的影响

胆红素对机体的影响,主要表现为对神经系统的毒性作用。由于游离的间接胆红素为脂溶性,与组织的脂类亲和力大,容易透过生物膜,而神经组织中脂类含量丰富,因此当血液中间接胆红素增多时,间接胆红素容易透过血脑屏障进入脑组织,与脑神经核的脂类结合,将脑神经核染成黄色,妨碍神经细胞的正常功能,导致机体死亡,称为胆红素脑病或核黄疸。

胆汁内的胆酸盐在血液中蓄积,可能对机体造成各种影响。胆酸盐沉着于皮肤,可刺激感觉神经末梢引起皮肤瘙痒。胆酸盐还可通过刺激迷走神经,引起机体血压降低,心跳过缓。此外,大量直接胆红素和胆酸盐经肾脏排出,可引起肾小管上皮细胞变性、坏死而出现蛋白尿。

*Note*

### （一）肝前性黄疸

一般来说,肝前性黄疸(溶血性黄疸)患畜各部分组织的黄染程度相对较轻。如果机体红细胞破坏并不严重,那么对机体影响不大,但如果大量红细胞被破坏引起严重的溶血性黄疸时,则对机体影响很大,尤其对幼畜影响较大,幼畜因白蛋白及血脑屏障发育不足,间接胆红素容易通过血脑屏障而进入脑内,使大脑基底核发生黄染、变性、坏死,引起核黄疸(也称为胆红素脑病)。某些药物,如阿司匹林、磺胺、水杨酸等,能从白蛋白中置换出胆红素,可增加间接胆红素进入脑组织的风险,故幼畜忌用这类药物。另外,严重溶血可导致机体贫血、血液性缺氧、血红蛋白尿等全身性反应而危及生命。

### （二）肝性黄疸

肝性黄疸(实质性黄疸)时,由于肝细胞变性、坏死及毛细胆管破损,常有部分胆汁流入血液,患畜常有轻度兴奋、血压稍降低、消化不良等症状,也往往因肝脏的解毒功能降低而伴发自体中毒。

### （三）肝后性黄疸

肝后性黄疸(阻塞性黄疸)时,胆汁进入肠道减少或缺乏,可影响肠内脂肪的消化吸收,造成脂溶性维生素的吸收障碍,并使肠道蠕动减弱,有利于肠内细菌的繁殖,使肠内容物发酵和腐败加剧,故粪便恶臭。肝后性黄疸时,胆汁成分全部进入血液循环,因此黄疸症状特别明显,对机体的影响也较肝性黄疸与肝前性黄疸严重,胆酸盐在体内大量蓄积,可引起下述一系列的变化。

**1. 对心血管系统的影响**　肝后性黄疸时,整个心血管系统对一些血管活性物质,特别是对去甲肾上腺素的反应性降低,动物心搏徐缓,血压下降。

**2. 对肾脏的影响**　黄疸后期往往继发明显的肾功能衰竭。组织学检查结果显示,肾脏有纤维蛋白沉着,肾小管发生急性坏死,其发生多认为是细菌内毒素作用的结果。由于正常时胆酸盐能抑制革兰阴性细菌的生长,因而肝后性黄疸时肠道细菌可能过度生长,产生和被吸收的内毒素增多,加上胆酸盐和胆红素的直接损害作用,引起急性肾功能衰竭。

**3. 凝血障碍和维生素缺乏**　凝血因子Ⅹ、Ⅹ、Ⅶ和凝血酶原在肝内合成时,均需维生素K的参与。肝后性黄疸时,脂溶性维生素K不能被正常吸收。维生素K吸收不足将导致上述凝血因子合成不足,这与肝后性黄疸时的出血倾向有密切关系。此外,肝后性黄疸时的胆道感染和内毒素血症还可导致弥散性血管内凝血,也可引起出血。

肝后性黄疸时,其他脂溶性维生素 A、D、E 的吸收也不足,从而引起一系列维生素缺乏病变。

**4. 对消化系统的影响**　肝后性黄疸时,由于胆汁不能进入肠道,脂肪的消化、吸收都发生障碍,食肉动物及杂食动物则可发生脂肪痢。此外,因失去了胆汁促进胃肠蠕动的刺激作用,黄疸动物容易发生腹胀与消化不良;由于肠道细菌大量繁殖,产生大量内毒素,并刺激胃黏膜发生糜烂,这样的动物在应激状态时易发生应激性溃疡。

**5. 对中枢神经系统的影响**　胆酸盐刺激感觉神经末梢,引起皮肤瘙痒,表现为皮肤脱毛。对中枢神经系统的影响:动物先兴奋,狂躁不安,后转变为抑制,精神沉郁。

（王荷香）

**知识链接与拓展**

**动物黄疸的诊断**

临床上确诊黄疸并不困难。在充足的自然光线下检查皮肤和黏膜,绝大多数动物皮肤覆盖被毛或有色素沉着,不易辨认,主要应检查眼结膜和巩膜。在确认黄疸的基础上根据血液生化检查、尿液检查和临床症状,结合辅助检查,确定黄疸的病因和性质。

一、认识黄疸

选择适宜的光线，一般在充足的自然光下进行。选择适宜的检查部位，胆红素对弹性组织具有较强的亲和力，巩膜及瞬膜首先出现黄染，之后是皮肤、黏膜等组织黄染，故巩膜及瞬膜是早期确定有无黄疸的重要部位。动物巩膜黄染，色泽分布较均匀，在结合膜穹隆处黄染更为明显。巩膜沉着的脂肪也可呈浅黄色，但其分布不均，若仔细观察，有高低不平现象。正确评价血清黄疸指数、血清胆红素含量等指标，这些指标的变化常是佐证和鉴别黄疸的重要依据，不可忽略。另外，服用某些药物或进食含色素较多的饲料时，偶见皮肤、黏膜黄染，但巩膜不黄染，停药或停止饲喂，黄染很快消退。

二、鉴别黄疸类型

在确定为黄疸的基础上，进一步弄清黄疸属于哪种类型，为疾病的诊断提供可靠的方向。黄疸类型的鉴别有两个核心问题，一是选择反映黄疸的效应指标，二是把握黄疸类型的鉴别标准。效应指标的选择主要有直接胆红素、间接胆红素和胆素原三种。直接胆红素是指肝细胞内的胆红素，在尿嘧啶核苷二磷酸葡萄糖醛酸和葡萄糖醛酸转移酶的作用下，与葡萄糖醛酸结合所形成的胆红素葡萄糖醛酸酶。这种胆红素溶于水，能与凡登白试验（胆红素定性试验）的重氮试剂直接起反应。直接胆红素能透过毛细胆管膜，经肾脏排出，对鉴别肝前性黄疸和肝性黄疸有重要意义。间接胆红素是未经肝脏处理的游离胆红素，与凡登白试验的重氮试剂间接起反应，间接胆红素溶于有机溶剂及脂类，不溶于水，不能经肾脏排出，但能透过血脑屏障，对鉴别肝后性黄疸有重要意义。胆素原是胆汁肝肠循环是否良好的佐证指标，对鉴别胆汁有无淤滞或阻塞有重要意义。黄疸类型的鉴别标准主要有肝前性黄疸、肝性黄疸和肝后性黄疸三种。肝前性黄疸，血清中间接胆红素、粪胆素原、尿胆素原均大量增加。肝性黄疸，血清中间接胆红素与直接胆红素均增多，以间接胆红素增多为主，尿胆素原增多，粪胆素原减少。肝后性黄疸，血清中直接胆红素增多，粪胆素原和尿胆素原均显著减少，常呈阴性反应。值得注意的是，以上三种黄疸在动物同一疾病的不同病程中不是固定不变的。如肝前性黄疸与肝后性黄疸，若疾病进一步发展，均可影响肝细胞对胆红素的处理能力，继发肝性黄疸，故临床上见到的黄疸经常是多种类型并存。

**执考真题**

1.（2009 年）动物心力衰竭细胞中的色素颗粒是（ ）。

A.脂褐素　　　B.黑色素　　　C.胆红素　　　D.细胞色素　　　E.含铁血黄素

2.（2012 年）黄疸时引起全身皮肤黏膜发生黄染的是（ ）。

A.胆红素　　　B.脂褐素　　　C.黑色素　　　D.卟啉色素　　　E.含铁血黄素

扫码看答案

**自测训练**

一、单项选择

1.肝细胞受损，肝脏对胆红素的代谢障碍所引起的黄疸，称为（ ）。

A.实质性黄疸　B.溶血性黄疸　C.阻塞性黄疸　D.以上都是　　E.以上都不是

2.凡登白试验呈双相反应阳性的是（ ）。

A.实质性黄疸　B.溶血性黄疸　C.阻塞性黄疸　D.肝前性黄疸　E.以上都不是

3.阻塞性黄疸的特点是（ ）。

A.血清中间接胆红素增多　　　　　　　　　B.血清中直接胆红素增多

扫码看答案

*Note*

C.胆红素定性试验呈间接反应阳性　　　　　　　D.胆红素定性试验呈直接反应阳性
E.以上都不是

## 二、简答题

简述溶血性黄疸、实质性黄疸和阻塞性黄疸的血、粪、尿检测结果及发生原因。

# 项目十 缺　氧

扫码学课件

## 项目导入

本项目主要介绍缺氧，包括缺氧概述，缺氧的类型、病因及主要特点、缺氧对动物机体的影响三个任务。通过本项目的学习，要求掌握缺氧的概念，熟悉缺氧的原因及病理变化，了解缺氧时动物机体的变化，能够正确分析缺氧产生的原因和变化规律，能理解缺氧发生时身体各部位的代偿和损伤反应。学生具备正确分析缺氧发生时动物的病理变化和病理过程的能力，为进一步采取正确、有效的预防治疗措施奠定基础。

## 项目目标

▲**知识目标**

1.掌握缺氧的概念。

2.熟悉缺氧的原因及病理变化。

3.了解缺氧时动物机体的变化。

▲**能力目标**

1.能够正确分析缺氧产生的原因和变化规律。

2.能理解缺氧发生时身体各部位的代偿和损伤反应。

▲**思政与素质目标**

1.树立正确的世界观、人生观、价值观，具有良好的思想政治素质。

2.热爱畜牧兽医行业，具有科学求实的态度，严谨务实的工作作风和良好的创业精神。

## 案例导学

猪亚硝酸盐中毒一般是由于猪摄入含亚硝酸盐过多的饲料或饮水，引起高铁血红蛋白血症。亚硝酸盐中毒是可导致组织缺氧的一种急性、亚急性中毒性疾病。

急性中毒的猪常在采食后 10～15 min 发病，慢性中毒的猪可在数小时内发病。一般体格健壮、食欲旺盛的猪因采食量大而发病严重。病猪呼吸严重困难、多尿，可视黏膜发绀，刺破耳尖、尾尖等，流出少量酱油色血液，体温正常或偏低，全身末梢部位发凉。因胃肠道受刺激而出现胃肠炎症状，如流涎、呕吐、腹泻等。还出现共济失调，痉挛，挣扎鸣叫或盲目运动，心跳微弱。临死前角弓反张，抽搐，最后倒地而死。

中毒猪尸体腹部多膨胀，口鼻青紫，可视黏膜发绀。口鼻流出白色泡沫或淡红色液体，血液呈酱油状，凝固不良。肺膨大，气管、支气管、心外膜、心肌充血和出血，胃肠黏膜充血、出血及脱落，肠淋巴结肿胀，肝呈暗红色。

*Note*

# 任务一　缺　氧　概　述

　　缺氧是指机体因氧的吸入不足、运输障碍或组织细胞对氧的利用能力降低,引起机体的功能代谢、形态结构发生一系列改变的病理过程。

　　氧是维持机体正常生命活动的必需物质,动物体内无过多的储备氧,一旦呼吸、心跳停止,动物数分钟内可死于缺氧。氧的获得和利用是一个复杂的过程,包括外呼吸、气体运输和内呼吸。即外界氧被吸入肺泡、弥散入血液,再与血红蛋白(Hb)结合,由血液循环输送到全身,最后被组织细胞摄取利用。在这个过程中,任何环节发生障碍都能引起缺氧。

　　氧是靠血液进行运输的,血液中含氧情况,常用以下术语描述。

　　(1)血氧分压($P(O_2)$):血氧分压是指以物理状态溶解在血浆内的氧分子所产生的张力,又称氧张力。正常时动脉血氧分压 $Pa(O_2)$ 为 13.3 kPa(100 mmHg),静脉血氧分压 $Pv(O_2)$ 约为 5.3 kPa (40 mmHg)。$Pa(O_2)$ 的高低可反映吸入气体的氧分压和肺呼吸功能,当外界空气中氧分压下降,或呼吸障碍导致氧弥散入血减少时,$Pa(O_2)$ 降低。$Pv(O_2)$ 的高低反映内呼吸的状态,取决于组织摄取氧和利用氧的能力。

　　(2)血氧容量($C(O_2)_{max}$):血氧容量是指在体外 100 mL 血液与空气充分接触后血红蛋白结合氧和溶解于血浆中氧的总量,即最大限度的氧含量。正常家畜的血氧容量为 20 mL/dL。血氧容量取决于血液中血红蛋白的浓度、血红蛋白与氧结合的能力(血红蛋白质量)。

　　(3)血氧含量($C(O_2)$):血氧含量是指机体内 100 mL 血液内,血红蛋白结合氧和溶解于血浆中氧的实际总量。正常家畜动脉血氧含量 $Ca(O_2)$ 约为 19 mL/dL,静脉血氧含量 $Cv(O_2)$ 约为 14 mL/dL。血氧含量取决于动脉血氧分压、血红蛋白的质和量。

　　(4)血氧饱和度($S(O_2)$):血氧饱和度是指血氧含量与血氧容量的百分比。由于血氧含量与血氧容量均取决于血红蛋白结合的氧量,因此血氧饱和度即为血红蛋白氧饱和度。正常时动脉血氧饱和度 $Sa(O_2)$ 约为 95%,静脉血氧饱和度 $Sv(O_2)$ 约为 70%。血氧饱和度＝(血氧含量－物理溶解的氧量)/血氧容量×100%。

　　(5)动-静脉氧差($A\text{-}Vd(O_2)$):$A\text{-}Vd(O_2)$ 为 $Ca(O_2)$ 减去 $Cv(O_2)$ 的差值,差值的变化主要反映组织从单位容积血液内摄取氧的多少和组织对氧利用的能力。正常动脉血与混合静脉血的氧差为 2.68～3.57 mmoL/L。当血液流经组织的速度明显减慢时,组织从血液摄取的氧可增多,回流的静脉血中氧含量减少,$A\text{-}Vd(O_2)$ 增大;反之,组织利用氧的能力明显降低、血红蛋白与氧的亲和力异常增强、回流的静脉血中氧含量增高、$A\text{-}Vd(O_2)$ 减小。血红蛋白含量减少也可以引起 $A\text{-}Vd(O_2)$ 减小。

　　(6)$P_{50}$:$P_{50}$ 指在一定体温和血液 pH 条件下,血红蛋白氧饱和度为 50% 时的氧分压。$P_{50}$ 代表 Hb 与 $O_2$ 的亲和力,正常值为 3.5～3.6 kPa(26～27 mmHg)。氧离曲线右移时 $P_{50}$ 增大,氧离曲线左移时 $P_{50}$ 减小,比如红细胞内 2,3-二磷酸甘油酸(2,3-DPG)浓度每增高 1 mmol/g(Hb)时,$P_{50}$ 升高约 0.1 kPa。

# 任务二　缺氧的类型、病因及主要特点

　　根据缺氧的原因、机制的不同,缺氧可分为四种类型:低张性缺氧、血液性缺氧、循环性缺氧和组织性缺氧。

## 一、低张性缺氧

　　低张性缺氧指以 $Pa(O_2)$ 明显降低并导致组织供氧不足为特征的缺氧。当 $Pa(O_2)$ 低于 8 kPa (60 mmHg)时,可直接导致 $Ca(O_2)$ 和 $Sa(O_2)$ 明显降低,因此低张性缺氧也可以称为低张性低氧血症。

**（一）原因**

低张性缺氧的常见原因有以下三种。

**1. 吸入气体氧分压过低** 因吸入过低氧分压气体所引起的缺氧，又称为大气性缺氧。如高原、高空或圈舍内拥挤、通风不良等。由于吸入气体中氧分压过低，氧的弥散速度下降，弥散量少，引起动脉血中氧分压降低，从血液向组织弥散氧的速度减慢，供给组织的氧不足，造成细胞缺氧。

**2. 外呼吸功能障碍** 由肺通气或换气功能障碍所致，称为呼吸性缺氧。见于呼吸中枢抑制、呼吸肌麻痹、上呼吸道狭窄或阻塞、肺部疾病、胸腔疾病等。由于肺通气功能或换气功能障碍，经肺泡扩散到血液中的氧减少，引起动脉血氧分压和血氧含量降低，进一步导致细胞缺氧。

**3. 静脉血分流入动脉** 见于先天性心脏病，如室间隔缺损，左心室静脉血流入右心室，从而使 $Pa(O_2)$ 下降，引起缺氧。

**（二）血氧变化的特点**

（1）由于弥散入动脉血中的氧压力过低，$Pa(O_2)$ 降低，过低的 $Pa(O_2)$ 可直接导致 $Ca(O_2)$ 和 $Sa(O_2)$ 降低。

（2）如果 Hb 无质和量的异常变化，$C(O_2)_{max}$ 正常。

（3）由于 $Pa(O_2)$ 降低时，红细胞内 2,3-DPG 增多，故血 $Sa(O_2)$ 降低。

（4）低张性缺氧时，$Pa(O_2)$ 和 $Sa(O_2)$ 降低，使 $Ca(O_2)$ 降低。

（5）A-Vd$(O_2)$ 减小或变化不大。通常每 100 mL 血液流经组织时约有 5 mL 氧被利用，即 A-Vd$(O_2)$ 约为 2.23 mmoL/L。氧从血液向组织弥散的动力是两者之间的氧分压差，当低张性缺氧时 $Pa(O_2)$ 明显降低，$Ca(O_2)$ 明显减少，使氧的弥散速度减慢，同量血液弥散给组织的氧量减少，最终导致 A-Vd$(O_2)$ 减少和组织缺氧。如果是慢性缺氧，组织利用氧的能力代偿增加时，A-Vd$(O_2)$ 变化也可不明显。

**（三）皮肤黏膜颜色的变化**

正常毛细血管中，脱氧血红蛋白（Hb）平均浓度为 26 g/L。低张性缺氧时，动脉血与静脉血的 HbO$_2$ 浓度均降低，毛细血管中 HbO$_2$ 必然减少，脱氧 Hb 浓度则增加。毛细血管中脱氧 Hb 平均浓度增加至 50 g/L 以上（Sa$(O_2)$≤85%），可使皮肤黏膜出现青紫色，称为发绀。慢性低张性缺氧机体很容易出现发绀，发绀是缺氧的表现。

## 二、血液性缺氧

血液性缺氧指 Hb 量或质的改变，使 $Ca(O_2)$ 减少或同时伴有 HbO$_2$ 结合的氧不易释出所引起的组织缺氧。Hb 量减少引起的血液性缺氧，因 $Pa(O_2)$ 正常而 $Ca(O_2)$ 降低，又被称为等张性缺氧。

**（一）原因**

血液性缺氧见于贫血、亚硝酸盐中毒、应用磺胺类药物、硝基苯中毒、一氧化碳中毒等。

（1）贫血：常见于各种贫血，如失血性贫血、营养不良性贫血、溶血性贫血和再生障碍性贫血。由于贫血时 Hb 和红细胞数减少，血液携带氧的量减少，氧向组织弥散速度减慢，导致供给组织的氧减少而引发缺氧。

（2）一氧化碳中毒：Hb 与一氧化碳结合可生成碳氧 Hb（HbCO），一氧化碳与 Hb 结合的速度虽仅为 O$_2$ 与 Hb 结合速度的 1/10，但 HbCO 的解离速度却只有 HbO$_2$ 解离速度的 1/2100。因此，一氧化碳与 Hb 的亲和力约为 O$_2$ 与 Hb 的亲和力的 210 倍。当吸入气体中含有 0.1% 一氧化碳时，血液中的 Hb 可有 50% 转为 HbCO，从而使大量 Hb 失去携氧功能；一氧化碳还能抑制红细胞内糖酵解，使 2,3-DPG 生成减少，氧离曲线左移，HbO$_2$ 不易释放出结合的氧，HbCO 中结合的 O$_2$ 也很难释放出来。由于 HbCO 失去携带 O$_2$ 的能力和妨碍 O$_2$ 的解离，组织严重缺氧，严重时常引起动物死亡。在正常人血中大约有 0.4% HbCO。当空气中含有 0.5% 一氧化碳时，血中 HbCO 仅在 20～30 min 就可高达 70%。一氧化碳中毒时，代谢旺盛、需氧量高及血管吻合支较少的器官易受到损害。高铁血红蛋白血症是指当亚硝酸盐、过氯酸盐、磺胺等中毒时,血液中大量($20\%\sim50\%$)Hb转变为高铁血红蛋白(高铁Hb)。高铁Hb的形成是由于Hb中二价铁被氧化剂氧化成三价铁。

一氧化碳中毒时,一氧化碳随呼吸进入肺泡,由于一氧化碳分子比氧气分子小,易通过呼吸膜进入血液。一氧化碳还能抑制呼吸酶,使组织细胞对氧的利用能力降低。由此可见,一氧化碳中毒时氧的摄入、运输和利用都受到影响,从而引起缺氧。

(3)高铁Hb中的$Fe^{3+}$因与羟基牢固结合而丧失携带氧的能力;另外,当Hb分子中有部分$Fe^{2+}$氧化为$Fe^{3+}$时,剩余吡咯环上的$Fe^{2+}$与$O_2$的亲和力增高,氧离曲线左移,高铁Hb不易释放出所结合的氧,加重组织缺氧。腐败的蔬菜含有大量硝酸盐,经胃肠道细菌作用被还原成亚硝酸盐并经肠道黏膜吸收,引起高铁血红蛋白血症,皮肤、黏膜呈现青灰色,也称为肠源性发绀。

### (二)血氧变化的特点

(1)贫血引起缺氧时,由于外呼吸功能正常,所以$Pa(O_2)$、$Sa(O_2)$正常,但因Hb数量减少或性质改变,$Ca(O_2)_{max}$降低导致$Ca(O_2)$减少。

(2)一氧化碳中毒时,其血氧变化与贫血的变化基本一致。但是$C(O_2)_{max}$在体外检测时可以是正常的,这是因为在体外,氧气对血样进行了充分平衡,此时$O_2$已完全竞争取代了HbCO中的一氧化碳,形成$HbO_2$。

血液性缺氧时,血液流经毛细血管,因血中$HbO_2$总量不足和$P(O_2)$下降较快,氧的弥散速度也很快降低,故$A\text{-}Vd(O_2)$低于正常。

(3)Hb与$O_2$亲和力增加引起的血液性缺氧较特殊,其$Pa(O_2)$正常,$Ca(O_2)$和$Sa(O_2)$正常,由于Hb与$O_2$亲和力较大,故结合的氧不易释放导致组织缺氧,$Pv(O_2)$升高,$Cv(O_2)$和$Sv(O_2)$升高,$A\text{-}Vd(O_2)$小于正常。

### (三)皮肤黏膜颜色的变化

单纯Hb减少时,因$HbO_2$减少,加之毛细血管中还原Hb未达到出现发绀的阈值,所以皮肤、黏膜颜色较为苍白;HbCO本身具有特别鲜红的颜色,一氧化碳中毒时,由于血液中HbCO增多,所以皮肤、黏膜呈现樱桃红色,严重缺氧时由于皮肤血管收缩,皮肤、黏膜呈苍白色;高铁血红蛋白血症时,由于血中高铁Hb含量增加,所以患者皮肤、黏膜出现深咖啡色或青紫色;单纯的Hb与$O_2$亲和力增高时,由于毛细血管中脱氧Hb量低于正常,所以皮肤、黏膜无发绀。

## 三、循环性缺氧

循环性缺氧是指组织血流量减少使组织氧供减少所引起的缺氧,又称低动力性缺氧。循环性缺氧可以分为缺血性缺氧和淤血性缺氧。缺血性缺氧是由动脉供血不足所致;淤血性缺氧是由静脉回流受阻所致。

### (一)原因

**1. 组织缺血**　心力衰竭、休克等患畜心输出量减少及各组织供血减少,引起组织缺血缺氧;动脉血栓形成,动脉炎、动脉粥样硬化等疾病引起动脉管腔狭窄或堵塞,导致其所支配的器官供血减少,相应器官缺血缺氧。

**2. 组织淤血**　心力衰竭、静脉栓塞、静脉炎等疾病可引起静脉回流受阻,则相应组织出现淤血性缺氧。

### (二)血氧变化的特点

单纯性循环障碍时,$Ca(O_2)_{max}$正常,$Pa(O_2)$正常、$Ca(O_2)$正常、$Sa(O_2)$正常。由于血流缓慢,血液流经毛细血管的时间延长,使单位容积血液弥散到组织的氧量增加,$Cv(O_2)$降低,所以$A\text{-}Vd(O_2)$也加大。但单位时间内弥散到组织、细胞的氧量减少,还是会引起组织缺氧。局部循环性缺氧时,血氧相关指标可以基本正常。

### (三)皮肤黏膜颜色的变化

缺血性缺氧时,由于组织含血量减少,所以皮肤黏膜及组织器官呈苍白色;淤血性缺氧时,血液中还原 Hb 浓度升高,所以皮肤黏膜发绀。

### 四、组织性缺氧

组织细胞生物氧化过程障碍,利用氧的能力降低引起的缺氧称组织性缺氧,又称为氧利用障碍性缺氧或组织中毒性缺氧。

#### (一)原因

常见原因有以下三个方面。

**1. 抑制细胞氧化磷酸化** 细胞色素分子中的铁通过可逆性氧化还原反应进行电子传递,这是细胞氧化磷酸化的关键步骤。以氰化物为例,当各种无机或有机氰化物(如 HCN、KCN、NaCN、NHCN)和氢氰酸有机衍生物(多存在于杏、桃和李的核仁中)等,经消化道、呼吸道、皮肤进入体内,$CN^-$ 可以迅速与细胞内氧化型细胞色素氧化酶三价铁结合形成氰化高铁细胞色素氧化酶,失去接收电子的能力,使呼吸链中断,导致组织细胞利用氧障碍。硫化氢、砷化物和甲醇中毒等是通过抑制细胞色素氧化酶活性而阻止细胞氧化过程的。

**2. 线粒体损伤** 引起线粒体损伤的原因有强辐射、细菌毒素、热射病、尿毒症等。线粒体损伤可以导致组织细胞利用氧障碍和 ATP 生成减少。

**3. 呼吸酶合成障碍** 硫胺素(维生素 $B_1$)、烟酰胺(维生素 $B_5$)和核黄素(维生素 $B_2$)是多种还原酶的辅酶,参与体内生物氧化还原反应,当这些维生素严重缺乏时,呼吸酶合成减少,生物氧化过程障碍,导致细胞利用氧障碍。

#### (二)血氧变化的特点

组织性缺氧时,血氧容量($Ca(O_2)_{max}$)正常,$Pa(O_2)$、$Ca(O_2)$、$Sa(O_2)$ 一般正常。由于组织细胞利用氧障碍(内呼吸障碍),$A-Vd(O_2)$ 小于正常。患者的皮肤、黏膜颜色因毛细血管内 $HbO_2$ 的量高于正常,故常呈现鲜红色或玫瑰红色。

#### (三)皮肤黏膜颜色的变化

组织性缺氧时,由于静脉血管和毛细血管中 $HbO_2$ 浓度增加,所以动物皮肤、可视黏膜呈鲜红色或玫瑰红色。

缺氧虽分为上述四种类型,但临床上所见的缺氧常为混合性。例如,感染性休克时主要是循环性缺氧,但微生物所产生的内毒素还可引起组织细胞利用氧功能障碍而发生组织性缺氧,当并发休克肺时还可出现低张性缺氧。又如失血性休克时,既有 Hb 减少所致的血液性缺氧,又有微循环障碍所致的循环性缺氧。再如心力衰竭时,既有循环障碍引起的循环性缺氧,又可继发肺淤血、水肿而引起低张性缺氧。

# 任务三 缺氧对动物机体的影响

氧是维持机体正常代谢和各系统功能正常所必需的物质,缺氧时,机体各系统功能会出现变化,物质代谢也会出现变化。缺氧时,机体功能代谢的变化,包括机体对缺氧的代偿性反应和由缺氧引起的代谢与功能障碍。轻度缺氧时,主要引起机体代偿性反应;严重缺氧时,机体代偿不全,出现的变化以功能障碍为主,出现不可逆性损伤,甚至死亡。

### 一、功能的变化

#### (一)呼吸系统的变化

动脉血氧分压若降至 8 kPa 以下时组织缺氧,引起机体的呼吸、血液循环增强,以增加血液运送氧和组织利用氧的能力。

**1. 呼吸系统的代偿性反应** 急性低张性缺氧时,动脉血氧分压降低(低于 8 kPa),刺激颈动脉体和主动脉体的化学感受器,反射性地引起呼吸中枢兴奋,呼吸加深加快。深而快的呼吸可增加肺通气量,使肺泡面积显著扩大,以利于氧从肺泡弥散入血。同时,胸廓运动增强,胸腔内负压增大,静脉回心血量增多,心输出量和肺血流量增加,有利于氧的摄取和运输。但肺过度通气可使二氧化碳排出过多,二氧化碳分压降低,二氧化碳对延髓中枢化学感受器的刺激减弱,使呼吸运动减弱,导致呼吸性碱中毒。

肺通气量增加是对急性低张性缺氧最重要的代偿性反应。血液性缺氧和组织性缺氧时,如果血氧分压降低不明显,呼吸系统代偿一般也不明显。

**2. 呼吸功能障碍**　急性低张性缺氧,可使血氧分压显著下降,直接抑制呼吸中枢,使呼吸变慢变浅,节律异常,出现周期性呼吸甚至呼吸停止。急性低张性缺氧还可引起急性高原肺水肿,表现为呼吸困难、咳嗽、咳血性泡沫痰、肺部有湿啰音、皮肤和黏膜发绀等。

#### (二)循环系统的变化

**1. 循环系统的代偿性反应**　轻度缺氧时,机体出现代偿性心血管反应,主要表现为心输出量增加、器官血流分布改变、肺血管收缩与毛细血管增生。

(1)心输出量增加:缺氧可使交感神经兴奋,儿茶酚胺释放增多,引起心率加快、心肌收缩力增强、静脉回心血量增加,单位时间内心输出量增加,全身组织的供氧量增加,对急性缺氧有一定的代偿意义。

(2)器官血流分布改变:器官血流量取决于血液灌注的压力(即动、静脉压差)和器官血流的阻力,后者主要取决于开放的血管数量与内径大小。缺氧时,一方面交感神经兴奋引起血管收缩;另一方面局部组织因缺氧而产生乳酸、腺苷等代谢产物,使血管扩张。这两种作用决定血管收缩或扩张,以及血流量是减少还是增多。急性缺氧时,皮肤、黏膜、内脏血管收缩,而心、脑血管扩张,血流量增加,使血液重新分布,保证机体重要器官不缺血。心肌活动消耗的能量主要来自有氧代谢,缺氧时主要依靠扩张冠状血管以增加心肌的供氧。

(3)肺血管收缩:缺氧时肺小动脉收缩,肺小动脉压升高,肺泡血流量减少,有利于维持缺氧时肺泡通气量和肺血流的适当比例,从而保持较高的血氧分压。

(4)毛细血管增生:长期缺氧可促使毛细血管显著增生,尤其是脑、心脏和骨骼肌等组织器官增生最为明显。毛细血管密度增加可缩短血氧弥散至细胞的距离,增加细胞的供氧量。

**2. 循环功能障碍**　严重的全身性缺氧时,肺血管收缩增加了肺循环的阻力,引起肺动脉高压;缺氧使红细胞增多,血液黏稠,心脏负荷过重,导致右心肥大;严重缺氧能引起能量代谢障碍和酸中毒,引起心肌变性、坏死,心律失常;严重而持续的脑缺氧导致机体呼吸中枢抑制而死亡。长期慢性缺氧,长期心跳加快、心缩加强,可引起心肌肥大、心力衰竭、心肌炎等。

#### (三)血液的变化

缺氧可使骨髓造血能力增强及氧离曲线右移,从而增加氧的运输和释放。

**1. 红细胞和血红蛋白增多**　缺氧时,低氧血液流经肾脏,刺激肾脏产生和释放促红细胞生成酶,促红细胞生成酶再作用于血液中的促红细胞生成素原,使其转变成促红细胞生成素;促红细胞生成素作用于骨髓,使骨髓造血能力增强,产生的红细胞和血红蛋白增多,循环血液中红细胞数增加。缺氧时交感神经兴奋,肾上腺素分泌增加,引起肝、脾血管收缩,使储血进入体循环。血液中红细胞数增加,携氧能力提高,对缺氧有一定的代偿意义。但红细胞过多可使血液黏度增大,血液流速变慢,也可能形成微血栓而加重缺氧。

**2. 氧离曲线右移**　2,3-DPG 是红细胞内糖酵解过程的中间产物,缺氧时,红细胞内糖酵解加强,红细胞内 2,3-DPG 数量增加,导致氧离曲线右移,即血红蛋白与氧的亲和力降低。氧与血红蛋白容易解离,释出更多的氧供组织利用,但当血氧分压低于 8 kPa 时,氧离曲线右移可明显影响肺部血液对氧的摄取,使动脉血氧饱和度明显下降而加重缺氧。

**3. 血容量变化**　急性缺氧时,因血液浓缩,血容量减少;慢性缺氧时,因红细胞生成增多,血容量增加。

#### (四)组织细胞的变化

在供氧不足的情况下,组织细胞可通过增强利用氧的能力和增强无氧糖酵解过程,以获取维持生命活动所必需的能量,达到细胞代偿性适应目的。

**1.代偿性变化**

(1)组织细胞摄取和利用氧的能力增强:缺氧时,细胞内线粒体的数目、膜的表面积增加,呼吸酶含量和活性增加,使细胞摄取和利用氧的能力增强。

(2)无氧糖酵解增强:缺氧时,有氧氧化减弱,ATP生成减少,这时磷酸果糖激酶活性增强,糖酵解过程加强,以此补偿能量的不足。

(3)肌红蛋白增加:慢性缺氧可使肌肉中肌红蛋白含量增多。肌红蛋白与氧亲和力较大,当氧分压为1.33 kPa时,血红蛋白的氧饱和度为10%,而肌红蛋白的氧饱和度为70%,当氧分压进一步降低时,肌红蛋白可释放出大量的氧供细胞利用。肌红蛋白的增多具有储存氧的作用。

**2.损伤性变化** 严重缺氧时,组织细胞可发生严重的缺氧性损伤,主要表现为细胞膜损伤,离子通透性升高;线粒体出现肿胀、嵴崩解、外膜破裂和基质外溢等;溶酶体肿胀并破裂,释放出大量酶,导致细胞本身及周围组织溶解坏死。

#### (五)中枢神经系统的变化

中枢神经系统对缺氧非常敏感。脑耗氧量占机体总耗氧量的20%~30%,脑组织的能量主要靠糖的有氧氧化供给,缺氧时,有氧氧化不能顺利进行,神经细胞缺乏能量,表现出一系列的神经症状。缺氧初期,大脑皮层兴奋占优势,随着缺氧时间的延长,则由兴奋转为抑制,临床上动物表现为烦躁不安、运动不协调、抽搐、易疲劳、嗜睡、昏迷甚至死亡。

### 二、物质代谢的变化

缺氧时,体内物质代谢发生明显的变化。其特点如下:三大营养物质分解代谢加强,氧化不全产物蓄积,导致代谢性酸中毒;缺氧初期呼吸运动增强,二氧化碳排出增多,导致呼吸性碱中毒。

#### (一)糖代谢的变化

缺氧初期,交感神经兴奋,肾上腺素释放增多,糖原分解加强,血糖升高,耗氧量增加,从而增强机体代偿适应性反应。但随着缺氧的加重,有氧氧化减弱,无氧糖酵解增强,乳酸生成增多,导致乳酸血症,引起酸中毒。

#### (二)脂肪代谢的变化

随着糖原的大量分解、消耗和急剧减少,机体的脂肪分解过程加强,又因缺氧而发生脂肪酸氧化障碍,从而使脂肪分解的中间产物酮体在体内大量蓄积而引起酮血症。酮体随尿排出,可引起酮尿症。

#### (三)蛋白质代谢的变化

蛋白质分解代谢加强,而蛋白质和尿素合成障碍,氨基酸脱氨过程也发生障碍,使血液中氨基酸、非蛋白氮含量增加。另外,由于缺氧可使氨基酸脱羧酶活性增强,体内某些氨基酸脱羧过程加快,产生大量胺类化合物,再加上肝解毒功能减弱及相关酶活性下降,以致某些具有毒性作用的胺类化合物在体内蓄积而发生中毒。

#### (四)酸碱平衡紊乱

缺氧初期,因呼吸运动加强,体内二氧化碳排出增多,血液中二氧化碳含量相应减少,导致呼吸性碱中毒。而碱中毒可使血液pH增高,又可消除ATP对磷酸果糖激酶的抑制作用,促进糖酵解,使乳酸生成增多,加之缺氧后期大量氧化不全产物的蓄积,从而引起代谢性酸中毒。

(方磊涵)

## 知识链接与拓展

### 冬季肉鸡如何防止缺氧

寒冷的冬天,日照短,气温低,饲养在保温鸡舍里的肉鸡代谢旺盛,呼入氧气和排出二氧化碳增多。肉鸡生长发育越快,对氧气的需要量就越多,特别是饲养在门窗紧闭的缺氧环境中,饲养密度过大,鸡舍内二氧化碳过多,新鲜空气不足而导致肉鸡缺氧,进而诱发肉鸡出现腹水和慢性呼吸系统疾病。可采取一定的措施进行预防。

一、降低饲养密度

大群饲养时,鸡数量多,高密度饲养条件会使空气中氧气不足,二氧化碳含量增高,特别是在高温育雏和鸡多、湿度大时,长期缺乏新鲜空气,常会造成鸡衰弱多病,死亡率增加。在饲养密度大的鸡舍里,空气传播疾病的机会增多,特别含氨量高时,常会诱发各种疾病。因此可以适当降低饲养密度。

二、加强鸡舍内通风

鸡舍内空气新鲜,有利于鸡的发育。由于鸡的体温高,呼吸速度快,因此需要的氧气多,解决的办法是加强鸡舍内的通风,一般 2～3 h 通风一次,每次 20～30 min,通风前要提高鸡舍内温度,注意通风时不要直接吹到鸡体,防止鸡伤风而发病。有天窗的鸡舍,可适当开启天窗。

三、注意保温方法

有些饲养厂家只加强保温而忽视通风,造成鸡舍内缺氧,特别是在使用煤炉取暖时,火炉有时跑烟或倒烟,容易引起煤气中毒,最好把煤炉放在鸡舍外,可有效避免有害气体的毒害和燃煤争氧。

扫码看答案

### 执考真题

1.(2010 年)动物一氧化碳中毒时,血液呈(　　　)。

A.黑色　　　　B.咖啡色　　　　C.紫红色　　　　D.暗红色　　　　E.樱桃红色

2.(2011 年)在发病学上,亚硝酸盐中毒属于(　　　)。

A.循环性缺氧　B.血液性缺氧　C.乏氧性缺氧　D.低张性缺氧　E.组织性缺氧

3.(2015 年)上呼吸道狭窄可引起(　　　)。

A.血液性缺氧　B.低张性缺氧　C.缺血性缺氧　D.淤血性缺氧　E.组织性缺氧

### 自测训练

扫码看答案

1.名词解释:缺氧、发绀。

2.常见缺氧的类型哪些?

3.各类缺氧时可视黏膜有何区别?

4.简述缺氧时机体的主要功能和代谢变化。

Note

# 项目十一　动物病理诊断技术

## 项目导入

　　本项目主要就尸体剖检技术进行学习。通过学习,要求掌握动物死后尸体变化、尸体剖检方法步骤、注意事项、剖检记录和尸检报告正确填写、病料采集和送检的正确方法,并能在生产实践中正确、熟练掌握尸体剖检技术,为临床工作服务。动物尸体剖检是运用动物病理知识检查尸体病理变化,对疾病进行诊断和研究的一种方法。剖检时,必须对尸体的病理变化全面观察,客观描述,详细记录,进行科学分析和推理判断,做出客观的诊断。

## 项目目标

　　▲知识目标

　　1.掌握尸体剖检前的准备工作。

　　2.掌握尸体剖检的注意事项。

　　3.掌握动物死后尸体的常见变化。

　　4.掌握剖检记录、剖检报告的编写格式和内容。

　　5.能掌握各种病理材料采集、包装、保存、运输的方法和注意事项。

　　▲能力目标

　　1.能进行尸体剖检的准备工作。

　　2.会对常见动物进行尸体剖检。

　　3.会观察和记录动物死后尸体的变化和常见的病理变化。

　　4.能编写剖检记录和报告。

　　5.会进行各种病理材料的采集、保存和寄送。

　　6.能正确进行个人防护。

　　7.能正确处理动物尸体。

　　▲思政与素质目标

　　1.在解剖过程中树立辩证唯物主义哲学,正确认识局部与整体、内因与外因、形态与机能、静态与动态等方面的联系。

　　2.理论联系实际,锤炼科学求实的态度、严谨的学风和开拓创新的精神。

## 案例导学

　　某猪场的一批5月龄育肥猪,体温和食欲正常,但生长缓慢,个体大小不一;经常有咳嗽、气喘等症状。剖检见肺部尖叶、心叶、膈叶前缘呈双侧对称性肉变,其他器官未见异常。如何进行猪的剖检?有哪些注意事项?让我们进入本项目的学习。

　　动物病理诊断技术是指应用病理学的理论与方法,对动物尸体(或活体)体表与内部器官、病变

*Note*

组织、细胞进行病理学检查,通过形态学观察分析做出疾病诊断的技术。由于是通过直接观察病变的宏观与微观特征而做出的诊断,因此要比通过分析临床症状、生理体征及化验分析而做出的各种临床诊断来确定病因更具有直观性与指导性。只有将病理诊断与临床症状及实验室检查结果相结合,才能最终确诊。当前动物疾病诊治工作中常用到的病理诊断技术主要包括尸体剖检技术与病理组织学观察技术。

# 任务一　尸体剖检技术

在实际生产中,许多实验室诊断技术因环境条件限制无法开展,因此对动物尸体进行剖检是临床上最直接、最常用的手段之一。正确的尸体剖检不仅可以检验佐证临床诊断的准确性,起到确定治疗方向、提高治疗效果的作用,而且可以为病理学的研究与教学积累基础材料。如今,随着养殖业的迅速发展,生产上新品种、新引种等因素而发生的一些新病加大了临床诊断的困难,通过尸体剖检,可以帮助我们了解疾病发生原因与经过,为制定高效的防治措施提供依据。

尸体剖检是以病理知识为依据,通过检查尸体的临床变化来研究和诊断疾病的重要方法,是病理学不可分割的组成部分,也是学生学习病理学理论并与实践结合的重要途径。正确掌握和运用这一方法可以达到正确诊断,迅速扑灭疫病的目的。同时可以验证临床诊断及治疗是否得当,特别是传染病、群发病和寄生虫病的流行可以得到及早确诊,有利于及时采取有效防治措施。此外,还可以积累资料,研究新的传染病、群发病和寄生虫病发生、发展和结局的规律性,提高检疫的准确性。在实际工作中实验室诊断技术受很大限制,一般临床诊断方法往往不够可靠,此外有些疫病的临床症状又很相似,相比较而言,剖检诊断方法最方便、可行,也较易掌握。但是,如果方法掌握得不够娴熟或操作不规范,就可能导致找不到病因,造成错误诊断,贻误防治时机,或由于尸体处理不当造成疫病扩散。剖检时,必须对尸体的病理变化做到全面观察,客观描述,详细记录,进行科学分析和推理判断,做出客观的诊断。

## 一、尸体剖检的意义

尸体剖检是运用兽医病理学知识检查尸体的病理变化,来诊断和研究疾病的一种方法。病理解剖学的研究主要依靠这种方法,在临床实践上则经常应用这种方法对患畜进行死后诊断。

尸体剖检的意义有以下三个方面:①提高临床诊断和治疗质量。在临床实践中,通过尸体剖检,可以检验临床诊断和治疗的准确性,及时总结经验,提高诊疗质量。②尸体剖检是最为客观、快速的畜禽疾病诊断方法之一。对于一些群发性疾病,如传染病、寄生虫病、中毒性疾病和营养缺乏症,或对一些群养动物(尤其是中、小动物,如猪和鸡)疾病,通过尸体剖检,观察器官特征病变,结合临床症状和流行病学调查等,可以及早做出诊断(死后诊断),及时采取有效的防治措施。③促进病理学教学和病理学研究。尸体剖检是病理学不可分割的、重要的实际操作技术,是研究疾病的必需手段,也是学生学习病理学理论并将理论与实践结合的一条途径。随着养殖业的迅速发展和一些新畜种、新品种的引进,临床上常会出现一些新病,或老病发生新变化,给临床诊断造成一定的困难。对临床上出现的新问题,或针对新的病例进行尸体剖检,可以了解具体的发病情况(疾病的发生、发展规律),总结防治措施。

## 二、尸体剖检的类型

通常按照剖检目的的不同,将尸体剖检分为三种类型,分别为诊断性剖检、研究性剖检和法兽医学剖检,三者各依其目的来考虑剖检方法和步骤。

### (一)诊断性剖检

诊断性剖检的目的在于查明患畜发病和致死原因、所处阶段和提供应采取的措施,操作过程要求对待检动物的每个脏器和组织做细致的检查,汇总梳理相关资料后,综合分析得出最后结论。

### （二）研究性剖检

研究性剖检以学术研究为目的，如人工造病以确定实验动物全身或某个组织器官的病理变化规律。多数情况下，研究性剖检的目标集中在某个系统或某个组织，对其他的组织和器官只做一般检查。

### （三）法兽医学剖检

法兽医学剖检是在法律的监控下，以解决和兽医有关法律问题为目的的剖检。

## 三、尸体变化

动物死亡后，有机体变为尸体。受体内酶和细菌的作用以及外界环境的影响，动物死亡后逐渐发生一系列的死后变化。在检查判定大体病变前，正确地辨认尸体变化，可以避免把某些死后变化误认为死亡前的病理变化。尸体的变化有多种，其中包括尸冷、尸僵、尸斑、血液凝固、尸体自溶和尸体腐败。

### （一）尸冷

尸冷指动物死亡后，尸体温度逐渐降至外界环境温度水平的现象。机体死亡后，新陈代谢停止，产热过程终止，而散热过程仍在继续进行。在死后的最初几小时，尸体温度下降的速度较快，之后逐渐变慢。通常在室温条件下，一般以 1 ℃/h 的速度下降，因此动物的死亡时间大约等于动物的正常体温与尸体温度之差。尸体温度下降的速度受外界环境温度的影响，如受季节的影响，冬季天气寒冷，会加速尸冷的过程，而夏季炎热，会延缓尸冷的过程。检查尸体的温度有助于确定死亡的时间。

### （二）尸僵

动物死亡后，肢体由于肌肉收缩变硬，四肢各关节不能屈伸，使尸体固定于一定的形状，这种现象称为尸僵。

动物死后最初由于神经系统麻痹，肌肉失去紧张力而变得松弛柔软。但经过很短时间后，肢体的肌肉即行收缩变为僵硬。尸僵开始的时间，因外界条件及机体状态不同而异。大、中型动物一般在死后 1.5～6 h 开始发生，10～24 h 最明显，24～48 h 开始缓解。尸僵从头部开始，然后是颈部、前肢、后躯和后肢，此时各关节因肌肉僵硬而被固定，不能屈曲。解僵的顺序为头、颈、躯干到四肢。除骨骼肌以外，心肌和平滑肌同样可以发生尸僵。在死后 0.5 h 左右心肌即可发生尸僵，尸僵时心肌的收缩使心肌变硬，同时可将心脏内的血液驱出，肌层较厚的左心室表现得最明显，而右心往往残留少量血液。经 24 h，心肌尸僵消失，心肌松弛。如果心肌变性或心力衰竭，则尸僵可不出现或不完全，这时心脏质地柔软，心腔扩大，并充满血液。因此，发生败血症时，尸僵不完全。

富有平滑肌的器官，如血管、胃、肠、子宫和脾脏等，平滑肌僵硬收缩，可使腔状器官的内腔缩小，组织质地变硬。当平滑肌发生变性时，尸僵同样不明显，例如死于败血症的动物的脾脏，由于平滑肌变性而使脾脏质地变软。

了解尸僵有助于在诊断过程中加以鉴别。尸僵出现的早晚，发展程度，以及持续时间的长短，与外界因素和自身状态有关。如周围气温较高，尸僵出现较早，解僵也较迅速，寒冷时尸僵出现较晚，解僵也较迟。肌肉发达的动物，要比消瘦动物尸僵明显。死于破伤风或番木鳖碱中毒的动物，死前肌肉运动较剧烈，尸僵发生得快而且明显。死于败血症的动物，尸僵不完全或不出现。另外，如尸僵提前，说明动物急性死亡并有剧烈的运动或高热疾病，如破伤风；如尸僵时间延缓、拖后，尸僵不完全或不发生尸僵，应考虑到死亡前有恶病质或烈性传染病，如炭疽等。

除了要注意尸僵出现的时间外，还要注意关节是否弯曲。发生慢性关节炎时关节不弯曲。但如果是尸僵的话，四个关节均不能弯曲，而如果是慢性关节炎的话，不能弯曲的关节只有一个或两个。

### （三）尸斑

动物死亡后，由于心脏和大动脉的临终收缩及尸僵的发生，血液被排挤到静脉系统内，并由于重力作用，血液流向尸体的低下部位，使该部血管充盈血液，呈青紫色，这种现象称为坠积性淤血。尸体倒卧侧组织器官的坠积性淤血现象称为尸斑。一般在死后 $1\sim1.5$ h 即可能出现。尸斑坠积部的组织呈暗红色。初期,用指按压该部可使红色消退,并且这种暗红色的斑可随尸体位置的变更而改变。随着时间的延长,红细胞发生崩解,血红蛋白溶解在血浆内,并通过血管壁向周围组织浸润,使心内膜、血管内膜及血管周围组织染成紫红色,这种现象称为尸斑浸润,一般在死后 24 h 左右开始出现。改变尸体的位置,尸斑浸润的变化也不会消失。

检查尸斑,对于死亡时间和死后尸体位置的判断有一定的意义。临床上应与淤血和炎性充血加以区别。淤血发生的部位和范围,一般不受重力作用的影响,如肺淤血或肾淤血时,两侧的表现是一致的,肺淤血时还伴有水肿和气肿。炎性充血可出现在身体的任何部位,局部还伴有肿胀或其他损伤。而尸斑则仅出现于尸体的低下部,除重力因素外没有其他原因,也不伴发其他变化。

### (四)血液凝固

动物死后不久还会出现血液凝固,即心脏和大血管内的血液凝固成血凝块。在死后血液凝固较快时,血凝块呈一致的暗红色。在血液凝固缓慢时,血凝块分成明显的两层,上层为主要含血浆成分的淡黄色鸡脂样凝血块,下层为主要含红细胞的暗红色血凝块,这是由于血液凝固前红细胞沉降所致。

血凝块表面光滑、湿润,有光泽,质柔软,富有弹性,并与血管内膜分离。血凝块与血栓不同,应注意区别。血栓的表面粗糙,质脆而无弹性,并与血管壁有粘连,不易剥离,硬性剥离可损伤内膜。在静脉内的较大血栓,可同时见到粘着于血管壁上呈白色的头部(白色血栓)、红白相间的体部(混合血栓)和全为红色的游离的尾部(红色血栓即血凝块)。

血液凝固的快慢,与死亡的原因有关。由于败血症、窒息及一氧化碳中毒等死亡的动物,往往血液凝固不良。动物死亡后,受内外环境因素的影响,逐渐发生一系列的死后变化。

### (五)尸体自溶和尸体腐败

尸体自溶是指动物体内的溶酶体酶和消化酶如胃液、胰液中的蛋白解酶在动物死亡后发挥其作用而引起的自体消化过程。自溶过程中细胞组织发生溶解,表现最明显的是胃和胰腺,胃黏膜自溶时表现为黏膜肿胀、变软、透明,极易剥离或自行脱落和露出黏膜下层,严重时自溶可波及肌层和浆膜层,甚至可出现死后穿孔。尸体腐败是指尸体组织蛋白由于细菌作用而发生腐败分解的现象,主要是由于肠道内的厌氧菌的分解、消化作用,或血液内、肺脏内的细菌的作用,也有从外界进入体内的细菌的作用。在腐败过程中,体内复杂的化合物被分解为简单的化合物,并产生大量气体,如氨、二氧化碳、甲烷、氮气、硫化氢等。因此,腐败的尸体内多含有大量恶臭的气体。

尸体腐败的变化可表现在以下几个方面。

**1. 死后臌气** 这是胃肠内细菌繁殖,胃肠内容物腐败发酵、产生大量气体的结果。这种现象在胃肠道表现明显,尤其是反刍动物的前胃和单蹄兽的大肠更明显。此时,气体可以充满整个胃肠道,使尸体的腹部膨胀,肛门突出,严重臌气时可发生腹壁或横膈破裂。死后臌气应与死亡前臌气相区别,死亡前臌气压迫横膈使其前伸造成胸内压升高,引起静脉血回流障碍呈现淤血,尤其是头、颈部,浆膜面还可见出血,而死后臌气则无上述变化。死后破裂口的边缘没有死亡前破裂口的出血性浸润和肿胀。在肠道破裂口处有少量肠内容物流出,但没有血凝块和出血,只见破裂口处的组织撕裂。

**2. 肝、肾、脾等内脏器官的腐败** 肝脏的腐败往往发生较早,变化也较明显。此时,肝脏体积增大,质地变软,污灰色,肝包膜下可见到小气泡,切面呈海绵状,从切面可挤出混有泡沫的血水,这种变化,称为泡沫肝。肾脏和脾脏发生腐败时也可见到类似肝脏腐败的变化。

**3. 尸绿** 动物死后尸体变为绿色,称为尸绿。由于组织分解产生的硫化氢与红细胞分解产生的血红蛋白和铁相结合,形成硫化血红蛋白和硫化铁,致使腐败组织呈污绿色,这种变化在肠道表现得最明显。临床上可见到动物的腹部出现绿色,尤其是禽类,常见到腹底部的皮肤为绿色。

**4. 尸臭** 尸体腐败过程中产生大量恶臭的气体,如硫化氢、己硫醇、甲硫醇、氨等,致使腐败的尸体具有特殊的恶臭。

尸体的自溶和腐败,可以使死亡的动物逐步分解、消失。尸体腐败的快慢受周围环境的温度和湿度及疾病性质的影响。适当的温度、湿度或死于败血症和有大面积化脓性炎症的动物,尸体腐败较快且明显。在寒冷、干燥的环境下或死于非传染性疾病的动物,尸体腐败缓慢且微弱。

尸体腐败可使死亡前的病理变化遭到破坏,这样会给剖检工作带来困难,因此患畜死后应尽早进行尸体剖检,以免死后变化与死亡前的病变发生混淆。

### 四、尸体剖检前的准备

进行尸体剖检,尤其是剖检传染病尸体时,剖检者既要注意防止病原扩散,又要预防自身感染。因此,必须做好如下工作。

#### (一)剖检场地的选择

尸体剖检,特别是剖检传染病尸体,一般应在病理剖检室进行,以便消毒和防止病原扩散。如果条件不许可而在室外剖检时,应选择地势较高、环境较干燥,远离水源、道路、房舍和畜舍的场地。剖检前挖深 2 m 的深坑,剖检后将内脏、尸体连同被污染的土层投入坑内,再撒上石灰或喷洒 10% 的石灰水、3%~5% 来苏尔或臭药水,然后用土掩埋。

#### (二)尸体剖检常用的器械和药品

根据死前症状或尸体特点准备解剖器械,一般应有解剖刀、剥皮刀、脏器刀、外科刀、脑刀、外科剪、肠剪、骨剪、骨钳、镊子、骨锯、双刃锯、斧头、骨凿、阔唇虎头钳、探针、量尺、量杯、注射器、针头、天平、磨刀棒或磨刀石等。如没有专用解剖器材,也可用其他合适的刀、剪代替。准备装检验样品的灭菌平皿、棉拭子和固定组织用的内盛 10% 福尔马林或 95% 无水乙醇的广口瓶。常用消毒液,如 3%~5% 来苏尔、石炭酸、臭药水、0.2% 高锰酸钾、70% 无水乙醇、3%~5% 碘酒等。此外,还应准备凡士林、滑石粉、肥皂、棉花和纱布等。

#### (三)剖检人员的防护

剖检人员,特别是在剖检传染病尸体时,应穿工作服,外罩胶皮或塑料围裙,戴胶手套、线手套、工作帽,穿胶鞋。必要时还要戴上口罩和眼镜。如缺乏上述用品时,可在手上涂抹凡士林或其他油类,保护皮肤,以防感染。在剖检中不慎切破皮肤时应立即消毒和包扎。

在剖检过程中,应保持清洁,注意消毒。常用清水或消毒液洗去剖检人员手上和刀剪等器械上的血液、脓液和各种排出物。

剖检后,双手先用肥皂洗涤,再用消毒液冲洗。为了消除粪便和尸腐臭味,可先用 0.2% 高锰酸钾溶液浸洗,再用 2%~3% 草酸溶液洗涤,退去棕褐色后,再用清水冲洗。

### 五、尸体剖检的注意事项

#### (一)尸体剖检的时间

尸体剖检应在患畜死后越早越好。尸体放久后,容易腐败分解,尤其是在夏天,尸体腐败分解过程更快,这会影响对原有病变的观察和诊断。剖检最好在白天进行,因为在灯光下,一些病变的颜色(如黄疸、变性等)不易辨认。供分离病毒的脑组织要在动物死后 5 h 内采集。一般死后超过 24 h 的尸体,就失去了剖检意义。此外,做细菌和病毒分离培养时,要先无菌采集病料,然后做组织病理学检查。如尸体已腐烂,可锯一块带骨髓的股骨送检。

#### (二)了解病史

尸体剖检前,应先了解患畜所在地区的疾病的流行情况、患畜死亡前病史,包括临床化验、检查和临床诊断等。此外,还应注意治疗、饲养管理和临死前的表现等方面的情况。

#### (三)自我防护意识

剖检前应在尸体体表喷洒消毒液;搬运尸体时,特别是搬运死于炭疽、开放性鼻疽等传染病尸体时,用浸透消毒液的棉花团塞住天然孔,并用消毒液喷洒尸体后方可搬运。

**（四）病变部位的切取**

未经检查的脏器切面，不可用水冲洗，以免改变其原来的颜色和性状。切脏器的刀、剪应锋利，切开脏器时，要由前向后，一刀切开，不要由上向下挤压或拉锯式切开。切开未经固定的脑和脊髓时，应先使刀口浸湿，然后下刀，否则切面粗糙不平。

**（五）尸检后处理**

**1.衣物和器材** 尸检结束后，尸检中所用衣物和器材最好直接放入煮锅或手提式医用高压锅内，经灭菌后，方可清洗和处理；解剖器械也可直接放入消毒液内浸泡消毒后，再清洗处理。胶手套消毒后，用清水洗净，擦干，撒上滑石粉。金属器械消毒清洁后擦干，涂抹凡士林，以免生锈。

**2.尸体** 剖检后的尸体最好焚化或深埋，避免尸体和解剖时的污染物成为传染源。特殊情况如人兽共患病或烈性传染病尸体要先用消毒药消毒处理后再焚烧。野外剖检时，尸体要就地深埋，深埋之前在尸体上洒消毒液，消毒液要选择具有强烈刺激异味的消毒药如甲醛等，以免尸体被意外挖出。

**3.场地** 剖检场地要进行彻底消毒，以防污染周围环境。如遇特殊情况（如禽流感），检验工作需在现场进行的，当撤离检验工作点时，要进行终末消毒，以保证继用者的安全。

## 六、尸体剖检术式

为保证高效、有质量地完成病理检查，尸体剖检须按一定的术式开展，顺序一般为体表检查、剥皮与皮下检查、体腔内组织器官检查与颅腔检查等，有时可因目的和条件的差异进行灵活调整。

**（一）猪的剖检术式**

**1.体表检查与消毒** 体表检查可以为疾病诊断提供依据，也可为重要的传染性疾病诊断提供线索，主要的检查内容有体表光泽、被毛情况、尸体及天然孔变化等。解剖猪时，首先检查眼结膜、口腔、耳孔等，其次检查关节活动情况，再检查皮肤是否有充血、出血等，继而检查生殖器官、肛门及周围区域。体表检查结束后，须对体表消毒处理后再进行下一步检查（图 11-1）。

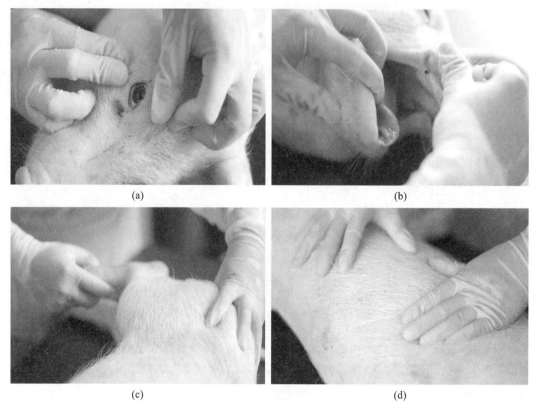

(a)

(b)

(c)

(d)

**图 11-1　猪的体表检查与消毒**

（a）眼结膜检查；（b）口腔检查；（c）关节活动情况检查；（d）皮肤充血、出血情况等检查；（e）肛门检查；（f）体表皮肤消毒

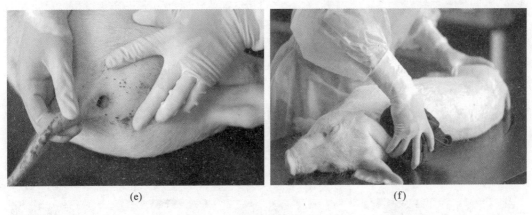

(e)　　　　　　　　　　　(f)

续图 11-1

**2. 剥皮与皮下检查**　对非传染性死亡的病猪可进行剥皮处理，常采用背卧位，先用刀切开四肢与躯干间的连接，让猪的尸体能稳定地背部朝下，利于后续打开体腔。操作过程中，要注意检查皮下出血、水肿、脓肿等的情况，尤其要注意各个淋巴结的病理变化，此外，小猪肋骨与肋软骨交界处是否有串珠状的肿大也是检查的重点（图 11-2）。

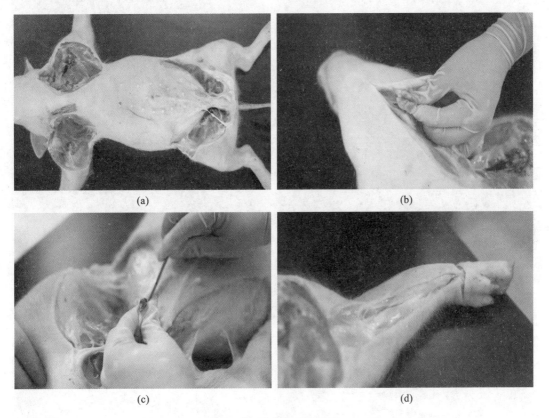

(a)　　　　　　　　　　　(b)

(c)　　　　　　　　　　　(d)

**图 11-2　剥皮与皮下检查**

(a)切开四肢与躯干间的连接；(b)(c)淋巴结检查；(d)环形切开四肢皮肤

**3. 剖开腹腔**　从剑状软骨后方沿着腹白线至耻骨联合处，由前向后做第一切线；再从剑状软骨后方到腰椎横突处，沿左右肋骨后缘做两条切线，向两侧翻开腹壁打开腹腔（图 11-3）。

**4. 腹腔检查与脏器的取出**　打开腹腔后，应立即检查腹腔脏器的位置与外形、腹膜的性状、有无腹水及腹腔内异味的情况，之后依次取出腹腔器官。器官取出的顺序如下（图 11-4）。

(1)脾脏：脾脏位于左季肋部，提起脾脏后剪去脾脏与其他连接后，可将其取出。

(2)空肠和回肠：找出回盲韧带与回肠后，在回肠段距回盲口约 15 cm 处，做双重结扎并切断，并分离回肠与空肠的肠系膜。在空肠起始处同样做双重结扎并切断，取出空肠和回肠。

扫码看彩图

*Note*

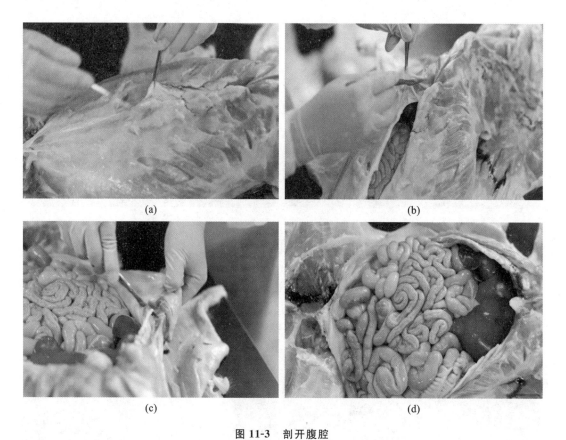

(a)

(b)

(c)

(d)

**图 11-3　剖开腹腔**

（a）从剑状软骨后方沿腹白线做切口；（b）沿腹白线至耻骨联合处做切口；（c）沿肋骨后缘切开；（d）打开腹腔

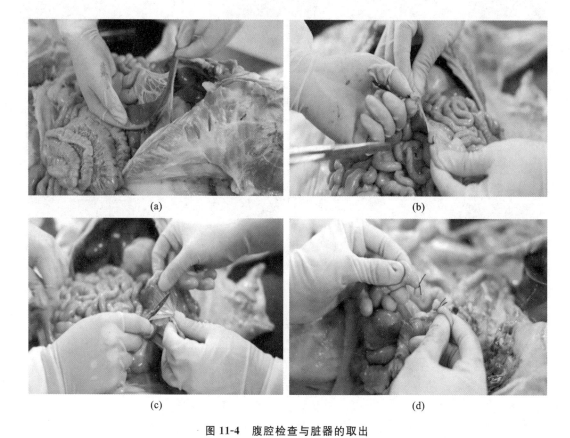

(a)

(b)

(c)

(d)

**图 11-4　腹腔检查与脏器的取出**

（a）找出脾脏并取出；（b）双重结扎并剪断回肠；（c）切断肠系膜；（d）双重结扎空肠后剪断空肠；

（e）结扎食道后取出胃；（f）剥离肾周围软组织；（g）取出肾脏

*Note*

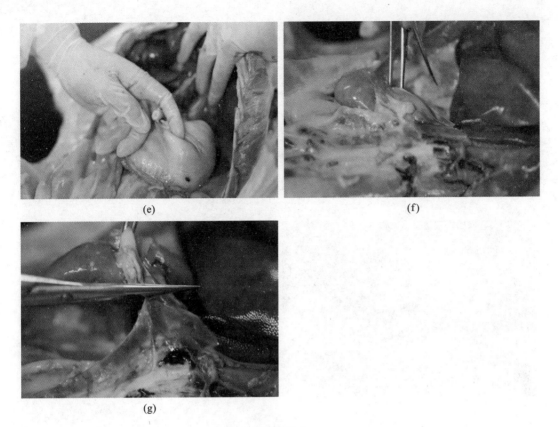

(g)

续图 11-4

（3）大肠：将直肠中的粪便挤向前方后做单结扎并切断。分离切断肠系膜血管、神经和结缔组织，切断结肠与背部之间的联系后取出大肠。

（4）胃和十二指肠：切断食道末端后，将胃牵引，再切断胃肝韧带、肝十二指肠韧带及十二指肠肠系膜等，取出胃与十二指肠。

（5）肾脏：切断和剥离肾周围的浆膜和结缔组织，切断肾血管和输尿管，即可取出肾脏。

（6）肝脏和胰腺：切断肝脏与横膈膜间的左三角韧带，再切断圆韧带、后腔静脉和冠状韧带等，最后切断右三角韧带，取出肝脏。胰腺可附于肝脏一同取出。

**5.盆腔脏器的取出**　先检查盆腔各脏器的位置和形状，在保持各脏器间的生理联系下，将盆腔内脏器一同取出。

**6.胸腔的剖开和检查**　首先剥去胸壁上的肌肉，切断两侧肋骨与肋软骨，再切断肋骨与膈、心包的连接，去除胸骨后暴露胸腔。分离器官与周围组织间的联系，将肺、气管同心脏一起取出。在操作过程中观察胸膜腔有无液体，浆膜是否光滑、有无粘连等，检查肺的大小、色泽、重量、质地、弹性、有无病灶及表面附着物等，检查心脏内血液的含量及性状，心内膜的色泽、光滑度，有无血栓形成和组织增生或缺损等病变（图 11-5）。

**7.颅腔的剖开和脑部检查**

（1）颅腔的剖开：剥离头部的皮肤和肌肉，在两侧眼眶上突的后缘做一横锯线，再从此锯线两端经两侧额骨、顶骨侧面至枕骨外缘做二条平行的纵锯线，再从枕骨大孔两侧做一"V"形锯线与两条纵锯线相连，沿锯线撬开头顶骨，露出颅腔，将大脑、小脑和脑干一并取出，后取出垂体。

（2）脑部检查：先观察脑膜的性状，正常脑膜透明、平滑、湿润、有光泽。病理情况下，可出现充血、出血和浑浊等病理变化。然后检查脑回和脑沟的状态，如有脑水肿、积水、肿瘤、脑充血等变化时，脑沟内有渗出物蓄积，可见脑沟变浅，脑回变平。并用手触检各部分脑实质，脑实质变软是急性非化脓性炎症的表现，脑实质变硬是慢性脑炎时神经胶质增多或脑实质萎缩的结果（图 11-6）。

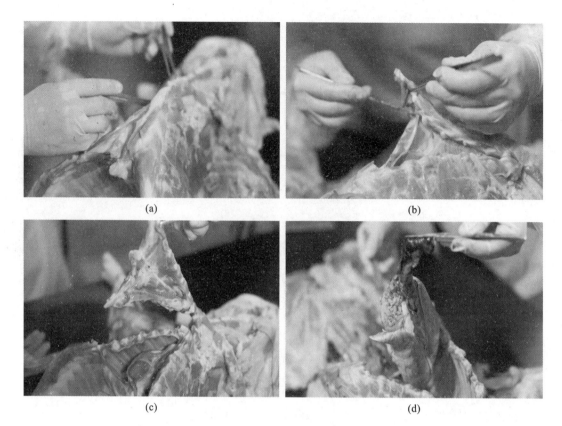

**图 11-5　剖开胸腔与取出器官**

(a)剥离胸部肌肉;(b)切断肋软骨;(c)暴露胸腔;(d)取出心脏和肺

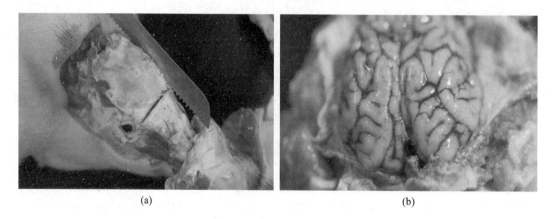

**图 11-6　剖开颅腔与脑部检查**

(a)头部锯线;(b)脑组织观察

### (二)羊常用的剖检术式

**1. 体表检查与消毒**　羊的体表检查主要有口腔、鼻腔、耳、关节、肛门等。体表检查结束后,须对体表消毒处理后再进行下一步检查(图 11-7)。

**2. 剥皮与皮下检查**　剥皮处理时,由下颌间隙做一纵行切口至肛门;在四肢做环状切线,之后在内侧做一与腹中线垂直的切线,最后剥离皮肤,检查皮下脂肪、肌肉与浅层淋巴结等(图 11-8)。

**3. 剖开腹腔并检查**　将羊尸体仰卧固定,从剑状软骨起做一切口至耻骨联合处,剖开腹壁。之后,沿着左右肋骨弓自腹壁纵切口前端至腰椎横突切开,暴露腹腔,取出大网膜;检查腹腔内器官是否存在异常后,将尸体向左侧倒放(图 11-9)。

扫码看彩图

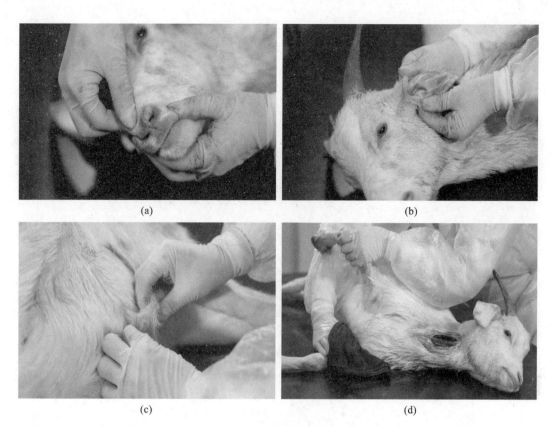

(a)　　　　　　　　　　　　　　　　(b)

(c)　　　　　　　　　　　　　　　　(d)

**图 11-7　羊的体表检查与消毒**

（a）检查鼻腔；（b）检查耳；（c）检查生殖器官；（d）体表消毒

扫码看彩图

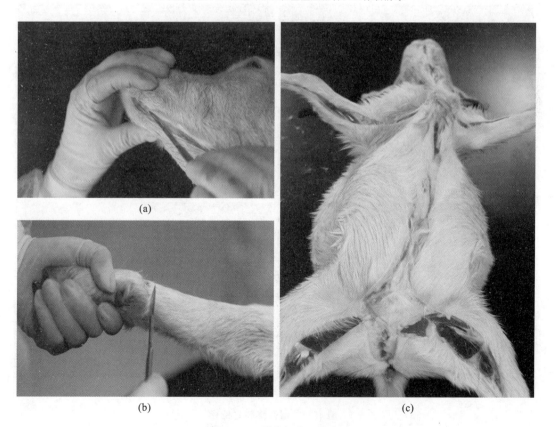

(a)

(b)　　　　　　　　　　　　　　　　(c)

**图 11-8　剥皮与皮下检查**

（a）起于下颌间隙的切口；（b）环状切线；（c）腹面切口；（d）向腹中线垂直切开；（e）（f）（g）剥离皮肤

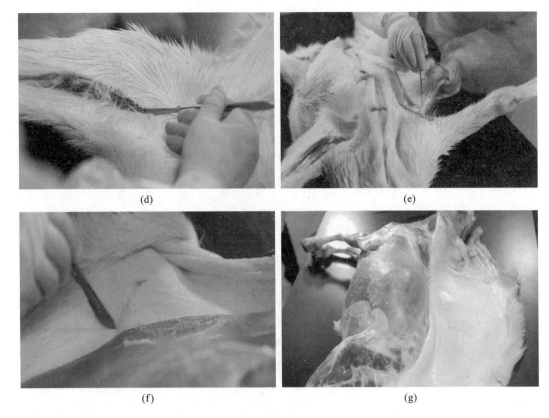

(d)

(e)

(f)

(g)

续图 11-8

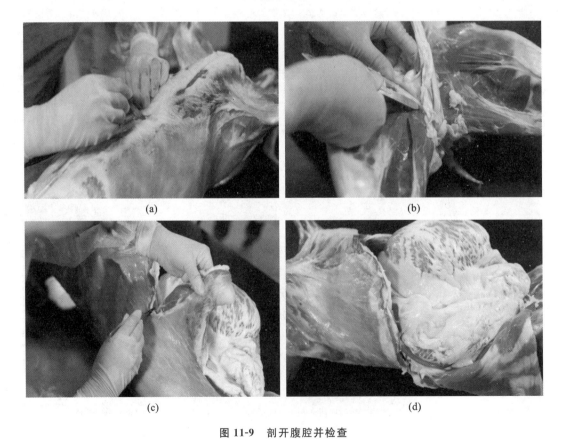

(a)

(b)

(c)

(d)

**图 11-9　剖开腹腔并检查**

（a）起于剑状软骨的切口；（b）耻骨前缘的切口；（c）沿左右肋骨至腰椎横突切开腹壁；

（d）暴露腹腔；（e）取出大网膜；（f）尸体倒向左侧

*Note*

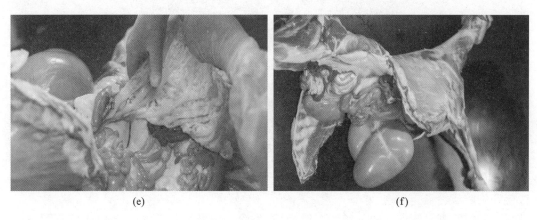

(e)                (f)

续图 11-9

### 4.取出腹腔器官

（1）小肠：找出回盲韧带并剪断，在距回盲口约 15 cm 处做双重结扎并剪断回肠。分离回肠、空肠，将肠管双重结扎后剪断，取出小肠。

（2）大肠：大肠单结扎后，剪断直肠，执握断端，分离周围连接的组织，取出大肠。

（3）肝：切断肝脏与周围组织的联系后，取出肝脏。

（4）十二指肠与胰腺：在幽门后端做双重结扎，剪断后将十二指肠与胰腺一并取出。

（5）脾和胃：找到食管，结扎后剪断，断开周围的连接组织，取出脾、胃。

（6）肾与肾上腺：分离肾周围的连接组织，剪断肾脏的输尿管和血管后，取出肾脏（图11-10）与肾上腺。

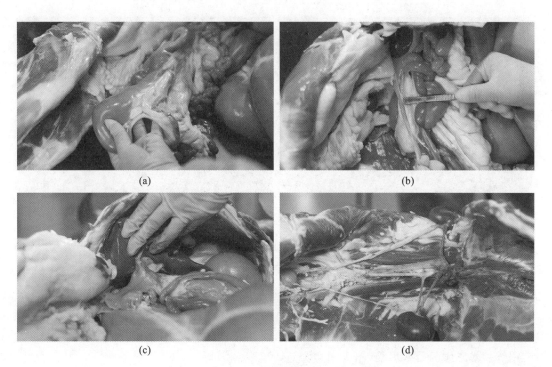

扫码看彩图

(a)                (b)

(c)                (d)

图 11-10　腹腔器官的取出

（a）找出回盲韧带并剪断；（b）回肠双重结扎；（c）剪断肝脏与周围组织的联系；

（d）检查肾动脉与肾静脉后剪断；（e）取出肾脏

*Note*

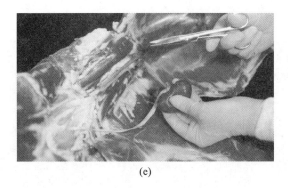

(e)

续图 11-10

**5. 剖开胸腔与检查**

（1）胸腔剖开：剥离胸壁外的软组织与肌肉，先去除右前肢。自后向前，切开肋间肌、肋软骨，牵拉扳压肋骨至背部后暴露胸腔（图 11-11）。

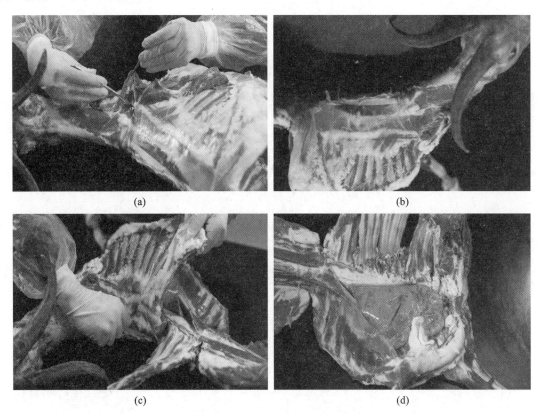

(a)　　　　　　　　　　　(b)

(c)　　　　　　　　　　　(d)

**图 11-11　打开胸腔**

（a）剥离胸壁外的软组织与肌肉；（b）去除右前肢；（c）切开肋间肌；（d）暴露胸腔

（2）取出胸腔器官：切断主动脉、腔静脉、纵隔等与心脏、肺之间的联系后，将心脏与肺一同取出（图 11-12）。

**6. 剖开颅腔与脑的检查**　首先在两眼眶上缘中点连线之间做第一锯线，再从外耳道经角根和眼眶中点做第二锯线，第二锯线向上方延伸与第一锯线相交，最后从枕骨大孔上外侧开始，斜向前外方做第三锯线。暴露颅腔后取出脑（图 11-13）。

**（三）兔的剖检术式**

对兔进行尸检时，一般不剥皮。兔的胃与肝紧贴，十二指肠呈"U"形位于腹腔背部，其后为空肠，回肠进入盲肠处膨大，称圆小囊，囊壁分布有大量的淋巴组织，成年兔的盲肠特别发达，几乎充满了右腹部，其后的肠道分别为结肠、直肠。兔尸体的剖检前，应明确性别、年龄、发病与死亡情况、已

图 11-12　取出心脏与肺

图 11-13　暴露颅腔后取出脑

采用的治疗措施等。

**1. 体表检查与消毒**　体表检查主要观察可视黏膜、外耳、鼻、皮肤与肛门等部位及相关变化。体表检查结束后，须对体表消毒处理后再进行下一步检查（图 11-14）。

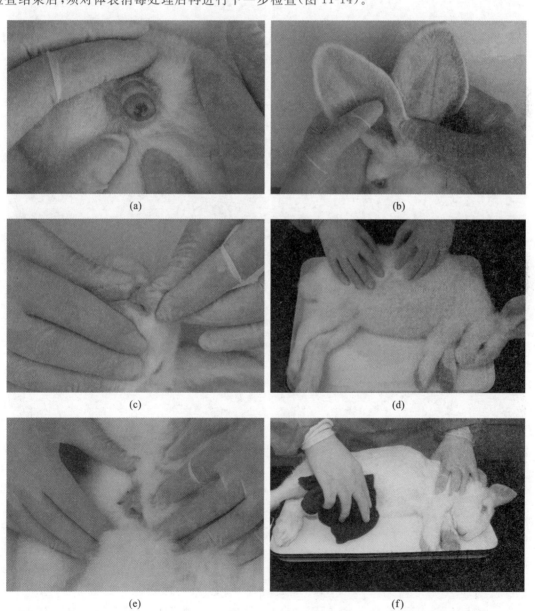

（a）

（b）

（c）

（d）

（e）

（f）

图 11-14　兔的体表检查与消毒

（a）可视黏膜检查；（b）外耳检查；（c）鼻检查；（d）皮肤检查；（e）肛门检查；（f）体表消毒

**2. 固定与剥皮** 切割四肢内侧组织,将四肢压倒在两侧,使躯体稳定。剖皮时,从下颌正中线开始切开皮肤,经颈部、胸部、沿腹白线向后切至尾根部(图 11-15)。

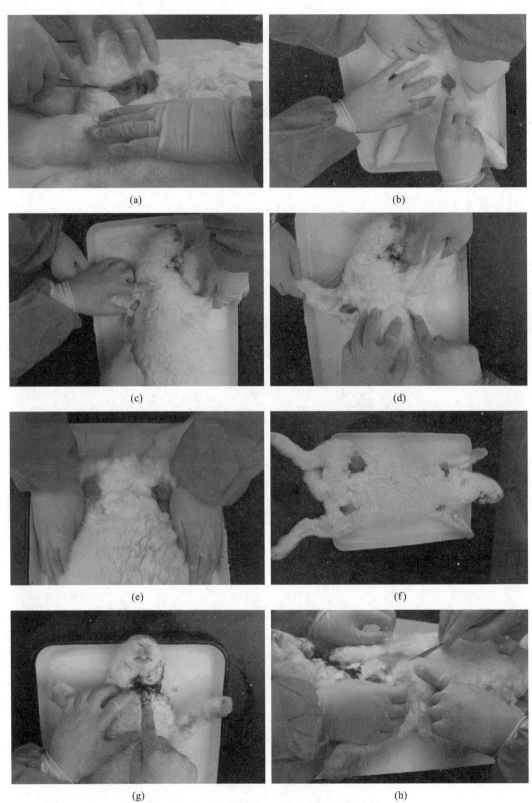

(a)　　　　　　　　　　　　　　　　　(b)

(c)　　　　　　　　　　　　　　　　　(d)

(e)　　　　　　　　　　　　　　　　　(f)

(g)　　　　　　　　　　　　　　　　　(h)

**图 11-15　固定与剥皮**

(a)切割右后肢内侧组织;(b)切割左后肢内侧组织;(c)切割右前肢内侧组织;(d)切割左前肢内侧组织;

(e)将两后肢向两侧压倒;(f)将四肢向两侧压倒;(g)(h)沿腹白线切开皮肤(经颈部、胸部)

四肢剖皮时,可从系部做一环状切线,然后在四肢内侧做与腹中线垂直的切线,细心剖皮,注意观察皮下组织、肌肉及淋巴结的病理变化(图 11-16)。

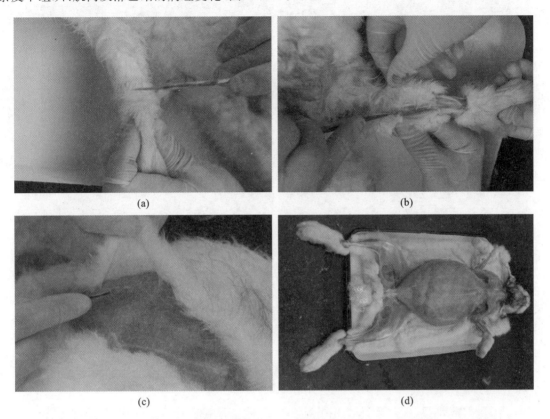

(a)          (b)

(c)          (d)

**图 11-16  兔剥皮与观察**
(a)从系部做一环状切线;(b)在四肢内侧做与腹中线垂直的切线;(c)注意观察皮下组织;(d)注意观察肌肉及淋巴结的病理变化

**3.腹腔剖开与器官的取出**  沿腹白线由前向后,从剑状软骨后方至耻骨联合处做一切线。然后沿左右两侧肋骨后缘至腰椎横突做第二、第三切线,将腹壁切成大小相等两个的斜形,暴露腹腔(图11-17)。

在左季肋部找出脾脏,切去与周围组织的连接后,取出脾脏。找出盲肠,剪断回盲韧带后将回肠做双重结扎,并剪断。分离空肠与回肠处的肠系膜,于空肠起始处做双重结扎后剪断,取出空肠、回肠。在骨盆腔中找出直肠后,挤压粪便向前方后做单结扎并剪断直肠,提起直肠断端,剪断与周围组织的联系,取出大肠。找出腹段食管,单结扎后并于结扎前端剪断,取出胃。分离肾周围组织,剪断与周围组织的联系后取出。分离肝周围的组织,找到并切断肝膈韧带将肝脏取出。在膀胱颈部进行单结扎,于结扎后端剪断,取出膀胱(图11-18)。

**4.胸腔剖开**  剥离胸壁肌肉,剪断两侧肋骨与肋软骨结合部,再剪断肋骨与膈及心包的联系,除去胸骨,暴露胸腔,分离气管与周围组织的联系,将气管、肺脏和心脏一同摘除(图11-19)。

**5.颅腔的剖开**  将兔尸体俯卧放置,在寰枕关节的位置做一横切线,再从头两侧各做一纵切线。从两侧眼眶后缘做一剪切线,由此线两端做两条平行的纵向剪切线,掀开颅顶骨可露出颅腔,观察后取出脑(图11-20)。

**(四)鸡的剖检术式**

与大动物相比,鸡的解剖结构差异明显,因此剖检技术也有显著差别。鸡无完整的膈组织,胸腹腔相通。鸡的消化系统中肌胃和嗉囊非常发达,有两条盲肠。肺较小,有气囊与之相通并嵌在肋间隙中。泌尿系统中缺少膀胱,肾脏分为前、中、后三叶,输尿管与泄殖腔直接相通。鸡的淋巴组织分散存在于组织器官中,缺少独立成型的淋巴结,但具有腔上囊(又称法氏囊),性成熟时腔上囊体积最大,之后逐渐萎缩、变小。

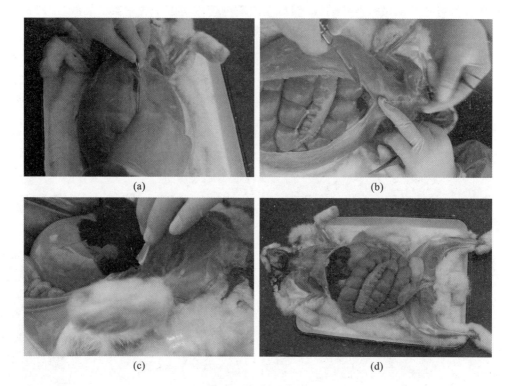

**图 11-17　剖开腹腔**

(a)(b)沿腹白线切开腹腔；(c)做第二、第三切线；(d)暴露腹腔

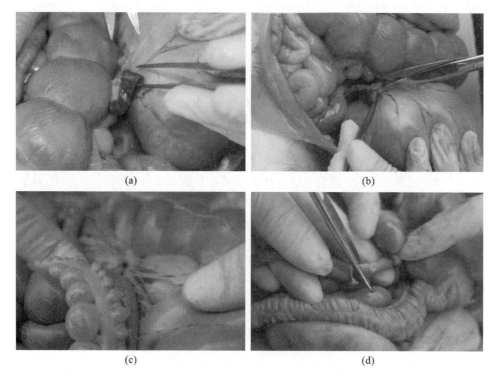

**图 11-18　兔腹腔器官的取出**

(a)在左季肋部找到脾脏；(b)切去脾脏与周围组织的连接；(c)找出盲肠与回盲韧带；(d)回肠双重结扎；

(e)于空肠起始处做双重结扎并剪断；(f)骨盆腔内找到直肠；(g)将粪便挤向前方后做单结扎，于结扎后端剪断；

(h)在横膈后方找出腹段的食管，于结扎前端剪断；(i)分离肾周围组织；(j)剪断肾动脉及输尿管；

(k)分离肝周围的组织；(l)找出肝隔韧带并切断；(m)在膀胱颈部处做单结扎

*Note*

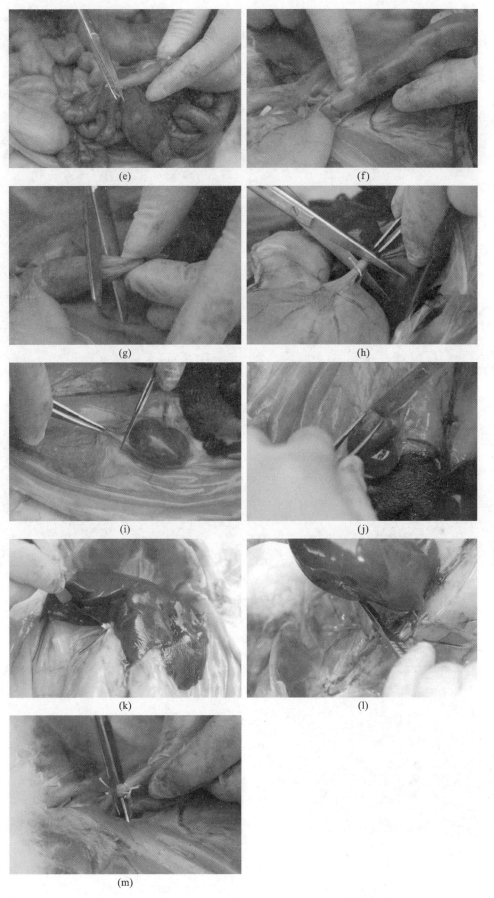

(e)

(f)

(g)

(h)

(i)

(j)

(k)

(l)

(m)

续图 11-18

*Note*

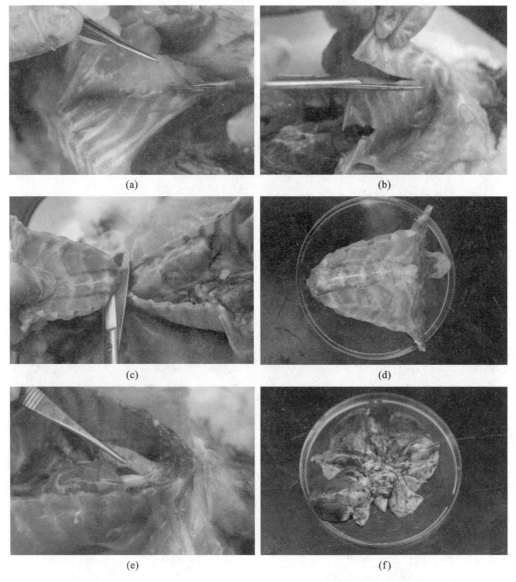

**图 11-19  打开胸腔与器官取出**

(a)剥离胸壁肌肉;(b)剪断两侧肋骨与肋软骨结合部;(c)剪断肋骨与膈及心包的联系;

(d)除去胸骨,暴露胸腔;(e)分离气管与周围组织的联系;(f)将气管、肺脏和心脏一同取出

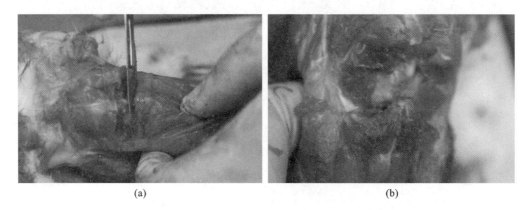

**图 11-20  打开颅腔与脑取出**

(a)在寰枕关节处做一横切线;(b)从头部两侧分别做一条纵切线;

(c)从两侧眼眶后缘做一剪切线;(d)掀开颅顶骨;(e)露出颅腔;(f)取出脑

*Note*

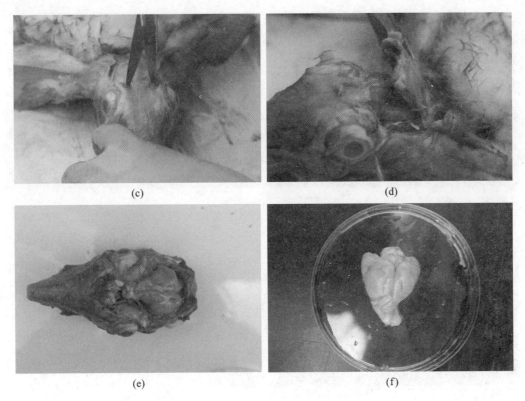

(c)　　　　　　　　　　　　　　　(d)
(e)　　　　　　　　　　　　　　　(f)
续图 11-20

**1.体表检查**　鸡的外部检查主要包括羽毛是否有脱落、粗乱现象；触摸胸骨两侧肌肉的多少和胸骨嵴生长状况，判断是否有营养不良等生长异常，有无寄生虫等；检查天然孔（口腔、鼻孔等）、泄殖腔及周围污染情况（分泌物、排泄物）等，检查营养状况（图 11-21）。

检查中，冠和肉髯的大小、颜色是重点，此外头部及体表皮肤是否有出血、结节等病变，骨和关节的粗细、肿大、骨折等现象也需留意（图 11-22）。

**2.拔毛与尸体的固定**　拔除颈部、胸部与腹部的羽毛，剪断髋关节处的皮肤、肌肉与结缔组织，压迫两后肢使髋关节脱臼，尸体呈仰卧位放置（图 11-23）。

**3.剥皮**　从下颌间隙开始沿颈部中线切开皮肤至泄殖腔，然后向两侧剥离。观察胸腺是否正常，皮下是否有出血、充血等现象（图 11-24）。

**4.打开体腔**　自胸骨后端起，纵行切开体腔至泄殖孔；在胸骨两侧的体壁上做纵形切口，剪开两侧体壁；剪断乌喙骨和锁骨后，用力扳拉龙骨嵴至上前方，剪断肝、心与胸骨之间的组织联系，暴露体腔（图 11-25）。

**5.器官取出**　依次取出心与心包、肝脏和脾脏、腺胃和肌胃、肠和胰、气管和肺、嗉囊等组织器官（图11-26）。

**6.口腔与呼吸道的检查**　剪开口腔和气管，对口腔、呼吸道进行检查，留意是否有充血、出血与水肿等病变（图 11-27）。

**7.脑部检查**　剪去头部羽毛，去除皮肤，将颅腔打开，暴露脑后，观察有无充血、出血与水肿等病变（图 11-28）。

**8.检查坐骨神经**　找出两侧坐骨神经后，观察两侧的坐骨神经的粗细与是否肿大等（图11-29）。

**（五）鱼的剖检术式**

**1.体表检查**　鱼类的体表检查，主要观察鳞片是否有脱落与竖鳞，背鳍与尾鳍是否存在溃烂与缺损，头部与吻部是否存在出血与充血等症状（图 11-30）。

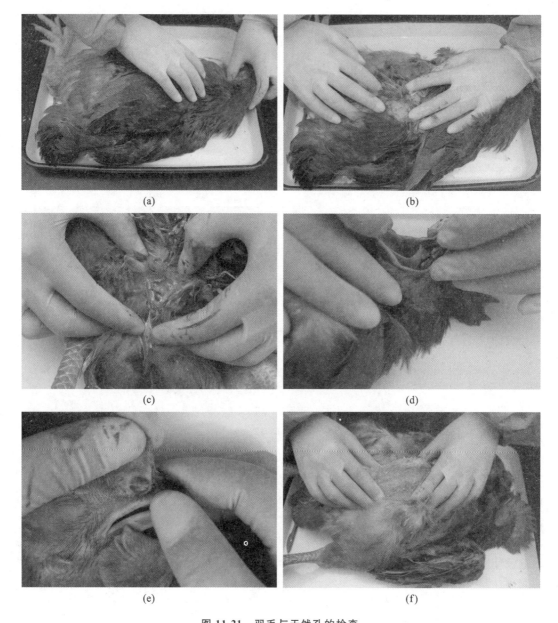

(a)　　　　　　　　　　　　　　　　　(b)

(c)　　　　　　　　　　　　　　　　　(d)

(e)　　　　　　　　　　　　　　　　　(f)

**图 11-21　羽毛与天然孔的检查**

（a）检查羽毛；（b）检查生长状况、有无寄生虫；（c）检查泄殖腔及周围污染情况；（d）口腔检查；（e）鼻孔检查；（f）检查营养状况

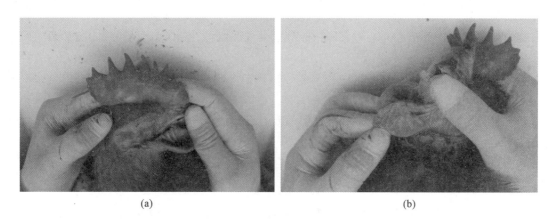

(a)　　　　　　　　　　　　　　　　　(b)

**图 11-22　冠、肉髯及关节的检查**

（a）检查冠；（b）检查肉髯的大小和颜色；（c）头颈部皮肤检查；（d）躯体皮肤检查；（e）腿部皮肤检查；（f）关节检查

Note

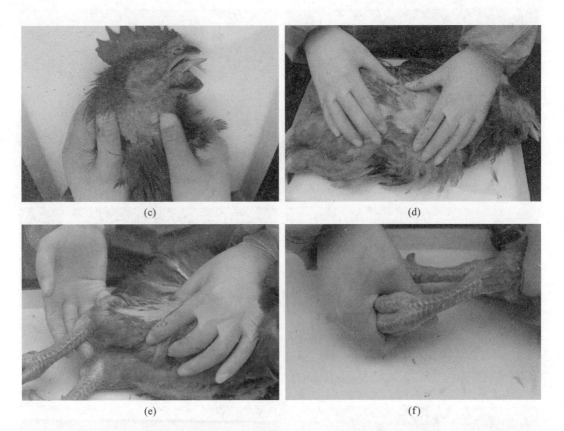

(c)

(d)

(e)

(f)

续图 11-22

扫码看彩图

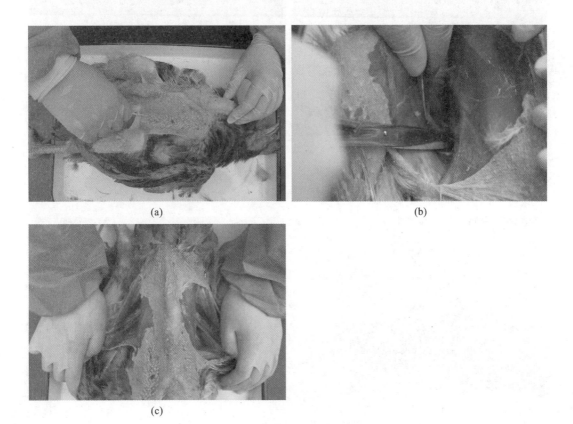

(a)

(b)

(c)

图 11-23　拔除羽毛与尸体固定

(a)拔除羽毛；(b)剪断髋关节处皮肤、肌肉与结缔组织；(c)将髋关节压至脱臼

*Note*

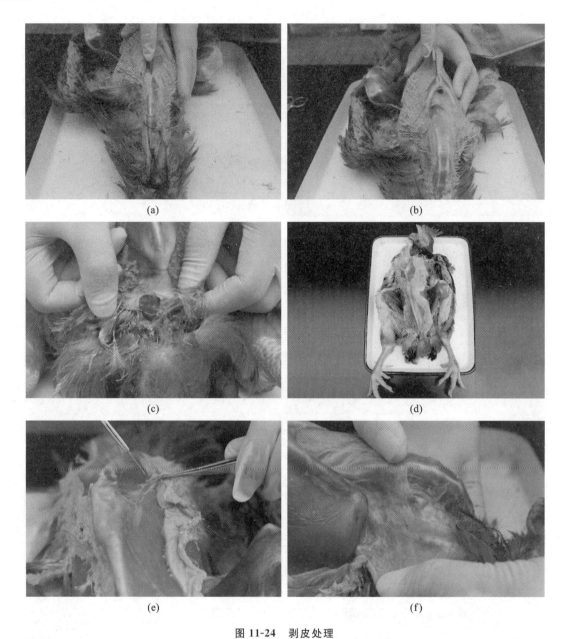

**图 11-24　剥皮处理**

(a)从下颌间隙切开；(b)(c)沿颈部中线切开；(d)切开皮肤；(e)剥离皮肤，观察皮下及肌肉；(f)胸腺观察

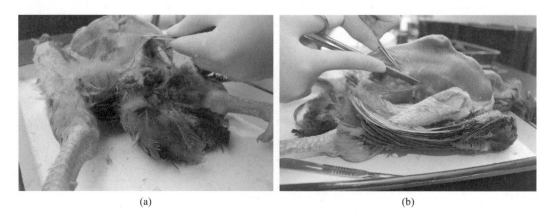

**图 11-25　打开体腔**

(a)纵形切开体腔；(b)在胸骨两侧的体壁上做纵形切口；(c)剪断乌喙骨和锁骨；

(d)用力扳拉龙骨嵴；(e)剪断肝、心与胸骨间的组织联系；(f)暴露体腔

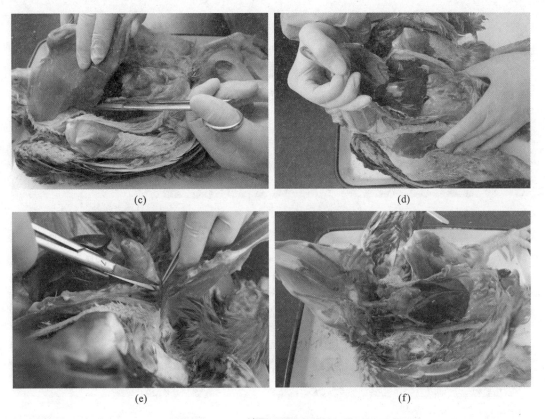

(c)

(d)

(e)

(f)

续图 11-25

扫码看彩图

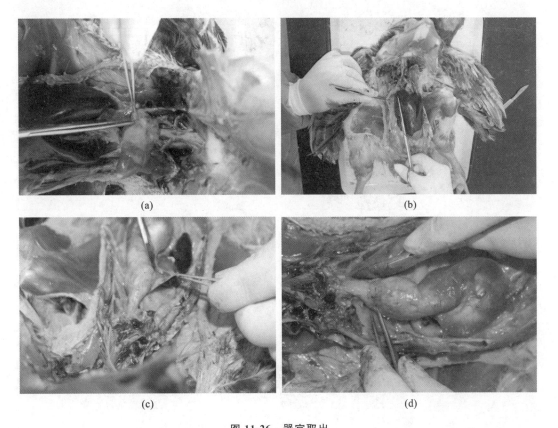

(a)

(b)

(c)

(d)

**图 11-26 器官取出**

(a)心与心包的取出;(b)肝脏的取出;(c)脾脏的取出;(d)腺胃和肌胃的取出;

(e)肠和胰的取出;(f)(g)气管和肺的取出;(h)嗉囊的取出

*Note*

扫码看彩图

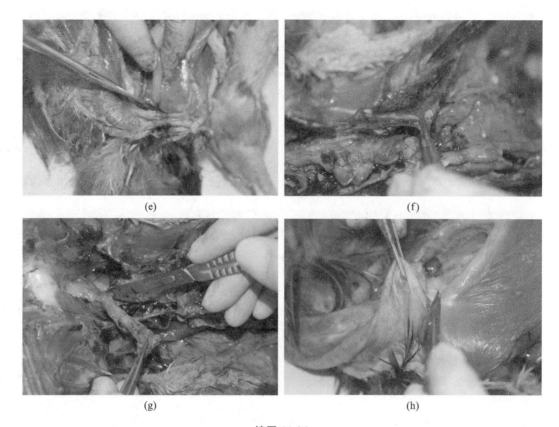

(e)　　　　　　　　　　　　(f)

(g)　　　　　　　　　　　　(h)

续图 11-26

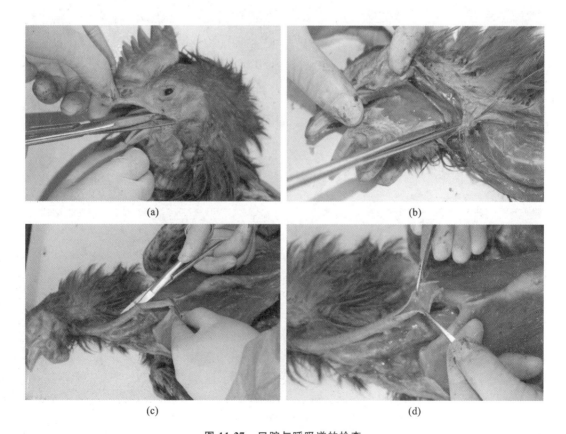

(a)　　　　　　　　　　　　(b)

(c)　　　　　　　　　　　　(d)

**图 11-27　口腔与呼吸道的检查**

(a)剪开口腔；(b)对口腔和喉部进行检查；(c)剪开气管；(d)检查呼吸道是否正常

Note

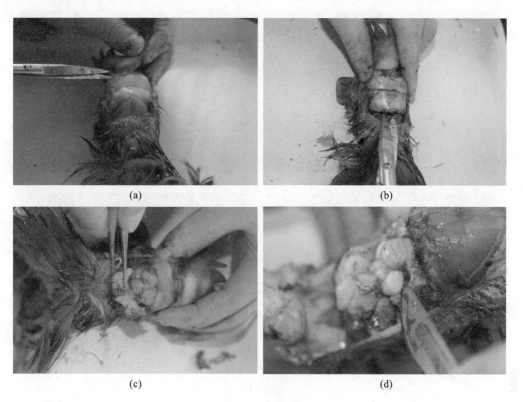

**图 11-28　脑部检查**

(a)剪去头部羽毛,去除皮肤;(b)打开颅腔;(c)暴露出脑;(d)取出脑后进行观察

**图 11-29　坐骨神经的观察**

(a)找出坐骨神经;(b)观察两侧的坐骨神经

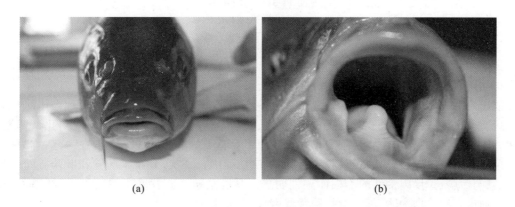

**图 11-30　鱼类体表检查**

(a)检查头部;(b)检查口腔;(c)检查喉部;(d)检查腹部;(e)检查鳍条;(f)检查鳞片

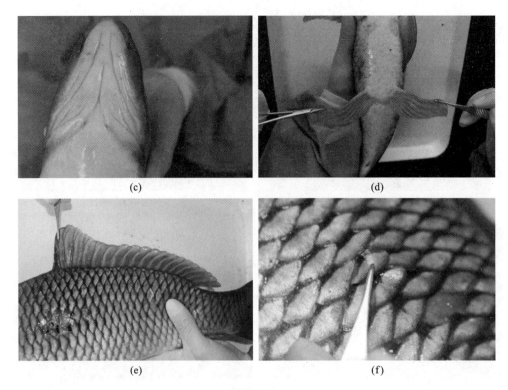

(c)

(d)

(e)

(f)

续图 11-30

**2. 鳃的观察** 鳃作为鱼类的呼吸器官,对鱼具有重要的生理作用,因其分布在体表,易受到寄生虫与水质污染等的影响,对鳃进行观察可以了解寄生虫的感染情况,鳃组织的颜色也可反映出机体是否存在贫血、缺氧等现象(图 11-31)。

扫码看彩图

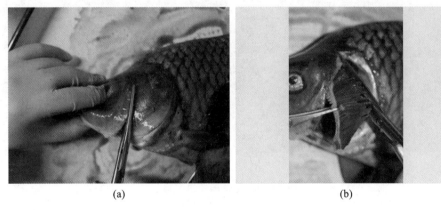

(a)

(b)

图 11-31 鳃的观察

(a)剪鳃盖;(b)暴露鳃丝

**3. 剖开腹腔** 将鱼置于解剖盘,腹部向上,在肛门前 1 cm 处用剪刀剪一小口(避开肛门与肠道);使鱼向左上侧卧,自开口处斜向前方剪开,切口呈梯形或半椭圆形,揭起左侧体壁肌肉,分离内脏器官与体壁间的组织联系,暴露腹腔(图 11-32)。

**4. 取出腹腔器官** 在繁殖季节,性成熟的鲤鱼性腺占据了腹腔的大部分体积,雄体的精巢呈乳白色、扁长囊状;雌体的性腺呈淡橙黄色,卵巢呈长囊状,卵粒明显。鳔位于胸腹腔消化道背侧,呈白色囊状。胆囊呈暗绿色,埋在肝胰脏间。大多数鲤形目鱼类的肝和胰大多混合在一起,称为肝胰脏,呈暗红色,弥散分布于肠管间的肠系膜上。脾脏红色,呈细长带状,分布于肠管和肝胰脏间。肠分为前肠、中肠与后肠,长度因食性的不同而差别明显。肾脏紧贴腹腔背壁中线两侧,呈红褐色;两侧肾最宽处各通出一细管即为输尿管,沿腹腔背壁后行,在末端合入膀胱。

以雄性鱼为例,首先进行精巢分离,找出暗绿色的胆囊并对其进行分离,取出肝胰脏,依次分离肠道、鳔、肾脏、输尿管及膀胱(图 11-33)。

Note

扫码看彩图

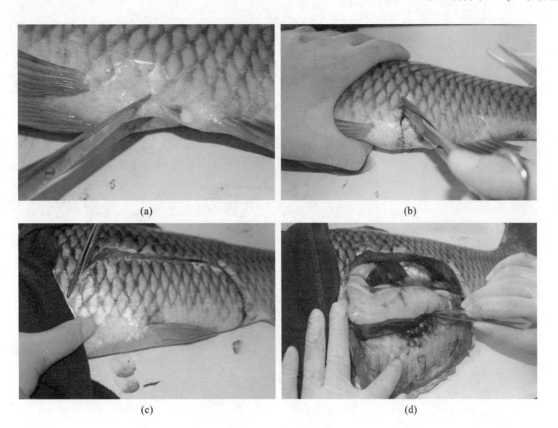

**图 11-32 剖开腹腔**

(a)在肛门前 1 cm 处剪一小口,避开肛门与肠道;(b)自开口处斜向前方剪开;(c)半椭圆形切口;(d)暴露腹腔

扫码看彩图

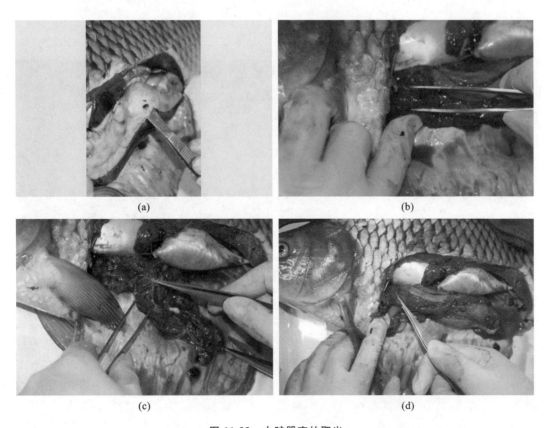

**图 11-33 内脏器官的取出**

(a)分离精巢;(b)找出胆囊;(c)分离胆囊与周围的组织联系;(d)取出肝胰脏;

(e)分离肠道;(f)分离鳔;(g)分离肾脏;(h)分离输尿管与膀胱

*Note*

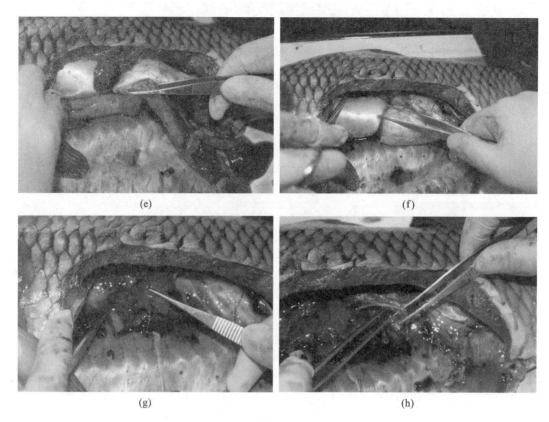

(e)　　　　　　　　　　　　　　　　　　(f)

(g)　　　　　　　　　　　　　　　　　　(h)

续图 11-33

**5.脑的观察**　从眼框后缘沿体长轴方向剪开头部骨骼,暴露大脑,用棉球吸去血液与组织液后观察(图 11-34)。

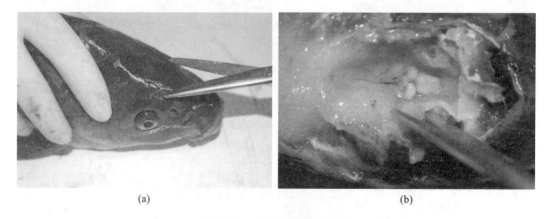

(a)　　　　　　　　　　　　　　　　　　(b)

图 11-34　鱼脑的暴露与观察

(a)剪开头部骨骼;(b)暴露大脑

### (六)组织器官检查技术

**1.胃与肠道的检查**　主要检查外观情况,浆膜、黏膜及腔壁是否存在充血、出血、粘连、穿孔等病理变化,胃与肠道内容物的颜色与性状也是重要的检查内容(图 11-35)。

**2.肝、胆与脾脏的检查**　检查肝脏时,需要对肝脏进行称重,观察被膜色泽及肝的大小,留意肝表面是否存在出血、结节等病理变化,切开肝脏后注意观察小叶结构是否清晰,切面颜色与质地等。胆囊的检查主要看大小、色泽与胆汁的充盈情况,打开胆囊后看是否存在出血及结石等现象。检查脾脏时主要检查被膜色泽与紧张情况,观察是否存在出血与梗死等现象(图 11-36)。

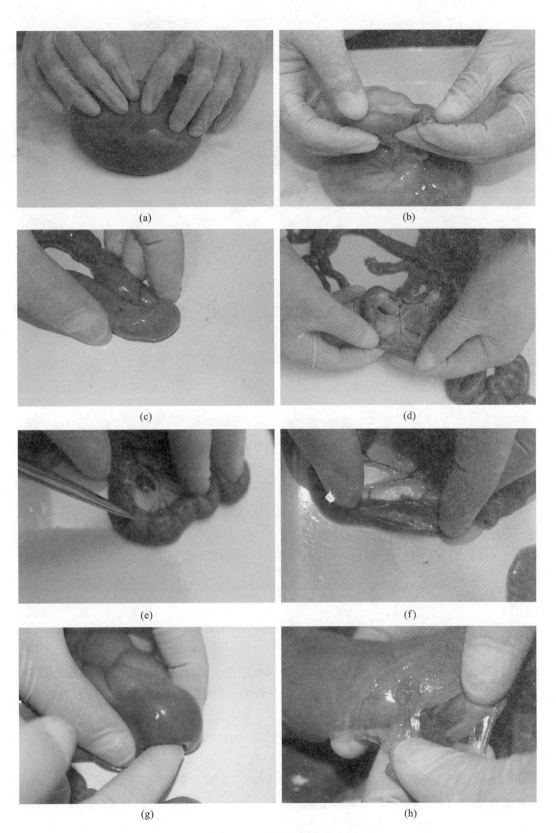

**图 11-35 胃与肠道的检查**

(a)胃外观及软硬度的检查;(b)检查浆膜;(c)肠段鼓气情况检查;(d)肠段浆膜与系膜的检查;(e)剪开小肠肠腔;

(f)小肠黏膜与内容物检查;(g)大肠肠段检查;(h)大肠浆膜与系膜的检查

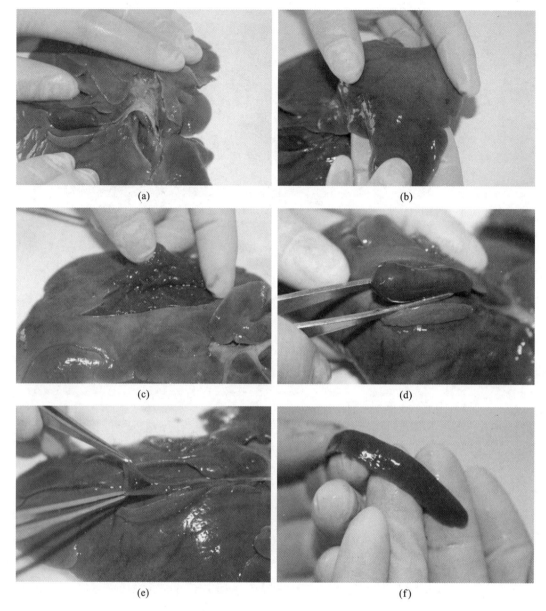

**图 11-36　肝、胆与脾脏的检查**

(a)肝门检查;(b)肝表面与质地检查;(c)切面检查;(d)胆囊检查;(e)胆汁检查;(f)脾脏外观检查

**3.肾脏的检查**　主要检查肾的大小、形态色泽与被膜紧张情况等,纵切后观察被膜的剥离情况,及肾表面是否有出血、梗死等病理变化,留意切面的色泽、结构是否正常,肾盂及内容物的检查也是重要的内容之一(图 11-37)。

**4.肺与心脏的检查**　将肺脏背面向上放置于解剖盘中,观察大小与形态、颜色与质地等,留意肺表面是否存在病灶或有明显渗出。剪开气管后,检查黏膜,并观察其中分泌物正常情况。心脏的检查内容主要为表面的外观与心肌变化,重点观察二尖瓣、三尖瓣与心腔壁上的病理变化(图 11-38)。

**5.脑的检查**　主要观察外观,如脑沟与脑回状态,检查是否存在明显的充血、水肿等现象。将脑组织切开后,观察切面颜色与结构情况(图 11-39)。

**七、尸体剖检记录**

　　动物尸体剖检记录是最终剖检报告的主要内容之一,是后期进行疾病分析、研究的重要基础。尸体剖检记录要尽量完整、客观,要如实地反应病理变化,内容详实且重点突出。记录时要做到用词

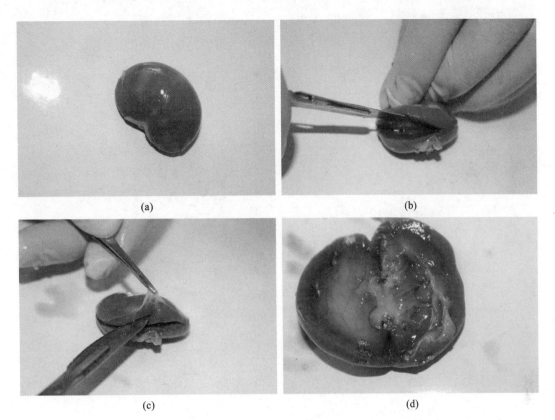

**图 11-37 肾脏的检查**

(a)肾脏外观检查；(b)肾脏纵切；(c)被膜剥离；(d)肾脏切面与肾盂的检查

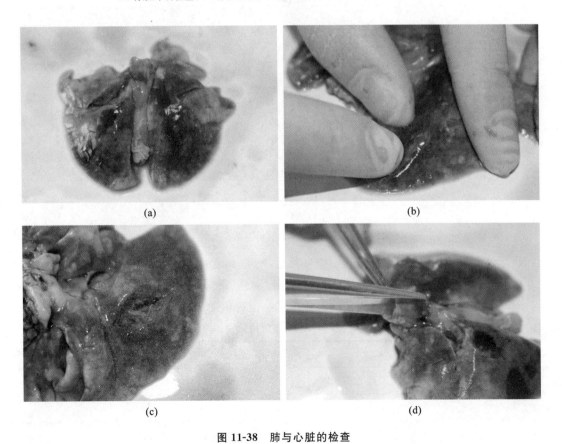

**图 11-38 肺与心脏的检查**

(a)肺背面朝上；(b)肺外观检查；(c)肺切面检查；(d)气管及内容物检查；

(e)心脏外观检查；(f)心脏冠状沟检查；(g)剪开心房与心室；(h)三尖瓣结构观察

*Note*

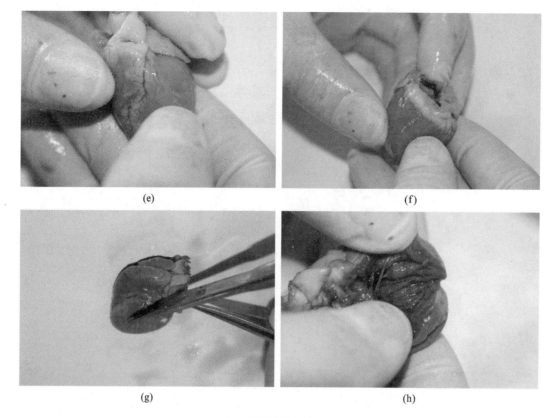

(e)                                        (f)

(g)                                        (h)

续图 11-38

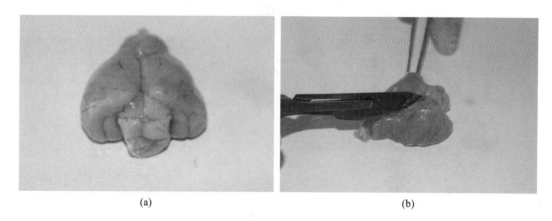

(a)                                        (b)

**图 11-39　脑的检查**

(a)脑膜与脑底检查；(b)切开脑组织

　　准确，对解剖过程中未发现的病变，不能盲目记录为"无变化""正常"等，可记录为"无肉眼可见变化"等。器官的大小、重量等要有最终的记录数据，颜色、质地、结构应记录详细，并有照片编号对应。制作相应的剖检记录表格对后期结构的梳理总结很有帮助(表 11-1)。

**表 11-1　尸体剖检记录**

| 表格编号 | | | | 委托人 | | | |
| --- | --- | --- | --- | --- | --- | --- | --- |
| 动物类别 | | 性别 | | 年龄 | | 重量 | |
| 剖检地点 | | 剖检时间 | | 剖检人 | | | |
| 死亡日期 | | | | | | 年　月　日 | |

续表

| | |
|---|---|
| 体表检查 | |
| 肌肉与皮下检查 | |
| 腹腔及器官检查 | |
| 胸腔及器官检查 | |
| 骨盆腔检查 | |
| 颅腔及器官检查 | |
| 其他 | |
| 最后诊断 | |

# 任务二　病理材料的采集和送检

为了准确地做出病理诊断,在剖检的过程中大多需要采集病理材料(简称病料)送实验室做更详细的检查。在病料采集、保存与送检过程中应严格按照流程与要求开展。

## 一、病料的采集

实验室内对采集的病料主要通过组织病理与超微病理的手段进行观察,以准确地做出病理诊断。许多重大的疾病往往具有独特的病理变化,病理学观察可进行明确的诊断。对一些难以诊断的疑难病,组织病理与超微病理观察亦可帮助梳理诊断思路。剖检时,所采集病料的状况决定了后期病理诊断结果的可靠性,因此在采集时需要考虑以下几点。

### (一)采集新鲜的病理材料

采集新鲜的病理材料能准确地反映机体组织的损伤情况与疾病发展过程,而腐败变质的病料会对病理诊断造成干扰;此外,剖检器械需严格消毒,避免采样操作时腐败菌等对组织造成损坏。

### (二)病理样本需兼顾代表性和全面性

根据后期观察研究的方向,选取所采集的样品。一般情况下,肝、脾、肾、淋巴结、脑、脊髓等重要的内脏与组织是病理诊断的主要对象,若需要了解疾病的发展过程,则可重点采集病灶与正常组织间的部位;若需要了解疾病导致的病理损伤,那么病灶中心是必不可少的采集点。对临床特征不明显的疾病,尽量保证取样的完整性和全面性,如泌尿系统应包含肾皮质、肾髓质、肾盂及膀胱等;消化管道应包含胃、肠及对应的黏膜到浆膜的组织。

### (三)排除人为因素与环境因素的干扰

需要进行细菌学诊断的样品要避免选择经抗生素治疗过的个体。切取组织块时,在使用锋利刀

209

具的同时避免来回拉锯式切割,保证组织样品切面整齐、洁净,减少因采样操作而出现的挤压和损伤。

### (四)采样的安全性

面对疑似人兽共患病时,应穿戴手套与口罩等,严格做好防护与消毒处理,防止病原感染与扩散。在面对炭疽等烈性传染病时,禁止剖检取样。

在尸体剖检时,为了进一步做出确切诊断,往往需要采集病料送实验室做进一步检查。送检时,应严格按病料的采集、保存和寄送方法进行。

## 二、病料的保存

组织学病理样品要求组织厚度一般不超过 1 cm,以 5 mm 为宜,使用 10% 的中性福尔马林溶液固定。固定液体积应为组织体积的 10 倍以上,血液或组织液丰富的组织应在固定后的 12 h 内更换固定液,防止因液体渗出导致的固定液浓度降低,尤其需要注意的是肺组织需淹没在组织液中,防止因漂浮而出现的固定不良。超微病理学样品对组织要求极高,要求组织块厚度不超过 1 mm,并快速放入 4 ℃ 预冷的戊二醛(电镜专用)中。

病料保存方法依据病料用途和病原特性选择。一般需冷藏保存。做病理检查的材料,应将病料分别装在小口瓶或青霉素瓶内,加 50% 甘油生理盐水,如做病毒分离还应加一定量的青霉素、链霉素。如做细菌检验,则不能加"双抗",而且病料保存时间不宜过长,应尽快密封送检。

对于病理组织切片的病料,要求组织块厚度 5 mm,面积 1.5~3 cm²,组织块放在 10% 的福尔马林溶液或 95% 无水乙醇中,保存液的量应为病料体积的 8~10 倍。

供细菌或病毒学检查的血液应加抗凝剂,以防凝固,但不可加防腐剂。常用的抗凝剂为 5% 枸橼酸钠溶液,按 1 mL 抗凝剂加 10 mL 血液摇匀即可。

## 三、病料的寄送

固定完成组织,可用固定液浸湿的脱脂棉、纱布包裹,或置于装满固定液的离心管或样品瓶内寄送。寄送前应对病理材料进行编号和说明,并对特殊器官进行标注,以便检验单位参考。超微电镜样品一定要在低温的环境下寄送,防止高温环境下固定组织的细胞或细胞间质发生变化。

送检的病料都应注明所采家畜的品种、年龄、发病情况、流行病学特点、采集时间、采集地点、畜主、送检目的、病料名称、保存液等细资料。

## 四、几种主要传染病病理材料的采集方法

**1. 口蹄疫** 无菌采集新鲜、成熟、未破裂、无污染溃烂的水疱皮或水疱液。水疱皮可保存在 50% 甘油生理盐水中,以供反向间接血凝试验及动物试验。

**2. 猪瘟** 采死猪的整个脾、肾、淋巴结及有病变的消化道,分别装在容器中供病理检查,酶标试验,分离、培养及动物接种,如需检查抗体,则采血清。

**3. 猪丹毒** 采死猪的脾、肾、淋巴结或有疹块的皮肤保存在 30% 甘油生理盐水中,做细菌学检查,也可采未破溃的淋巴结或病猪耳静脉全血送检。

**4. 破伤风** 从疑似细菌侵入的创伤深处吸取伤口中的血液、脓汁或挖取局部深处的坏死组织送检。

**5. 伪狂犬病** 小家畜可送全尸、完整的头部、整个大脑或大脑的一部分小脑。如做病理组织检查则用福尔马林溶液保存,做病原检查则保存在 50% 的甘油生理盐水中。

**6. 猪肺疫** 采血液或局部病变的渗出液装在消毒试管或青霉素瓶内送检,也可直接做血片或淋巴沫片,做细菌检查。剖检时采病变的淋巴结、脾、肝或小块肺。

**7. 猪霉形体肺炎(喘气病)** 采整个肺脏或病变部分及肺门淋巴结放在灭菌口瓶内加甘油生理盐水保存送检。也可采集血清做反向间接血凝试验。

**8. 结核病** 采患畜气管黏液、痰液。怀疑乳房结核时采集乳汁,怀疑肠结核时,可由直肠采集粪便。采样后盛无菌容器中送检。病死畜或屠后的患畜,可采集病变的肺、淋巴结、脑膜、肠管、脓汁等。

## 任务三 石蜡病理切片制作

石蜡切片技术是组织学、胚胎学、病理学等学科最基本的研究方法。制备步骤:从动物体取下小块组织,经固定、脱水、透明、浸蜡、包埋和切片等处理,把要观察的组织或器官切成薄片,再经不同的染色方法,以显示组织的不同成分和细胞的形态。石蜡切片既易于观察、鉴别,又便于保存,所以该技术是教学和科研常用的方法。

### 一、取材与固定

选择健康动物,放血或用其他方法致死,取出所需部位材料,取材的大小一般为 0.5 cm× 0.5 cm× 0.2 cm、1 cm×1 cm×0.3 cm 或 1.5 cm ×1.5 cm×(0.3~0.5)cm,最厚不能超过 0.5 cm。柔软组织不易切成小块的,可先取较大的组织块,固定数小时后再分割成小块组织继续固定。取材时要注意保持器官的完整性。小器官如淋巴结、肾上腺、脑垂体等要整体固定。

固定的目的在于借助固定液中化学成分,使组织、细胞内的蛋白质、脂肪、糖和酶等各种成分沉淀或凝固而保存下来,使其保持生活状态时的形态结构。固定液的种类很多,有单一固定液和混合固定液之分。实验室常用的单一固定液是 5% 或 10% 福尔马林固定液(即市售甲醛 5 mL 或 10 mL,加蒸馏水 95 mL 或 90 mL);混合固定液是波恩氏(Bouin's)固定液等。此外,无水乙醇、重铬酸钾也是制作切片时常用的固定药品。固定时,固定液的体积为材料体积的 10~15 倍,固定时间根据材料种类和大小而定,一般为 12~24 h。

### 二、修组织块与冲洗

生鲜组织柔软,不易切成规整的块状。组织固定后因蛋白质凝固产生一定硬度,可用单面刀片把组织块修整成所需要的大小。

冲洗的目的在于把组织内的固定液除去,否则残留的固定液会妨碍染色,或产生沉淀,影响观察。甲醛固定的材料,常用自来水冲洗,若同时冲洗多种组织块,则可分别包于纱布内,但需标记清楚,以免混淆。冲洗时间与固定时间相同。波恩氏固定液固定的材料,用 70% 乙醇浸洗。乙醇中加入几滴氨水或碳酸锂饱和水溶液,可除去苦味酸的黄色。

### 三、脱水与透明

#### (一)脱水

脱水的目的在于用脱水剂(常用乙醇)完全除去组织内的水分。一般的材料常从 70% 乙醇开始脱水,经 80%、95% 至无水乙醇逐级更换,最后完全把组织中的水分置换出来。脱水必须在有盖瓶内进行,高浓度乙醇很容易吸收空气中的水分,应定期更换。每级乙醇脱水时间根据组织类型和组织块大小决定,一般为 1~3 h,尤其是无水乙醇能使组织变脆,应控制在 2 h 左右(即经两次无水乙醇,每次各 1 h)。

#### (二)透明

组织块脱水后,须用既可与乙醇相溶又可与石蜡相溶的透明剂(如二甲苯、苯)透明,使组织中的乙醇被透明剂所替代,才能浸蜡包埋。

脱水和透明的一般步骤如下:

70% 乙醇(45 min~1 h)→ 80% 乙醇(45 min~1 h)→95% 乙醇(45 min~1 h)→95% 乙醇(45 min~1 h)→无水乙醇(45 min~1 h)→无水乙醇(45 min~1 h)→1∶1 无水乙醇和二甲苯(30~45 min)→二甲苯(30~45 min)→二甲苯(45 min~1 h)→浸蜡

### 四、浸蜡与包埋

#### (一)浸蜡

浸蜡的目的在于除去组织中的二甲苯而代之以石蜡。石蜡作为一种支持剂浸入组织内部,凝固后使组织变硬,便于切成薄片。

浸蜡需在温箱内进行,先将石蜡(熔点54~56 ℃)放入60 ℃温箱内熔化,再把透明好的组织块投入熔化的蜡中,经3~5次更换石蜡,每次30~45 min,总浸蜡时间为2~3 h,即可完全置换出组织内的二甲苯。浸蜡前可在石蜡、二甲苯等量混合液内处理40 min左右。注意浸蜡时间不宜过长,否则会使组织变脆,难以切成薄片。

浸蜡一般过程:1∶1二甲苯和石蜡(30~45 min)→石蜡(30~45 min)→石蜡(30 min)→包埋。

#### (二)包埋

包埋是把浸好蜡的组织块转入包埋的石蜡中,使其冷却凝固形成包有组织的蜡块。包埋前准备:包埋用石蜡(其温度应比浸蜡用的石蜡温度稍高,冬季尤应如此)、数个包埋器、小镊子、一盆冷水(夏季可放入冰块)、无水乙醇灯和火机等。

方法:先从温箱取出包埋用石蜡,倒入包埋器中(勿外溢),再用温热镊子把浸好蜡的组织块迅速移入包埋器蜡中(切忌组织块暴露于空气中时间过长,否则组织块表面的蜡凝固会影响切片),用镊子调整好切面以及组织块间的距离,最后向蜡面吹气,待蜡面形成一层薄膜时,将包埋器迅速浸入水中(或先将包埋器平移至水面再吹气亦可),完全凝固后取出待用。

### 五、修蜡块和切片

以组织块为中心,用单面刀片修整蜡块为正方体或长方体,组织块周围应留2 mm左右石蜡,蜡块相对的两个边必须平行,否则不能切片成规整的蜡带。

石蜡切片常用的是手摇切片机,把修整齐的蜡块先固着于木块上,或直接固定在金属台座上,再把磨好的切片刀固定于刀架上,切片刀与蜡块切面间的倾角以4°~6°为宜,角度太小或太大均不能切成薄片。最后调整刻度到要求的厚度,一般组织器官切片厚度为6~8 $\mu$m。松开转轮固定器,移动刀架,使刀口接近蜡块,即可进行连续切片。转动速度要均匀,为40~50次/分。

### 六、展片、贴片与烤片

把从切片机上取下的蜡带,用单面刀片在两蜡片间分开,在涂有甘油蛋白的载玻片上,滴加1~2滴蒸馏水,用昆虫针、大头针或小镊子提取蜡片,光面(与刀接触面)朝下,置于载玻片的水面上,然后在无水乙醇灯上稍加热(或放在展片台上加热,或把蜡片直接置于40 ℃水中展片),待蜡片的皱褶完全展平时(勿使蜡片溶解),倾斜载玻片除去多余的水分(或用载玻片捞取水中蜡片),放入烘箱内烘干待用。烤片时间根据烘烤温度而定,40 ℃左右需烤12 h以上,55~60 ℃烤0.5~1 h,70 ℃左右烤3~5 min即可。

### 七、染色

先把染料配成水溶液或醇溶液,然后把烘干经脱蜡后的切片浸于其中。其目的在于使组织或细胞的不同结构着色各异,产生明显的对比度,便于在光学显微镜下进行观察。教学和科研最常用的染色方法之一是苏木精-伊红(HE)染色法,简单介绍如下。

烘干的切片在二甲苯中溶蜡,在各级浓度乙醇中逐步获水,方可染色。

方法:切片经二甲苯Ⅰ、Ⅱ各10 min脱蜡→无水乙醇Ⅰ、Ⅱ,95%、80%、70%乙醇各1~2 min→蒸馏水2 min→苏木精液染10~20 min(染5~10 min后可取样镜检,胞核着蓝色,清晰可见即可)→自来水2 min→蒸馏水2 min→70%盐酸乙醇液分化30~60 s→自来水蓝化20 min→置于70%、80%乙醇中逐级脱水各1~2 min→0.5%乙醇伊红染液染1~2 min→95%乙醇Ⅰ、Ⅱ,无水乙醇Ⅰ、Ⅱ各1~2 min→二甲苯Ⅰ、Ⅱ各2 min。

## 八、封片

从上述二甲苯Ⅱ中逐个取出载玻片，分辨出正面(有组织一面)和底面，用纱布迅速擦去组织切片周围和底面的二甲苯，然后向组织切片上滴加1～2滴树胶(封片剂)。用镊子夹取一干净盖玻片，倾斜地盖在树胶上即可(注意防止气泡侵入组织内)。然后平放于木盒内，烘干或自然干燥均可。

(任思宇)

**知识链接与拓展**

### 切片制作注意事项

一张 HE 染色片的优质与否，绝非仅与染色有关，它受很多方面的影响。就"染色"而言，其染色剂的质量或染色着色力，以及分化程度等均为重要条件，忽视任意条件，皆达不到预期效果。

制作一张优质的 HE 染色切片，首先应重视"固定"这一环节。能否及时固定、固定是否完全，直接影响染色切片的优劣。固定充足及时，组织、细胞便能尽量保持生活时的状况；相反，组织自溶，则会影响制片。

其次，应注意脱水。组织脱水方法较多，一般均以无水乙醇脱水。无水乙醇脱水应注意两个方面：其一是无水乙醇需保持所要求的浓度；其二是掌握脱水时间，须视组织块大小而定，例如尸检材料、外检材料及动物实验材料脱水时间各不相同。外检材料脱水，无水乙醇每步约需 1 h，纯无水乙醇约需 30 min；动物实验材料则需时稍短，无水乙醇每步需 45～60 min，纯无水乙醇需 20～30 min；尸检材料脱水时间则要大大延长，无水乙醇每步需 3～24 h，纯无水乙醇亦需 2 h 左右。另外，使用的脱水剂要纯，以保证透明、浸蜡的顺利进行。

组织浸蜡要掌握以下两点：一是适当的蜡温，最好能使热源自上而下将蜡加热溶解，使组织块在蜡液中处于凝固层的表面上(相当于蜡的熔点)，包埋用蜡亦切忌过热。二要注意浸蜡时间，应视组织块的大小、厚薄而定。组织块在 3 cm×2 cm×0.2 cm 以上者，浸蜡不得低于 3 h(指尸检材料)，一般外检材料浸蜡，不可低于 1 h。

切片是很重要的一步，优质量切片的要求是组织片较薄、平坦、整齐，所谓制片欠佳，不外乎刀太厚、皱褶、横裂、折叠、切片不全、破碎、组织松散、组织片太厚，或组织片呈波浪状、薄厚不匀等。这些都属于制片过程中发生的问题。解决上述各细节问题的方法，由于涉及固定切片等，这里不再详述，请参阅有关专业书。此外，还有以下问题必须注意。

(1)脱蜡用二甲苯液应经常过滤，且应定期更换新液。

(2)苏木精染液使用一段时间后表面易出现亮晶状漂浮物，这可能是液体表面的过氧化物，必须勤过滤，否则沾于组织上的异物不易去掉。

(3)还原液不宜过浓，若碱性强，易使组织脱落，故以淡为宜。

(4)苏木精染液一般染过三四百片后，着色力即减弱，着色不鲜艳。呈灰蓝色时，应更换新液。

(5)"分化"十分重要，分化不够清晰则着色不佳而呈现黑蓝色，细胞呈淡白色。若不清晰需再次分化，一旦复染，组织即呈紫蓝色。

(6)苏木精染后一定要将组织四周的蛋清遗痕擦掉，否则组织片明显污秽，影响表现。

(7)透明亦很重要，透明欠佳，组织表面似有一层薄雾样膜。若呈这一现象，应更换纯无水乙醇脱水，再次透明。在潮湿季节更应注意纯无水乙醇浓度。

(8)伊红宜淡染，复染过深，则胞核不清晰，影响镜检。

(9)其他：如封固剂要适量，盖片要放正，标签四角要贴牢，号码要清楚等。

扫码看答案

执考真题

1.(2017年)HE染色切片中,痛风结节呈(　　)。

A.灰白色　　　B.蓝色　　　C.黄色　　　D.棕色　　　E.粉红色

2.(2021年)根据《病死及病害动物无害化处理技术规范》,不得采用深埋法进行无害化处理的是(　　)。

A.牛瘟病死动物　　　　　B.炭疽病死动物　　　　　C.猪瘟病死动物

D.非洲猪瘟病死动物　　　E.牛恶性卡他热病死动物

3.(2016年)在普鲁士蓝染色的组织切片中,含铁血黄素颗粒呈(　　)。

A.黄色　　　B.红色　　　C.蓝色　　　D.绿色　　　E.紫色

扫码看答案

自测训练

1.尸体剖检在野外进行时,埋尸坑的深度为(　　)。

A.0.5 m　　　　　B.1.0 m　　　　　C.1.5 m　　　　　D.2.0 m

2.动物死后尸体的变化不包括(　　)。

A.尸僵　　　　　B.淤血　　　　　C.尸冷　　　　　D.尸体腐败

3.可作为尸斑和淤血鉴别依据的是(　　)。

A.色泽暗红　　　　　　　　　B.血液淤积在尸体下部

C.溶血　　　　　　　　　　　D.指压褪色

*Note*

# 模块二
# 实训指导

# 实训一　淋巴结的屏障功能观察

## 实训目的

通过本实训证明机体的内屏障功能具有防止疾病发生的作用。

## 实训方法

皮肤、黏膜是机体阻止微生物和病理性因素侵入机体的外部自然屏障。单核吞噬细胞系统，特别是淋巴结具有内屏障功能。如果病原体穿过皮肤、黏膜进入淋巴管，就可能被淋巴结的网状内皮细胞吞噬而阻留。

## 实训内容

(1)在家兔或大鼠足部皮下注入 1% 台盼蓝溶液(兔为 2 mL，大鼠为 1 mL)。40 min 后，染料被阻留于腘淋巴结中，将这些部位的皮肤切开，可以看到淋巴结中蓝染料沉着。

(2)在头前部的皮下注入染料 2 mL，40 min 后，可在颌下淋巴结中见到蓝染料沉着。

以上两个实训可在同一动物体上进行。

## 实训报告

讨论内屏障功能在疾病发生发展中的意义。

(孙留霞)

# 实训二　血液循环障碍

→ **实训目的**

通过对血液循环障碍标本和切片的观察,进一步了解血液循环障碍发生的原因和机制,并掌握常见血液循环障碍的病理变化。

→ **实训方法**

教师先对要观察的标本、切片和幻灯片进行扼要讲解,然后由学生观察、描述或绘图。

→ **实训内容**

**(一)肺淤血**

眼观:肺脏呈暗红色,体积肿大,质地变硬,重量增加。被膜紧张,切面外翻,流出大量暗红色、泡沫状血液。

镜检:肺泡壁毛细血管及小静脉扩张,充满红细胞;肺泡腔内有大量均质淡红染的浆液。有时还可见少量红细胞及心力衰竭细胞。

**(二)肝淤血**

眼观:急性淤血时,肝呈暗红色或蓝紫色、体积肿大、质脆易碎、被膜紧张、边缘钝圆,切面外翻,流出大量暗红色液体。慢性淤血时,肝中央静脉和邻近肝窦区呈暗红色。肝小叶周边呈黄色,肝脏切面上形成暗红色淤血区和土黄色脂变区相间的花纹,如槟榔切面,称槟榔肝。

镜检:中央静脉及其肝窦高度扩张,充满红细胞,肝细胞索因受压严重,排列紊乱,肝细胞大量萎缩、坏死,肝小叶周边肝细胞肿胀,胞质内出现大小不一的空泡(肝脂变)。

**(三)出血**

**1. 脾脏血肿**　病变呈黑红色硬块,球形,凸出于器官表面,切开有血液流出。

**2. 脑出血**　部分脑组织破坏,被血块取代,周围组织水肿,血管有栓塞。

**3. 肾淤点**　猪瘟时,肾皮质下有弥漫性针尖样红色出血小点。

**4. 肺淤斑**　猪瘟时,肺外观红色,肺外膜下有外形不整、大小不一的褐色斑块(出血斑)。

**(四)动脉血栓(慢性猪丹毒疣性心内膜炎)**

眼观:在心瓣膜可见有大量灰白色的血栓性增生物,表面高低不平,外观呈菜花状、黄白色,与瓣膜及心壁牢固相连,不易剥离,表面粗糙。

镜检:白色血栓主要由血小板、纤维蛋白构成,后期发生结缔组织增生和炎症细胞浸润,血栓被机化。

**(五)栓塞**

**1. 动物实验**　取健康兔一只,沿耳缘静脉注入 5～10 mL 空气,观察兔有何表现,兔死亡后剖检,观察心脏及全身静脉的表现。

**2. 切片标本**　细菌性栓子。在小淋巴管和淋巴窦内见细菌团块、纤维素和白细胞。

### (六)脾出血性梗死(猪瘟)

眼观:脾脏边缘部有大小不一的黑红色突起,质硬,切面呈倒三角形,结构模糊不清。

镜检:脾脏红髓、白髓界限不清,组织结构被破坏。小血管和脾窦扩张充血,大量红细胞聚集于组织中,脾脏淋巴细胞显著减少,细胞核碎裂,消失。

### (七)肾贫血性梗死

眼观:梗死区呈灰白色,略向表面突起,干燥,质地脆弱,切面呈倒三角形,梗死区与周围组织有明显界限,并有红色充血反应带。

镜检:肾组织细胞大体结构尚可辨认,但精细结构不清,细胞核溶解消失,细胞质呈颗粒状,在其外围有数量不等的中性粒细胞浸润。

→ 实训报告

(1)绘出肺淤血、肝淤血、肾贫血性梗死的镜检病理变化特征。

(2)充血、淤血、出血在大体标本和组织切片上如何区别?

(3)空气栓塞致死兔时,分析死亡原因和栓子运行途径,并描述剖检各脏器的病理变化。

(4)用组织解剖学知识解释不同器官的梗死灶具有不同形状的原因。

(张 磊)

# 实训三　细胞和组织的损伤

**实训目的**

掌握并识别萎缩、变性、坏死的大体病理变化及显微镜检病理变化。

**实训方法**

教师先对要观察的标本、切片和幻灯片进行扼要讲解，然后由学生观察、描述或绘图。

**实训内容**

**（一）猪传染性萎缩性鼻炎鼻腔大体标本**

眼观：早期鼻黏膜肿胀、充血、水肿，鼻腔中有浆液性、黏液性或化脓性分泌物。中期黏膜脱落、坏死，鼻甲骨退化、上下卷曲、极度萎缩，鼻腔变成大腔洞。后期，鼻中隔偏曲、厚薄不均，鼻筒歪斜不正。

**（二）肾颗粒变性**

眼观：肾体积肿胀、边缘钝圆、颜色苍白、浑浊无光泽、呈灰黄或土黄色，似沸水烫过，质地脆弱，切面隆起、外翻，结构模糊不清。

镜检：肾小管上皮细胞肿大，突入管腔，边缘不整齐，胞质浑浊，充满红染颗粒，胞核清楚可见或隐约不明，肾小管管腔狭窄或闭锁。

**（三）肝脂肪变性**

眼观：肝体积肿大，边缘钝圆，表面光滑，质地松软易碎，切面微隆突，呈黄褐色或土黄色，组织结构模糊，触之有油腻感。

镜检：脂变细胞肿胀，胞质内出现大小不一的圆球状脂肪滴，HE染色呈空泡状，随病变发展，脂肪小滴可融合成大脂滴，胞核被挤于一侧或消失。

**（四）心肌脂肪变性**

眼观：在心外膜下和心室乳头肌及肉柱的静脉血管周围，可见脂变部分呈灰黄色的条纹或斑点，分布在正常色彩的心肌之间，黄红相间，外观似虎皮样斑纹，故有"虎斑心"之称。

镜检：变性心肌肌纤维中出现脂肪小滴，HE染色呈空泡状。

**（五）亚急性猪丹毒皮肤大体标本**

眼观：坏死皮肤干涸皱缩，呈棕褐色或黑色，质地硬，与正常皮肤有明显界限。

**实训报告**

（1）描述所观察病理标本的病变特征。

（2）绘出肾颗粒变性、肝脂肪变性显微病变图。

（孙留霞）

# 实训四 代偿、修复与适应

→ 实训目的

掌握并识别肥大、肉芽组织、钙化、包囊形成的大体病理变化及显微镜检病理变化。

→ 实训方法

教师先对要观察的标本、切片和幻灯片进行扼要讲解,然后由学生观察、描述或绘图。

→ 实训内容

## (一)心肌肥大

眼观:心脏体积增大、心尖钝圆,心腔变大,乳头肌、肉柱变粗,心室壁和室中隔增厚。

镜检:心肌纤维增粗,肌细胞核增大,肌原纤维数量增多。间质相对减少、血管增粗。

## (二)增生性肠炎

眼观:肠黏膜表面被覆大量黏液,肠黏膜因固有层结缔组织增生而肥厚,又称肥厚性肠炎。结缔组织增生不均,黏膜表面呈颗粒状。

镜检:黏膜固有层和黏膜下层结缔组织大量增生,有时可侵及肌层和黏膜下组织,并有大量淋巴细胞、浆细胞和巨噬细胞浸润。

## (三)肉芽组织

眼观:肉芽组织表面覆盖有炎性分泌物形成的痂皮,痂皮下肉芽色泽鲜红,呈颗粒状,湿润,触之易出血。

镜检:肉芽组织表面附有渗出的浆液、纤维蛋白、坏死组织、中性粒细胞、巨噬细胞,下面为新生的毛细血管相互连接成弓形,向表面隆起。毛细血管之间有大量成纤维细胞和炎症细胞,并发生充血、水肿。

## (四)牛肺结核

眼观:在肺组织中有白色、石灰样坚硬、大小不一的结节,刀切有沙沙声。

镜检:HE 染色钙盐呈紫蓝色细颗粒。

## (五)肝寄生虫结节

眼观:肝表面可见大小不一结节,结节呈半球样隆起,边缘规整,结节中央为白色石灰样物,结节周围包以灰白色膜样结构,即包囊。

→ 实训报告

(1)描述所观察病理标本的病变特征。

(2)绘出心肌肥大、肉芽组织再生显微图。

(袁文菊)  *Note*

# 实训五 炎 症

**实训目的**

掌握并识别变质性炎、渗出性炎和增生性炎的大体病理变化及显微镜检病理变化。

**实训方法**

教师先对要观察的标本、切片和幻灯片进行扼要讲解，然后由学生观察、描述或绘图。

**实训内容**

## （一）炎症细胞识别

**1. 中性粒细胞** 胞核一般都分成2~5叶，幼稚型中性粒细胞的胞核呈弯曲的带状、杆状或锯齿状而不分叶。胞体圆形，胞质淡红色，内有淡紫色的细小颗粒。禽类的称为嗜异性粒细胞，胞质中含有红色的椭圆形粗大颗粒。

**2. 嗜酸性粒细胞** 细胞核一般分为2叶，各自呈卵圆形，细胞质丰富，内含粗大的强嗜酸性染色反应的红色颗粒。

**3. 单核细胞和巨噬细胞** 细胞体积较大，呈圆形或椭圆形，常有钝圆的伪足样突起，核呈卵圆形或马蹄形，染色质细粒状，细胞质丰富，内含许多溶酶体及少数空泡，空泡中常含有一些消化中的吞噬物。

**4. 上皮样细胞和多核巨细胞** 上皮样细胞外形与巨噬细胞相似，呈梭形或多角形，细胞质丰富，胞膜不清晰，内含大量内质网和许多溶酶体；胞核呈圆形、卵圆形或两端粗细不等的杆状，核内染色质较少，着色淡，此类细胞的形态与复层扁平细胞中的棘皮细胞相似，故称上皮样细胞。

**5. 多核巨细胞** 由多个巨噬细胞融合而成，细胞体积巨大。它的细胞质丰富，在一个细胞体内含有许多个大小相似的胞核。胞核的排列有三种不同形式：一是细胞核沿细胞体的外周排列，呈马蹄状，这种细胞又称为朗汉斯巨细胞；二是细胞核聚集在细胞体的一端或两极；三是细胞核散布在整个巨细胞的细胞质中。

**6. 淋巴细胞** 血液中的淋巴细胞大小不一，有大、中、小型之分。大多数是小型的成熟的淋巴细胞，胞核呈圆形或卵圆形，常见在核的一侧有小缺痕；核染色质较致密，染色深；细胞质很少、嗜碱性。大淋巴细胞数量较少，未成熟，细胞质较多。

**7. 浆细胞** 细胞呈圆形，较淋巴细胞略大，细胞质丰富，轻度嗜碱性，细胞核呈圆形，位于一端，染色质致密呈粗块状，多位于核膜的周边，呈辐射状排列，致使细胞核染色后呈车轮状。

## （二）变质性肝炎

眼观：肝脏不同程度肿胀，包膜紧张，呈暗红和土黄色相间的斑驳色彩，并有出血斑及坏死灶。

镜检：肝细胞普遍肿大，肝细胞索排列紊乱，肝细胞部分发生脂肪变性或坏死变化；坏死区大小和数量不一，坏死区周围有中性粒细胞或淋巴细胞浸润。中央静脉、肝窦、汇管区血管扩张充血或出血，中性粒细胞或淋巴细胞浸润。

## （三）浆液性肺炎

眼观：肺脏肿胀，呈暗红色，表面湿润，间质增宽、质地变实，切面流出多量泡沫样液体，支气管内充满浆液。

镜检:肺间质血管和肺泡壁毛细血管扩张充血,肺泡腔及支气管腔内有粉红色浆液充盈,其中有中性粒细胞、单核细胞、脱落的上皮细胞分布,间质因炎性水肿而增宽。

### (四)纤维素性肺炎

眼观:病变肺叶体积增大,呈暗红色或灰红色、灰白色,切面可见肺间质增宽,淋巴管扩张,肺质地变实,呈大理石样外观。肺表面附有纤维素性假膜。

镜检:肺泡壁毛细血管充血,肺泡腔内有大量粉红色的网状纤维素,其间分布红细胞、白细胞及脱落的上皮细胞,肺间质增宽,有多量纤维素和白细胞分布或肉芽组织增生。

### (五)纤维素性心包炎

眼观:心包表面血管充血,心包增厚并附有黄白色的絮状纤维素,心外膜充血、肿胀、粗糙不平,表面附着黄白色纤维素膜,易于剥离。有的纤维素膜覆盖在心外膜上,呈绒毛状。

镜检:心外膜或心包上附有许多纤维素性渗出物,内有许多炎症细胞浸润,心外膜充血、出血、不完整,邻近的心肌变性、坏死。

### (六)肝、肾化脓性炎

眼观:肝、肾表面的化脓灶为黄白色,周围有红色炎症反应带;肝、肾脓肿为突出的包囊,新鲜标本压之有波动感。

镜检:肝、肾化脓灶部初期血管充血,大量中性粒细胞积聚,然后大量中性粒细胞变性、坏死,成为脓细胞,局部组织坏死或溶解,化脓灶周围组织充血、水肿;病程较长时,有肉芽组织增生。

### (七)出血性淋巴结炎

眼观:淋巴结肿大,呈暗红色或黑红色。切面呈弥漫性暗红色或有出血性斑点。猪瘟出血性淋巴结炎症可呈现暗红色出血斑和灰白色淋巴组织相间形成大理石样花纹。

镜检:可见淋巴滤泡大小不等,髓索肿大,淋巴窦扩张及内皮细胞肿胀脱落。淋巴组织和淋巴窦内有大量的红细胞积聚。

### (八)慢性猪瘟固膜性肠炎

眼观:肠黏膜可见散在的纽扣状溃疡(纽扣状肿),它是在肠壁淋巴滤泡坏死的基础上发展的局灶性固膜性炎症。溃疡面上的坏死痂形成明显的隆突的同心层结构,形似纽扣,圆形,质硬,色灰黄,沾染肠内容物色素而成暗褐色或污绿色,其周围常有红晕。

镜检:病灶部肠黏膜脱落溶解,固有层组织坏死崩解,坏死组织中有渗出的纤维素和浸润的各种炎症细胞。

### (九)结核性肺炎

眼观:病变部充血、水肿,色灰红或灰白,质地硬实。切面上肺组织呈现灰黄色干酪样坏死物。慢性病例在肺表面和切面上可见灰白色的结节即结核结节,结节中心呈灰黄色干酪样坏死物。

镜检:①病变区为小叶性或小叶融合性,有时为大叶性,肺泡腔内有浆液、纤维素和炎症细胞,肺组织和渗出物及增生成分一起发生干酪样坏死,变成无结构干酪样坏死物;病灶周围肺组织充血、水肿和炎症细胞浸润,并可见上皮样细胞和多核巨细胞(朗汉斯巨细胞)。②结核结节部可见结节中央发生干酪样坏死,并常有钙盐沉着,紧靠坏死区的周围,有许多胞体较大、分界不清的浅红色上皮样细胞组成一层细胞带,包围坏死区。其中常散在数量不等的朗汉斯巨细胞。结节的外围区聚集大量淋巴细胞和浆细胞,最外围则是纤维结缔组织形成的包裹层。

→ **实训报告**

(1)描述所观察病理标本的病变特征。

(2)绘出变质性肝炎、纤维素性心包炎、结核性肺炎的显微病变图。

(袁文菊)

# 实训六　肿　瘤

识别畜禽肿瘤的大体病变和组织学特征。

教师先对要观察的标本、切片和幻灯片进行扼要讲解,然后由学生观察、描述或绘图。

**(一)皮肤乳头状瘤**

眼观:肿瘤突出于皮肤表面,形状似花椰菜,肿瘤基底部有蒂,可活动;切面肿物呈乳头状,有许多手指状的突起,灰白色,与周围组织界限清楚。

镜检:肿瘤为乳头状,表面为肿瘤实质,染色深,系增生的鳞状上皮;乳头的中轴为间质,为血管及纤维组织,并有少量的炎症细胞浸润。瘤细胞分化成熟,似正常的鳞状上皮,但细胞层数增多,可见角化,肿瘤无浸润性生长,基底膜完整。

**(二)纤维瘤**

眼观:肿瘤呈结节状,有包膜,境界清楚,切面灰白色,质地韧。

镜检:胶原纤维粗细不等,纤维束可平行,可交叉或呈旋涡状,与正常纤维组织相似。瘤组织内结缔组织细胞和纤维的比例发生变化,细胞成分分布不均,纤维束排列不规则,相互交织,纤维束粗细不等。

**(三)脂肪瘤**

眼观:肿瘤呈圆形或扁圆形、分叶状,包膜完整,黄色,质软、有油腻感,切面见肿瘤组织内有薄层的纤维组织间隔。

镜检:瘤组织分化成熟,与正常的脂肪组织类似。瘤细胞排列紊乱,间质将瘤组织分隔为大小不一、形状不规则的小叶状结构。

**(四)纤维肉瘤**

眼观:肿瘤呈结节状、分枝状或不规则形,切面呈鱼肉状,呈急剧的浸润性生长。

镜检:肿瘤细胞弥散分布,瘤细胞多呈梭形,大小不一,胞质较少。核大而形状不一,多呈圆形或梭形,染色质丰富,浓染,可见病理性核分裂象及少数瘤巨细胞。有的区域瘤细胞呈束状或旋涡状排列。间质少,血管丰富。

**(五)鳞状上皮癌**

眼观:皮肤表面见一菜花状肿物,表面有溃疡形成;切面呈灰白色,肿瘤组织呈蟹足状向周围组织浸润性生长,边界不清。

镜检:癌变的鳞状上皮层数增加,排列紊乱,极性消失。癌细胞突破基底膜向深层组织呈浸润性生长,呈片状或条索状,与间质分界清楚,癌细胞形成大小不等的癌巢。高分化鳞癌中可见层状红染的圆形或不规则形角化珠,低分化鳞癌则不见或少见角化物质。高分化鳞癌细胞分化好,体积较大,多边形,核大深染,可见分裂象,癌巢中心为红染层状角化物,即"癌珠"。低分化鳞癌细胞分化差,癌巢内癌细胞极性、层次不分明,癌细胞大小不等,排列紊乱,呈多边形或圆形,核大,病理性核分裂象常见,癌巢中无角化珠。

### (六)肾母细胞瘤

眼观:肿瘤呈结节状,瘤体大小不一,质地较硬,呈灰白色。

镜检:瘤细胞胞质少,淡嗜碱性,圆形或椭圆形,分散或密集存在于组织之间。分化度差别较大,低分化瘤细胞一般呈圆形或椭圆形,高分化的瘤细胞一般呈梭形。核仁清楚,有核分裂现象。

### (七)原发性肝癌

眼观:肝脏表面凹凸不平,肝组织内有粟粒大到核桃大小不等的结节,与周围肝组织分界明显,切面呈灰白色。

镜检:癌细胞呈多角形,核大,核仁粗大,出现多极核分裂象。癌细胞呈条索状或团块样排列,形成"癌巢"。胞质嗜碱性,着色呈蓝色深染或着色不均。

> **实训报告**

(1)描述所观察病理标本的病变特征。

(2)绘出皮肤乳头状瘤、脂肪瘤、纤维瘤、鳞状上皮癌、纤维肉瘤显微病变图。

(陈 爽)

# 实训七　水和电解质代谢障碍

### 实训目的

掌握并识别常见组织器官水肿的眼观和显微镜检病理变化,通过不同浓度食盐溶液引起红细胞形态变化实训,推理说明机体脱水对细胞的影响。

### 实训方法

准备抗凝血,带凹载玻片,滴管,10%、0.9%、0.1%氯化钠溶液,显微镜,病理切片等。教师对要观察的标本、切片以及脱水实验操作进行扼要讲解,然后由学生观察、描述或绘图。

### 实训内容

#### (一)肺水肿

眼观:肺体积肿大,质量增加,质地变实,被膜紧张,边缘钝圆,透明感增强,肺间质增宽,切面外翻,流出大量淡黄红色、泡沫状液体。

镜检:肺泡壁毛细血管扩张,充满红细胞,肺泡腔内含大量均质红染的水肿液,水肿液中有脱落的上皮细胞。肺间质因水肿液蓄积而增宽。

#### (二)胃壁水肿

眼观:胃壁增厚,黏膜湿润有光泽,透明感增强。切面外翻,流出大量无色或浅黄色透明液体,黏膜下层明显增宽,呈透明胶冻样。

镜检:胃壁黏膜固有层、黏膜下层甚至肌层和浆膜层的间质中有大量均质红染的水肿液蓄积,组织松散,黏膜上皮细胞、胶原纤维、平滑肌彼此分离。

#### (三)皮下水肿

眼观:皮肤肿胀,弹性下降,指压留痕,如生面团状。切面流出淡黄色、透明、清亮液体,皮下结缔组织富含液体,呈透明胶冻样。

镜检:皮下结缔组织疏松,胶原纤维松散,彼此分离,组织间隙含大量均质红染的水肿液。

#### (四)脱水

(1)将3种浓度食盐溶液分别滴入3块带凹载玻片的凹内,数滴即可,勿太多,以防溢出。

(2)分别向各带凹载玻片凹内不同浓度的食盐溶液中滴入抗凝血1滴。

(3)片刻后,轮流将带凹载玻片置于低倍镜下,观察红细胞状态,直至出现变化为止。

(4)将目镜换成高倍,再观察各带凹载玻片凹内变化情况(红细胞状态)。

### 实训报告

(1)描述所观察病理标本的病变特征,试述其发生原因、机理。

(2)记录不同浓度食盐溶液引起红细胞变化的结果,分析其原因。

（袁文菊）

# 实训八 发 热

→ **实训目的**

白细胞悬液作为发热激活物,通过家兔耳静脉注射入机体后激活产内生致热原细胞,产生和释放内生致热原而引起发热,观察发热时体温的变化规律。

→ **实训方法**

教师讲授发热原理,准备健康家兔(体温在 39.5 ℃以下)、动物用温度计、注射器(10 mL)、白细胞悬液、凡士林等,讲解操作步骤及注意事项,学生操作观察发热时动物情况。

→ **实训内容**

(1)取家兔,测直肠温度 3 次(正常体温)。

(2)经耳静脉注入白细胞悬液 10 mL。

(3)注射后每隔 10 min 测体温一次,连续测 3 次,以后每 15 min 测一次,连续 4 次,每隔 30 min 测一次,直至体温下降,并记录。

(4)以动物的原始体温为基准时间横坐标、体温变化数量为纵坐标绘体温变化曲线。

(5)注意事项:体温计头插入前应涂以少许凡士林,以免损伤肛门和直肠;每次插入深度一致,以 5 cm 为宜;测肛温时,家兔可置于实验台上。动作要轻缓,不宜捆绑。

→ **实训报告**

(1)根据试验数据,绘制体温变化曲线图。

(2)讨论体温变化机制,并说明属于何种热型。

(孙留霞)

# 实训九　动物尸体剖检技术

⇨ 实训目的

了解并掌握动物尸体剖检方法,包括剖检的准备工作,常见动物的剖检术式,各器官及其病理变化的检查方法,病理材料的采集、包装和保存方法,病理剖检记录和剖检报告的方法等;培养综合分析病理变化的能力,为临床应用打好基础。

⇨ 实训方法

准备实训材料(兔子、鸡、剪刀、白瓷盘、消毒液、10%福尔马林、材料瓶、标签纸等)。教师讲解操作方法,学生分组进行动物尸体剖检。

⇨ 实训内容

## (一)兔子的剖检

**1. 检验前准备**　先用手术刀或剪刀沿下颌骨于第1颈椎处切断颈动脉,放血,将兔致死,用水冲洗兔体被毛,然后用刀在颈部、前肢腕关节及后肢跗关节上方1 cm处皮肤做环形切口,再沿两后肢内侧,绕过肛门挑切开皮肤并断尾,再由助手倒提并分开兔两后肢,一人用双手自阴部上方翻转皮肤,采用脱袜式方式把皮自阴部拉至头部,剥去皮,断头,截肢,然后放在盘中开膛。自耻骨开始,沿腹中线用小刀切开腹壁,取出胃、肠、脾,取出心、肺、肝,置于盘中,进行同步检验。

**2. 内脏的检验**　依次对胃、肠、脾、心、肺、肝进行器官检查,注意其大小、色泽,有无病变,尤其是蚓突和圆小囊浆膜下是否有灰白色小结节。

**3. 胴体的检验**　检验者左手握有齿镊子,镊住左侧腹壁肌肉,右手持剪刀撑开右侧腹壁,暴露体腔,再检查体表,注意胴体放血程度,观察有无出血、黄疸、脓肿等变化,如发现颈部和腹股沟淋巴结肿大,呈深红色并有坏死灶,应考虑野兔热和坏死杆菌病。

## (二)鸡的剖检

**1. 外部检查**　观察个体大小、营养状况、羽毛、冠髯、口、鼻、眼、肛门、皮肤。然后触摸全身,检查有无肿瘤、肿胀、溃烂等,打开口腔观察口腔、喉头黏膜色泽,分泌物以及有无坏死和渗出物等。

**2. 剥皮和皮下检查**　①将鸡颈部放血致死,浸泡在消毒液中5 min,使羽毛湿润;②将禽尸置于白瓷盘中,腹部向上,由腹下剪开皮肤,用手向两侧撕剥,将两腿皮肤剥至膝关节处,向背侧按压两腿使髋关节脱臼;③检查皮下有无水肿,肌间有无出血、坏死和肿瘤形成,膝关节附近腱鞘、滑液囊有无肿胀、胸骨的形状和肌肉的肥瘦情况;④检查颈部胸腺有无病理变化;⑤沿口角一侧剪开食道检查口腔黏膜、食道黏膜和嗉囊内容物;⑥剪开气管,观察喉头、气管黏膜和分泌物的情况;⑦从眼角前方剪断上腭,观察鼻腔黏膜、鼻窦黏膜和分泌物情况。

**3. 剖开体腔,检查内脏器官**　①从腹下部剪开腹壁肌肉,沿剪开孔向前剪断两侧肋骨(注意不要剪破肠管、肝脏和肺脏),把胸骨向前掀起,压下,使体腔气管完全暴露;②检查气囊;③观察肝脏和心脏;④从腺胃前端剪断胸部食管,向后牵拉,将腺胃、肌胃、肝脏、肠、脾脏等器官一同摘出,在直肠处剪断,同时观察腹腔有无渗出物、破裂的卵黄;⑤摘去肝脏,观察脾脏和胰腺;⑥从腺胃前端剪开腺胃和肌胃,观察黏膜、角质层、肌层;⑦检查肠浆膜;⑧剪开肠壁,观察肠黏膜及盲肠扁桃体;⑨检查肺、肾、卵巢、法氏囊;⑩剥离脑部软组织,用剪刀从两眼之间做一切口,再在两侧眼角向耳孔部做切口,掀开颅骨,观察脑膜。

### (三)取材

取病变组织放入固定液,大小为长和宽各 1.5 cm 左右,厚 0.5~1 cm。取材时注意既要有病变部,又要有正常部分。病变部位较大时,可从其不同区域切取组织块。

→ 实训报告

记录观察到的病理变化。

（袁文菊）

# 附录　动物病理技能考核项目

| 序号 | 项 目 | 考 核 内 容 | 考 核 方 法 | 评 分 标 准 |
|---|---|---|---|---|
| 一 | 尸体剖检准备 | 1.时间的选择<br>2.场地的选择<br>3.尸体运送方法<br>4.剖检器械及药品的准备<br>5.剖检者的准备 | 实际操作或口试 | 优:能独立正确地完成前述准备工作<br>良:能独立正确完成大部分准备工作,个别环节需提示能完成<br>中:能基本完成大部分准备工作,其他环节有错误<br>差:不能独立完成基本准备工作 |
| 二 | 尸体剖检技术 | 掌握猪、牛、羊、禽等动物尸体剖检术式、程序、方法及要领 | 实际操作结合口试 | 优:尸体剖检术式、程序、方法、要领正确,操作熟练<br>良:能掌握尸体剖检术式、程序、方法、要领,个别环节有错误<br>中:能大部分掌握尸体剖检术式、程序、方法、要领,其他环节有错误<br>差:前述内容基本不掌握 |
| 三 | 病理材料的采集、包装与送检 | 1.微生物材料的采集、包装和送检<br>2.病理组织材料的采集、包装和送检<br>3.毒物检查材料的采集、包装和送检 | 实际操作结合口试 | 优:病料的采集、包装和送检方法正确<br>良:病料的采集、包装和送检方法基本正确,个别环节有错误<br>中:病料的采集、包装和送检方法大部分正确,小部分有错误<br>差:病料的采集、包装和送检方法大部分错误 |
| 四 | 病理标本和病理切片的识别 | 识别充血、淤血、出血、水肿、变性、坏死、萎缩、炎症、肿瘤、肺气肿、肝硬化、结核结节等的肉眼变化和显微变化 | 观察病理组织切片大体标本和尸体剖检病例 | 优:操作熟练且规范,能正确识别前述病理变化<br>良:操作较为熟练、规范,能正确识别前述绝大部分病理变化<br>中:操作基本熟练、规范,在老师指导下能正确识别前述大部分病理变化<br>差:操作不熟练、规范,在老师指导下,仍不能识别大部分病理变化 |

*Note*

续表

| 序号 | 项　目 | 考 核 内 容 | 考 核 方 法 | 评 分 标 准 |
|---|---|---|---|---|
| 五 | 尸体处理 | 1.挖坑掩埋法<br>2.毁尸焚烧法<br>3.发酵腐败法 | 口试 | 优:正确掌握三种处理方法<br>良:较正确掌握三种处理方法<br>中:基本掌握三种处理方法<br>差:一种或一种以上处理方法<br>不正确 |

（段　茜）

［1］　车有权. 动物病理［M］. 北京:中国农业大学出版社,2021.

［2］　黄爱芳,祝艳华. 动物病理［M］. 北京:中国农业大学出版社,2016.

［3］　于洋,陈文钦. 动物病理［M］. 2 版. 北京:中国农业大学出版社,2017.

［4］　张传师,吕永智. 动物病理［M］. 重庆:重庆大学出版社,2021.

［5］　杨文. 动物病理［M］. 2 版. 重庆:重庆大学出版社,2013.

［6］　崔恒敏. 兽医病理解剖学［M］. 4 版. 北京:中国农业出版社,2022.

［7］　王连唐. 病理学［M］. 3 版. 北京:高等教育出版社,2018.

［8］　陈宏智. 动物病理［M］. 3 版. 北京:化学工业出版社,2021.

［9］　邓桦,陈芳. 动物组织学与动物病理学图谱［M］. 广州:华南理工大学出版社,2020.

［10］　苏宁,陈平圣,李懿萍. 实验动物组织病理学彩色图谱［M］. 南京:东南大学出版社,2020.